初心者のための
機械製図

第5版

Mechanical Drawing

藤本　元／御牧拓郎 [監修]
Fujimoto Hajime　　Mimaki Takurou

植松育三／髙谷芳明／松村恵理子 [共著]
Uematsu Ikuzou　　Takatani Yoshiaki　　Matsumura Eriko

森北出版株式会社

第5版の発行にあたって

　本書の出版に際しては，「もの（製品）づくり」を十二分に考え，初心者のためにわかりやすい機械製図の基礎（文法）を学ぶことに重点を置いてきました．初心者が機械製図を行う場合に，「どこが間違えやすいか」を例示し，「それに対する正しい方法」を合わせて示しました．近年，教育現場では初心者のときから三次元CADを教える傾向にありますが，製図の基礎と合わせて手描き製図を習得したあとに，CAD製図に取り組むことが重要であるとの執筆方針を定めました．本書を十分に理解すれば，CAD製図はすぐに使えるようになります．

　ものづくりの国際化の流れは当然のこととなり，必要な製品は世界のどこからでも調達できるとともに，どこへでも供給できるようになりました．これにともない，製品の規格に関しても，ISO（国際標準規格）に準拠する方向で，JIS（日本産業規格）の改正が行われてきました．

　本書では，製図に関する諸規則は「機械関係図面を描くときの世界共通の文法そのものに相当する」との考えに立っています．

　2016年にJIS B 0401-1「サイズ公差，サイズ差及びはめあいの基礎」が改訂され，JIS B 0420-1「長さに関わるサイズ」が新設されました．これは，従来の「寸法公差」方式は世界の技術者に理解されないからだとJISの解説頁に説明されています．また，2019年には，製図の基本であるJIS B 0001「機械製図」と，「幾何公差」，「寸法公差」，「独立の原則」，「包絡の条件」，「最大実体公差方式」などの基本原則を規定してきたJIS B 0024も，「GPS指示に関する概念，原則及び規則」と改題されて改訂されました．ここには，「製品の幾何特性仕様（GPS）」と冠された全JISは，「図面の表題欄近くに「JIS B 0024」と明記することで適応されたと意味する」と示されています．

　今回の改訂では，これまでの「寸法公差と必要な所にだけ記入した幾何公差で描いていた図面（「**寸法公差表示方式**」とよぶことにする）」から「すべてをサイズ公差と幾何公差であいまい性をなくした図面を描く（「**サイズ公差表示方式**」とよぶことにする）」方式に変わった要所のうち，初心者に必要なところを厳選してわかりやすく説明したつもりです．2021年の東京オリンピック前の現状を見れば，日本国内で製造を行っている大部分の企業の多くは，これまでどおりの「寸法公差」方式の図面で現時点では世界の一流品を生み出していますが，いずれ「サイズ公差」方式に変更せざるを得なくなるでしょう．

　さらに，日本のみならず世界での活躍に必要とされる多様な能力をもつ技術者の育成を支援するために活動しているJABEE（Japan Accreditation Boared for Engineering Education：日本技術者教育認定機構）が実施している，「日本技術者認定制度」に対応した認定教育プログラムに対して，有効かつ効果的なテキストであるよう心がけました．

　なお，皆様方の有益なご意見，ご指摘，ご叱正をいただければ，幸甚に存じます．

2020年10月

監修者・著者一同

まえがき

　機械技術者は，豊かで快適な人間の生活を根底から支えることを念頭に，新しいアイディアを盛り込んだ「図面」を創りだし，いままでに存在した「もの（製品）」をさらに改良し，あるいは故障した「もの」の修理をする役割を果たしている．しかも，その活動は非常にグローバルである．この活動の源は「図面」そのものである．したがって，機械技術者にとっては，「図面」が描けて読み取れることが必要不可欠であり，基礎学力としては，物理学，力学，材料力学，流れ学，熱力学，機械力学などと同様に極めて重要である．

　機械技術者は，「図面」を「JIS（日本工業規格，現日本産業規格）」にもとづいて描いていく．この規格は「ISO（国際標準規格）機械製図」にほぼ従ってつくられており，いわば世界共通の言語である．いいかえれば，「機械製図」は「図面」を描くための「文法」そのものである．たとえば，数字・文字の形や線の種類は決められている．外国語の会話ができなくても，世界共通の「文法」に従った「図面」さえあれば，少なくとも対象とする「もの」について相手と相互に理解しあえる．

　つまり，「図面」は情報伝達手段である．さらに，「図面」には情報保存の側面がある．たとえば，何年も前に製作された製品の修理が必要になると，そのときに描かれた「図面」を引き出して検討する．また，「図面」には情報交換の一面をもつ．たとえば，新しい「もの（製品）」を創りだすときには，「図面」を媒体にして議論を行う．また，「図面」ができあがると工作部門にまわされ，「図面」を描いた人からは離れて「もの（製品）」がつくられる．

　ところで，「もの」は「立体」，すなわち「三次元物体」であり，「図面」は「平面」の紙の上に描かなければならない．したがって，「立体」の正面，右側面，左側面，上面と下面，背面の6方向から見た形を「図面」に表現しなければならない．この手ほどきは，小学校での立方体などの展開図や，中学校での投影図の描き方で教えられている．実際の「もの」の場合の「図面」では，6方向の図の一部が同じ場合は省略してもよく，複雑な形の場合は，断面の形や斜め方向から見た形で表現しなければならない．また，歯車やねじなどは省略した方法で表す．

　以上のようなことを背景に，この教本では「機械製図」を初めて本格的に学ぼうとする技術者や学生諸君を対象に，その「文法」を実務向けに意図して，詳しく，かつわかりやすく解説した．

　これから学ぼうとするみなさんが，この教本の内容を十分に吸収され，また「文法」を自由自在に使いこなせるようになることを，著者一同，心から切望する次第である．

　2001年9月

著者一同

目　次

○×△の意味について
○：正しい
×：誤り
△：JIS には記載されているが,
　　学生はできるだけ使用を避けたほうがよい.

第 1 章　機械製図を学ぶにあたって

　機械製図（mechanical drawing）とは，機械に関して一通りの決まりに従って図面（drawing）を描くこと，その図面の内容を読み取り理解することを学ぶ学問である．本章では，機械製図を学ぶ重要性および機械工学全般に視野を広げる役割について述べる．

　本書では，大学や高専や工業高校の新入生，または企業の新人が最初に課せられる「手描き製図」を念頭において説明している．より実用的なことについては「図面のポイントがわかる 実践！機械製図（第3版）」（森北出版）にまとめているので，参考にしていただきたい．

✚ 1.1　機械製図を学ぶ必要性

⬢ 1.1.1　立体の二次元化

　ある品物をつくるのに，その形やはたらきを他人に伝えようとすれば，言葉や文字で示すよりも"形を図面"に描いて示すとよく理解してもらえる．

　また，工業上の図面では，品物を製作することに関する必要な情報をすべて正確かつ簡素に，自分勝手でなく一定の規約に従って表す必要がある．

　このため，技術者としては，三次元の立体を二次元化した図面に正しく表すことで，誰が見てもその図面から元の全体像を正確にイメージできるように"図面を正しく表せる"とともに"図面を正確に読み取れる"ことが必須である（図1.1）．

図 1.1　立体の二次元化

⬢ 1.1.2　正確な情報伝達・世界に通じる図面

　図面は見ただけでは理解できないので，製図法の規則（rule）の熟知が必要である．また図面は，図面を描くほうも，図面を受けとったほうも，何通りもの解釈ができるようなあいまいさがあってはならない．

　そのため，図面には世界共通の規格である ISO（International Organization for Standardization：国

図 1.2　製図規格は世界の共通語

際標準化機構）にほぼ準拠した JIS 製図規格（第2章以降）があり，これが技術者の共通語であり，ルールとなっている．したがって，技術者としては，これを使いこなす必要があり，このために製図を学ぶのである（図1.2）．

● 1.1.3　CAD へのステップ

現在は，図面を CAD（Computer Aided Design）で描かせる時代である．しかし，CAD はあくまで道具（tool）であって，それを使いこなすのは品物の形や内容（仕様：スペックという）を決める（設計という）技術者である．品物の内容が正確に表現されており，ほかの人が正しく理解できて具体的な作業が進められる"よい図面"をつくりあげるのは技術者の能力に負うところが大きい．

また，CAD では全体に対していまどこを処理しているのかをつねに理解する能力が不可欠であり，設計の全体像が十分わかっていないと大きな間違いを犯す可能性がある．

ここに，製図の基礎の会得と手描き製図の重要性が見直されている大きな理由がある（図1.3）．

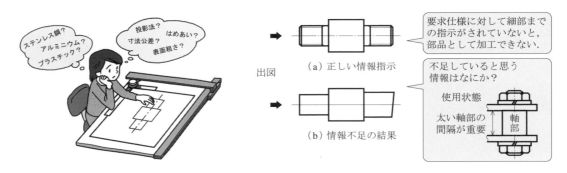

図 1.3　製図の基礎が根幹

➕ 1.2　図面と製図の役割

● 1.2.1　イメージやアイディアの現実化

品物をつくるには，図1.4のように，そのイメージやアイディアが必要である（設計）．製図はこれを図面としてつくりあげることであり，技術者の意思伝達の道具である．そのために製図規格に従い，自らの構想を正確，簡素，鮮明，かつ必要な情報を盛り込み，また，どのような素材，加工法，仕上げを用いるかなどを考慮して，完成度の高い，安定感のある（図1.5）図面を描かなければならない．図面の完成度はそのまま製品の完成度につながる．

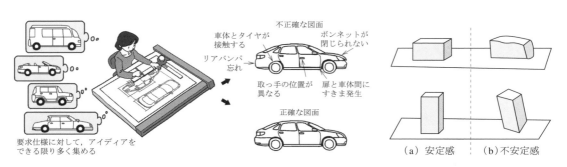

図 1.4　イメージやアイディアの実現　　　　図 1.5　安定感のあるもの（製品）は美しい

1.2.2 イメージやアイディアの高度化

わが国には "あうんの呼吸"，"かん・コツ・度胸"，"徒弟制度" などの言葉で代表される職人気質的な文化があり，また，さまざまな人が製図板をのぞきこんでのアドバイスがあって，みんな一緒に仕事を進めていた．現在の製造業では，グローバルな競争激化で商品開発から生産販売までのスピード化，低コスト化などにより，ものづくりの海外移行が顕著である．また，コンピュータネットワークを通して情報交換する時代であり，さらに高い創造性とさまざまな高次元の設計技術や生産技術が要求される．このため，今日では，複眼的な見識がますます重要になっている．しかし，基礎知識をしっかりと身につけ，多くの経験をいかに短時間で行い，自己能力の向上をはかっていくかが重要であることに変わりはない．

そのための有効な手段として，企画から生産に至るまで段階的に行う審査，いわゆるデザインレビュー（DR：design review）がある（図 1.6）．これは，製品の優位性・使い勝手・生産性・デザイン・信頼性・メンテナンス・環境対応などについて調和のとれた企画・設計であるかを，それぞれの専門分野の技術者が一緒に評価・改善し，事前に問題点を解決して開発効率を高める手法である．また，三次元情報ツールを利用して，アイディア・設計対象物・プロセス・問題点などを可視化し，インターネット環境で同時に連携しながら業務を進める協調合作作業（collaboration system）が定着しつつある．図 1.7 はその例で，スター型協調合作作業とよばれる．

図 1.6　設計審査（DR）

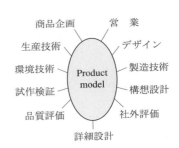

図 1.7　スター型協調合作作業
（編成は適時変更）

図面やドキュメントは，図 1.8 のような流れで作成され，工程が引き継がれていくことで業務が達成されていく．現在では，商品開発と生産準備が併進する同時技術開発（concurrent engineering）が定着している．

1.2.3 情報の保存・管理・検索

一度作成された図面は，サーバやメディアなどに保存される．したがって，情報の保存ができることで時間を超え，距離が隔たっていても，いつでも・どこでも情報を伝えることができる．保存・管理・検索には，図面とともに必要時にリポートや実験結果などもただちに活用できる総合的図面管理（PDM：product data management）などの管理システムが利用されている．その要旨を，図 1.9 に示す．

なお，これに関連して，JIS B 0060「デジタル製品技術文書情報」では，業界で進行中の，3 次元 CAD による企画から量産に関する規格を発行中である（7 部／10 部：2020 年現在）

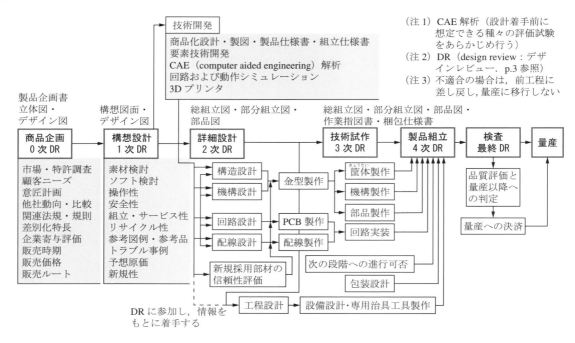

図 1.8　同時技術開発の流れの一例（DR のステップごとに主管部門が主催）

図 1.9　総合的図面管理（PDM）システムの概要

1.3　CAD 製図には手描き製図の基礎が不可欠

　従来の二次元 CAD による設計製図が，三次元 CAD に移行している．CAD 上での技術計算や組立部品動作のチェック，画面上での機械の完成機試作も簡単に実行でき，工作機械に CAD データを直結した紙図面なしの生産（CAM：computer aided manufacturing）や 3D プリンタによる製品の試作など，その技術改革のスピードには目を見張るものがある．

　設計とは，目的の製品の最終図面を試行錯誤しつつ描き上げる過程であり，図面を描く（作図する）ことができなければ設計者にはなれない．図面は第三者の専門家（工場）に製作（部品や組立）を依頼する図（部品図や組立図）であって，地球の裏側に発注したときでも，たとえ 1% の誤解が生じれば，役目をはたしたことにはならない．二次元や三次元の CAD 図面であっても，手描き図面であっても，その内容が本質的に問われる．CAD ソフトは外国製品が多く，そのメーカによって JIS 規格を正確に表せないものが多い．まず手描き図面を描くことにより，正しい JIS 規格を習得し，そのあとに CAD 図面の JIS 規格に沿っていないところを理解し，修正することが大事である．手描き製図の練習によって，見やすくて，誤解を生まない図面を描くことができるようになり，経験を積むごとに図面とその精度が上達していくことが，自分でわかるようになる．図 1.10 は手描き製図と CAD 製図の長所と短所を示したものである．

・作図中に細線・太線など線の太さが視認できる
・あまり製図設備を要さない
長所　・いつでも，どこでも製図作業ができる
・原寸での実寸感覚がつかめる視認範囲が広い
・図面全体が見渡せ，逐次進行の形で細かなところまでアドバイスが得られやすい

短所　・図面の修正が簡単にはできない
・図面管理のスペースが必要である

（a）手描き製図

・線や円などの形状が正確に早く描ける
・図面の修正・縮尺や拡大が容易にできる
・類似した形状の作成が容易である
長所　・三次元立体で理解できる
・情報の保管，検索が容易である
・ディスプレイ上で検討が可能
・図形に自動で寸法表示ができる

短所　・原寸での視認範囲が狭い
・画面上での太さの視認が難しい

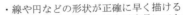

（b）CAD製図

図1.10　手描き製図とCAD製図

1.4　技術者の達成感とは

　設計は図面ではじまり，図面で終わるといっても過言ではない．私たちがアイディアを取りまとめるときに，実際に描いてみるとアイディアの過不足がわかるように，図面を用いることでなんでもないところから，思いのままに有形の"新しい形"を創造できる．また，自分自身でつくりあげた図面で製作された製品が多くの人々に受け入れられ，よろこんで使われることは，技術屋としての最大のよろこびである．

　その要旨を，図1.11に示す．

図1.11　技術屋のよろこび

第2章　図面のあらまし

本章では，製図に関連する規格，図面の種類，図面の様式，製図用紙などの概略について説明する．

2.1　製図規格

製図をする人が自分勝手な考えで図面を作成すれば，図面を読む人によってさまざまな受けとり方をされ，誤解を招くおそれがある．そのため，日本産業規格（Japanese Industrial Standards：略称JIS）の中に，製図に関連するさまざまな規格が定められている．これに従って作成された図面であれば，国内はもとより世界中に通用する．表2.1に，製図に関連する主なJISを示す．

表2.1　主な製図関連規格

JIS 番号[(1)]	規格名称	JIS 番号	規格名称
JIS Z 8310-2010	製図総則	JIS B 0005-1999	製図—転がり軸受
JIS Z 8114-1999	製図—製図用語	JIS B 0041-1999	製図—センタ穴の簡略図示方法
JIS B 3401-1993	CAD 用語	JIS Z 3021-2016	溶接記号
JIS Z 8311-1998	製図—製図用紙のサイズ及び図面の様式	JIS B 0401-2016	(GPS)[(2)]—サイズ公差，サイズ差及びはめあいの基礎
JIS Z 8312-1999	製図—表示の一般原則（線）	JIS B 0405-1991	普通公差
JIS Z 8313-1998	製図—文字	JIS B 0420-1-2016	(GPS)—長さに関わるサイズ
JIS Z 8314-1998	製図—尺度	JIS B 0420-2-2020	(GPS)—長さ又は角度に関わるサイズ以外の寸法
JIS Z 8315-1999	製図—投影法		
JIS Z 8316-1999	製図—図形の表し方の原則	JIS B 0419-1991	普通幾何公差
JIS Z 8317-2008	製図—寸法及び公差の記入方法	JIS B 0420-3-2020	(GPS)—角度に関わる寸法
JIS Z 8318-2013	製図—長さ寸法及び角度寸法の許容限界の指示方法	JIS B 0021-1998	(GPS)—幾何公差表示方式
		JIS B 0022-1984	幾何公差のためのデータム
JIS B 0001-2019	機械製図	JIS B 0023-1996	最大実体公差と最小実体公差
JIS B 3402-2000	CAD 機械製図	JIS B 0024-2019	(GPS)— GPS 指示に関わる概念，原則及び規則
JIS B 0002-1998	製図—ねじ及びねじ部品		
JIS B 0003-2013	歯車製図	JIS B 0031-2003	(GPS)—表面性状の図示方法
JIS B 0004-2007	ばね製図		

注 (1) 末尾の4けたの数字は最新の規格制定の年度を表す．(2)（GPS）：製品の幾何特性仕様（GPS）のこと．

2.2　図面の種類

ものづくりに必要な図面は多岐にわたる．設計企画の段階から製品がユーザの手にわたるまでに必要とされる主な図面の種類を，図2.1に示す（JIS Z 8114「製図—製図用語」も参照）．このうち，製図を学ぶ初心者が最初に出会う図面が部品図（part drawing）と組立図（assemble drawing）である．

部品図の様式には一品一葉図面と多品一葉図面がある．一品一葉図面（individual system drawing）とは，一つの部品を1枚の図面に描く様式で，部品の製作，重量計算，原価計算，図面の管理などに便利である．多品一葉図面（group system drawing）は，多くの部品を1枚の図面に描く様式で，部品相互の関連がわかりやすいことから，学校などで製図を学ぶ場合によく利用される．このほか，一つの部品または組立図を2枚以上の図面に描く様式を，一品多様図面（multi-sheet drawing）とよぶ．

なお，承認されている図を原図とよぶ．

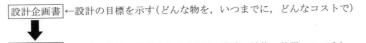

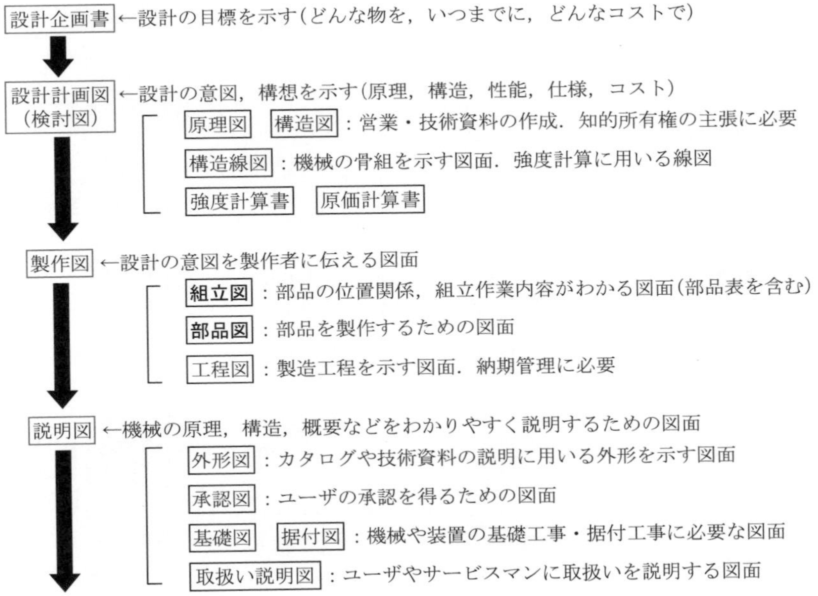

設計企画書 ←設計の目標を示す(どんな物を，いつまでに，どんなコストで)

設計計画図 ←設計の意図，構想を示す(原理，構造，性能，仕様，コスト)
(検討図)
- 原理図 構造図 ：営業・技術資料の作成．知的所有権の主張に必要
- 構造線図 ：機械の骨組を示す図面．強度計算に用いる線図
- 強度計算書 原価計算書

製作図 ←設計の意図を製作者に伝える図面
- 組立図 ：部品の位置関係，組立作業内容がわかる図面(部品表を含む)
- 部品図 ：部品を製作するための図面
- 工程図 ：製造工程を示す図面．納期管理に必要

説明図 ←機械の原理，構造，概要などをわかりやすく説明するための図面
- 外形図 ：カタログや技術資料の説明に用いる外形を示す図面
- 承認図 ：ユーザの承認を得るための図面
- 基礎図 据付図 ：機械や装置の基礎工事・据付工事に必要な図面
- 取扱い説明図 ：ユーザやサービスマンに取扱いを説明する図面

図 2.1 設計のフローと図面の種類

2.3 図面用紙

機械製図に用いられる用紙 (JIS Z 8311) には，トレーシングペーパ，上質紙などがある．温湿度による伸び縮みが少ないこと，透明性にすぐれ，鮮明なコピーが得られることから，トレーシングペーパが主に手描き製図に用いられる．

2.3.1 図面の大きさ

図面用紙には，表 2.2 に示すとおり，A0 から A4 までのサイズのものが第 1 優先で用いられる (A 列サイズとよぶ)．横手方向に長さが必要なときは，特別延長サイズが JIS B 0001 に規定されている (第 2, 3 優先).

原図は折りたたまないのが普通であるが，複写した図面はファイリングのために A4 サイズに折りたたまれる．方眼紙のます目は実寸法 (実測寸法) と差があるので，使用する場合は注意する必要がある．

表 2.2 用紙の大きさ

呼び方	寸法 (mm)
A0	841×1189
A1	594× 841
A2	420× 594
A3	297× 420
A4	210× 297

2.3.2 図面様式

図面様式 (drawing format) の一例を図 2.2 に示す．輪郭線 (frame)，中心マーク (centering mark)，表題欄 (title block) は必ず設けることになっている．図面を描く領域は輪郭線の内側であり，中心マークはスキャナによる図面の複写・編集のために必要である．表題欄は図面の管理に必要なすべての事項が記入される図面の顔である．したがって，表題欄の位置は最も見やすい用紙右下に設けられる．

各企業や団体は，一般に独自の図面様式を制定している．

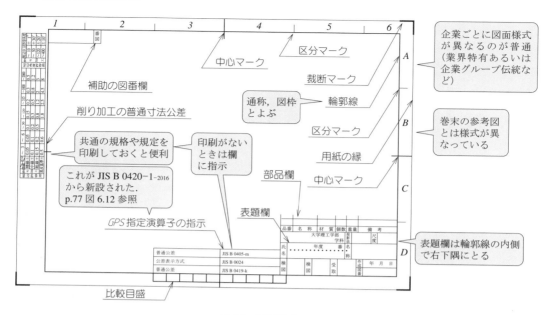

中心マーク
区分マーク
補助の図番欄
裁断マーク
削り加工の普通寸法公差
通称，図枠とよぶ
輪郭線
共通の規格や規定を印刷しておくと便利
印刷がないときは欄に指示
区分マーク
これが JIS B 0420-1-2016 から新設された. p.77 図 6.12 参照
用紙の縁
GPS 指定演算子の指示
部品欄
中心マーク
表題欄
企業ごとに図面様式が異なるのが普通（業界特有あるいは企業グループ伝統など）
巻末の参考図とは様式が異なっている
表題欄は輪郭線の内側で右下隅にとる

普通公差　JIS B 0405-m
公差表示方式　JIS B 0024
普通公差　JIS B 0419-k

比較目盛

図 2.2　図面様式の一例

2.4　尺　度　（図面上に描く実物の大きさ）

機械製図に用いる尺度（scale）には，現尺（full scale），倍尺（enlargement scale），縮尺（reduction scale）の3種類があり，できるだけ現尺を選ぶようにする．推奨される縮尺の値を表2.3に示す．

表 2.3　現尺・倍尺・縮尺（推奨尺度/第1撰択）

尺度の種類	尺度 $(A:B)$
現尺	$1:1$
倍尺	$50:1$　$20:1$　$10:1$　$5:1$　$2:1$
縮尺	$1:2$　$1:5$　$1:10$　$1:20$　$1:50$　$1:100$　$1:200$
	$1:500$　$1:1000$　$1:10000$

備考　A（図面上の長さ）：B（実物の長さ）
　　　　中間の尺度（第2撰択）については，JIS Z 8314 参照.

2.5　寸法の単位

長さの単位はミリメートルで記入し，単位記号は付けない．小数点は数字の間隔をあけて，下方に大きめに付ける．

　　例：　25　　　1.3

角度の単位は度（°）またはラジアン（rad）で表し，必要があれば"分（′）""秒（″）"を併用する．

　　例：　45°　　　17.5°　　　0°15′　　　8°0′52″　　　0.25 rad

寸法数字のけた数が多い場合でも，3けたごとに数字の間隔をあけたり，位取りのカンマを付けたりせずつめて書く．

　　例：　123456　　　123 456　　　123,456
　　　　　○　　　　　　×　　　　　　×

○×△ の意味について
○：正しい
×：誤り
△：JIS には記載されているが，学生はできるだけ使用を避けたほうがよい

第 3 章　　　　　線と文字

本章では，機械製図で用いる線と文字の種類，用法について説明する．

3.1　線の種類

線の種類は，JIS Z 8312 に 15 種類が規定されており，図面内でよく使用されるものは実線，破線，一点鎖線，二点鎖線の 4 種類である．また，線の太さは，極太線，太線，細線の 3 種類としている．これを実用面からまとめたものを，表 3.1 に示す．

線は，種類と太さによって用途（役割，意味）をもつ．図 3.1，3.2 は具体例であり，表 3.2 に一覧としてまとめて示す（表 3.2 の右端は照合番号で，図 3.1 と図 3.2 に具体例を示す）．

表 3.1　線の種類と太さ（実用面から多用されるもの）

種類 ＼ 太さ	極太線 （ごくぶとせん）	太線 （ふとせん）	細線 （ほそせん）
実線 （じっせん）	━━━	━━━	───
破線 （はせん）	×	-------	-------
一点鎖線 （いってんさせん）	×	—·—·—	—·—·—
二点鎖線 （にてんさせん）	×	×	—··—··—

この枠内の線の使い分けができれば，99%の図面を描くことができる

注　×：用いない線

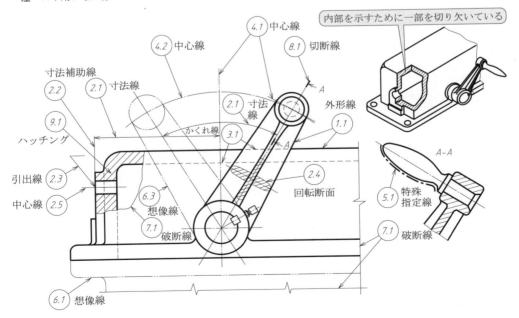

図 3.1　線の用途の図例

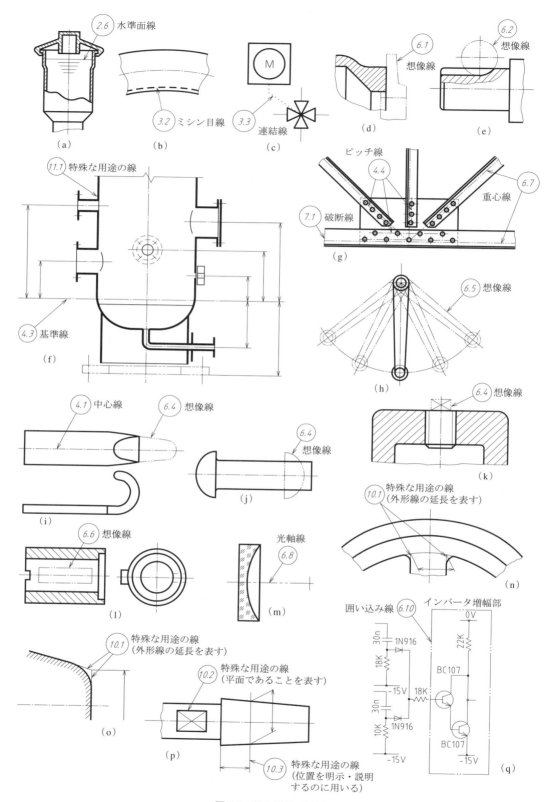

図3.2　線の用途の図例

表 3.2 線の種類および用途

用途による名称	線の種類		線の用途	図3.1, 3.2 照合番号
外形線	太い実線	————	対象物の見える部分の形状を表すのに用いる.	1.1
寸法線	細い実線		寸法を記入するのに用いる.	2.1
寸法補助線			寸法を記入するために図形から引き出すのに用いる.	2.2
引出線			記述・記号などを示すために図形から引き出すのに用いる.	2.3
回転断面線			図形内にその部分の切り口を90°回転して表すのに用いる.	2.4
中心線			図形に中心線 (4.1) を簡略化して表すのに用いる.	2.5
水準面線			水面, 液面などの位置を表すのに用いる.	2.6
かくれ線	細い破線または太い破線	– – – – –	対象物の見えない部分の形状を表すのに用いる.	3.1
ミシン目線	太い跳び破線	━ ━ ━ ━ ━	布, 皮, シート材の縫い目を表すのに用いる.	3.2
連結線	点線	·············	制御機器の内部リンク, 開閉機器の連動動作などを表すのに用いる.	3.3
中心線	細い一点鎖線	– · – · – · –	a) 図形の中心を表すのに用いる.	4.1
			b) 中心が移動する中心軌道を表すのに用いる.	4.2
基準線			特に位置決定のよりどころであることを明示するのに用いる.	4.3
ピッチ線			繰返し図形のピッチをとる基準を表すのに用いる.	4.4
特殊指定線	太い一点鎖線	━ · ━ · ━	特殊な加工を施す部分など特別な要求事項を適用すべき範囲を表すのに用いる.	5.1
想像線	細い二点鎖線	— · · — · · —	a) 隣接部分を参考に表すのに用いる.	6.1
			b) 工具, ジグなどの位置を参考に示すのに用いる.	6.2
			c) 可動部分を, 移動中の特定の位置または移動の限界の位置で表すのに用いる.	6.3
			d) 加工前または加工後の形状を表すのに用いる.	6.4
			e) 繰返しを示すのに用いる.	6.5
			f) 図示された断面の手前にある部分を表すのに用いる.	6.6
重心線			断面の重心を連ねた線を表すのに用いる.	6.7
光軸線			レンズを通過する光軸を示す線を表すのに用いる.	6.8
パイプライン配線囲い込み線	一点短鎖線	— · — · —	水, 油, 蒸気, 上・下水道などの配管経路を表すのに用いる.	JIS B 0001 (2019) p.9 (6.9) 参照
	二点短鎖線			
	三点短鎖線			
	一点長鎖線	— · — · —	水, 油, 蒸気, 電源部, 増幅部などを区別するのに, 線で囲んで, ある機能を示すのに用いる.	6.10
	二点長鎖線			
	三点長鎖線			
	一点二短鎖線	— ·· — ·· —	水, 油, 蒸気などの配管経路を表すのに用いる.	JIS B 0001 (2019) p.9 (6.11) 参照
	二点二短鎖線			
	三点二短鎖線			
破断線	不規則な波形の細い実線またはジグザグ線	〜〜〜 / ─／\─	対象物の一部を破った境界, または一部を取り去った境界を表すのに用いる.	7.1
切断線	細い一点鎖線で, 端部および方向の変わる部分を太くした線		断面図を描く場合, その断面位置を対応する図に表すのに用いる.	8.1
ハッチング線	細い実線で, 規則的に並べたもの	/////	図形の限定された特定の部分を他の部分と区別するのに用いる. たとえば, 断面図の切り口を示す.	9.1
特殊な用途の線	細い実線	————	a) 外形線およびかくれ線の延長を表すのに用いる.	10.1
			b) 平面であることをX字状の2本の線で示すのに用いる.	10.2
			c) 位置を明示または説明するのに用いる.	10.3
	極太の実線	━━━━	圧延鋼板, ガラスなど薄肉部の単線図示をするのに用いる.	11.1

✛ 3.2　線の引き方

⬡ 3.2.1　線の太さ

　線の太さは，0.13，0.18，0.25，0.35，0.5，0.7，1，1.4，2 mm と規定されており，図面の大きさや種類によって選ぶことになっている．一方，細線，太線，極太線の線の太さの比率をおよそ 1：2：4 としているので，手描き図面では，0.3，0.35，0.5，0.7 mm などの替芯で，0.35，0.7，1.4 mm の基準太さに近づけて細線，太線，極太線を描けばよい．大事なことを以下に示す．

① 細線，太線が明瞭に判別できること（太細を濃度で区別してはいけない）．

② 1本の線は同じ太さ，同じ濃さであること（ムラや線のにじみ，かすれは誤解のもと）．

③ それぞれの線の一図面内の太さは，すべて同じであること．

④ 一図面内の線の濃さは，太さが異なってもすべて同じであること．

> 製作現場では，原図をコピーして使用するため

⬡ 3.2.2　線の長さ

　線の間隔や長さは，線の太さを基準に規定されている．しかし，実用的に A1 〜 A4 図面の場合には，図 3.3 のように描くときれいに見える．なお，破線（dashed line, ------- ）は点線（dotted line, ………… ）ではなく，長さをもっていることに注意する（表 3.2 で見比べること）．

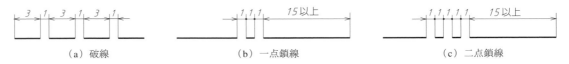

（a）破線　　　　　　　（b）一点鎖線　　　　　　　（c）二点鎖線

図 3.3　線の長さ（単位 mm，本図は拡大図）

⬡ 3.2.3　線の交差

　線の交差について，JIS Z 8312 では，図 3.4 に示す例で「実線，点線以外は線分の部分で交差させる」とのみ規定している．ただし，同図（e）のように複数の線が交差するときは，すべてのところで規定を守ることは難しいので，まず（★）を守ることで実用上差し支えない．このほか，慣習により表 3.3 も守るほうが望ましい．

　なお，CAD 図面でコントロールが難しい場合は，なりゆきでしかたがない．

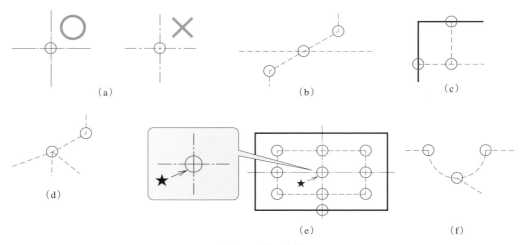

図 3.4　線の交差

表3.3 線の交点

	説 明	望ましい	誤解を生む注		説 明	望ましい	誤解を生む注
1	破線の両端は相手線に接する			3	外形線の延長のかくれ線は離す（すきまをつくる）		
2	破線どうしの交点は接する			4	一点鎖線や二点鎖線の短線は端に寄りすぎない（何かわからない）		（何かわからない）

注　「誤解を生む」は手描き図面に適用する.

● 3.2.4　線の優先順位

　線が重なったときの優先順位の例を，図3.5に示す．2種類以上の線が同じ線上にきたときは，図の右上の順位に従い，優先順位上位の線が図面に現れる.

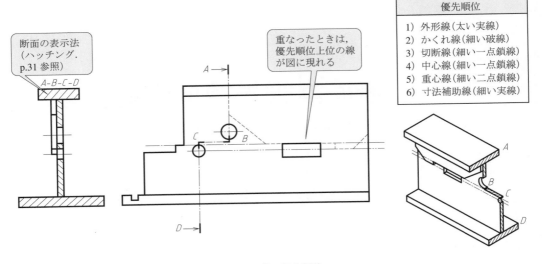

優先順位
1) 外形線（太い実線）
2) かくれ線（細い破線）
3) 切断線（細い一点鎖線）
4) 中心線（細い一点鎖線）
5) 重心線（細い二点鎖線）
6) 寸法補助線（細い実線）

断面の表示法（ハッチング. p.31 参照）

A-B-C-D

重なったときは，優先順位上位の線が図に現れる

図3.5　線の優先順位

3.3 文字と文章

図面内に使用される文字は，主に，平仮名，片仮名，漢字，ラテン文字（大文字・小文字），数字を使う．

3.3.1 仮名，漢字

文字の大きさの呼び（基準枠の高さ）は，漢字：3.5，5，7，10 mm，仮名：2.5，3.5，5，7，10 mmで，相互の間隔は図3.6のように規定されている．実例を図3.7に示す．

慣習として，手描き図面には片仮名，CAD図面には平仮名を用いることが多い．なお，漢字や仮名に小さく添える"ャ""ュ""ョ"，つまる音を表す"ッ"など小書きの仮名の大きさは，0.7の比率にする．

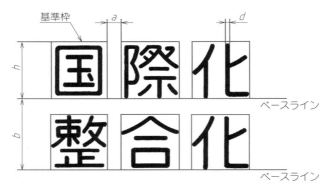

a：文字のすきま（$2d$以上）〔2〕　　　　b：最小ピッチ（14/10）h〔7〕
d：線の太さ（1/10）h〔0.5〕　　　　h：文字の高さ（基準枠の高さ）〔5〕

注 1　dは漢字では$h/14$，仮名では$h/10$が望ましいとされているが，手描きの場
　　　合は双方とも$h/10$でよい．
　　2　〔　〕は$h＝5$ mmのときの数値（mm）．A1～A4の図面では5 mmが標準．

図3.6　文字の大きさ，線の太さ，文字のすきまおよび文字のピッチ

文字高さ　7 mm　　**断面詳細矢視側図計画組**

文字高さ　5 mm　　**テトナニヌネノハヒ**

文字高さ　5 mm　　**てとなにぬねのはひ**

図3.7　漢字と仮名の実例

漢字の書体は現在では規定されていないが，慣習として枠内でX軸Y軸に沿うような硬い書体にするのが望ましい．特に字画のうち「はね」部はほかと同じ速さで書き，終点できっちりと止める．図3.8は，これまで推奨されてきたものであるので，参考にするとよい．用いる漢字は常用漢字表による．また，画数の多いものは仮名書きでよい（他人が読めるかどうかで判断すればよい）．

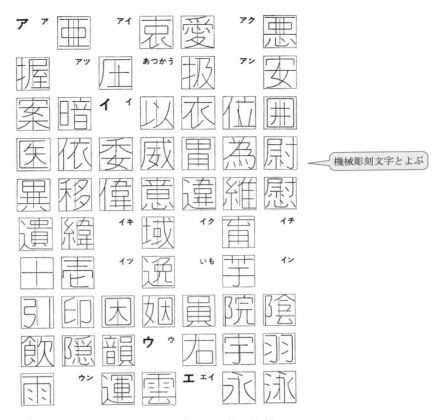

機械彫刻文字とよぶ

図 3.8 JIS Z 8903 で示される漢字体の一部（枠は参考）
（手描きのときは角部の小さい丸みをつくらないこと）

3.3.2 ラテン文字，数字および記号

これらの文字の高さ h の標準値は，2.5，3.5，5，7，10 mm で，相互間の関係を図 3.9 に示す．A 形書体か B 形書体を使い，平成 11 年度（1999 年度）まで日本で使用されてきた J 形書体は JIS より削除された．書体には直立体と，垂直に対して 15° 傾けた斜体がある．図 3.10 は比較的よく使用される B 形書体を示す．また，図 3.11 は手描き図面によく使用される B 形斜体の大きさの異なる例を

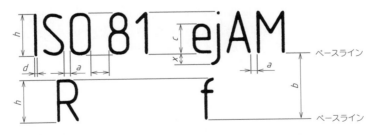

a：文字間のすきま　$(2/10)h$〔1〕 $\quad$ b：最小ピッチ　$(14/10)h$〔7〕
c：小文字の高さ　$(7/10)h$〔3.5〕 $\quad$ d：文字の太さ　$(1/10)h$〔0.5〕
e：文の最小すきま　$(6/10)h$〔3〕 $\quad$ h：大文字の高さ〔5〕
x：小文字の尾部　$(3/10)h$〔1.5〕
注　〔　〕は，$h=5$ mm のときの数値（mm）．A1～A4 図面では 5 mm が標準．

図 3.9 文字の高さ，線の太さ，文字のすきまおよび文字のピッチ（B 形書体）

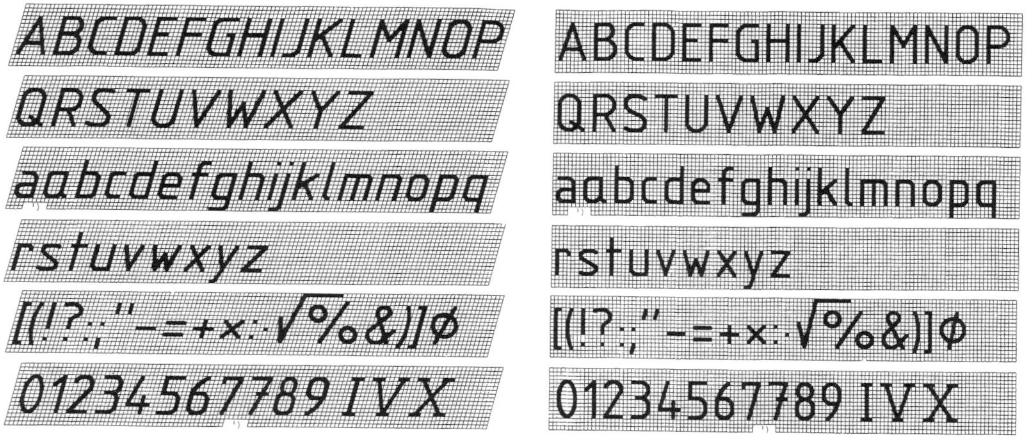

(a) B形斜体　　　　　　　　　　　　　　　　(b) B形直立体

図 3.10　文字高さ 5 mm の B 形書体（通常は斜体と直立体は混用しない）

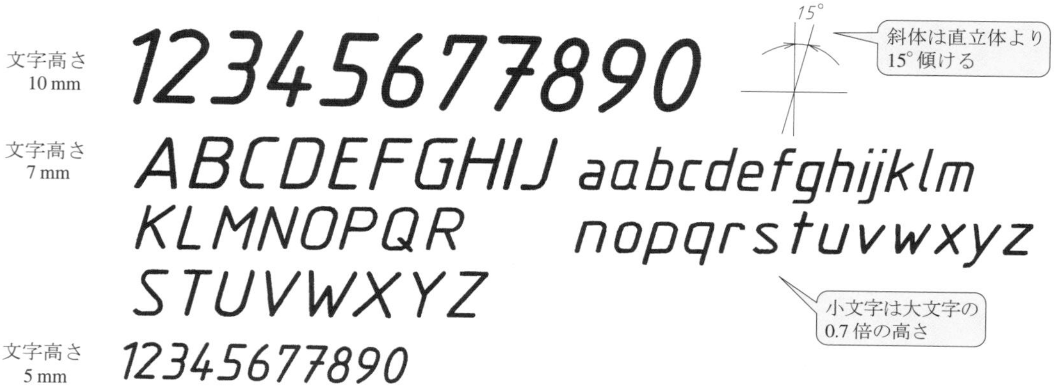

文字高さ 10 mm

文字高さ 7 mm

文字高さ 5 mm

斜体は直立体より 15° 傾ける

小文字は大文字の 0.7 倍の高さ

図 3.11　B 形斜体の書体

示す．なお，CAD 製図（JIS B 3402）では，使用するソフトのフォントで書けばよい．

　A1 ～ A4 の（手描き）図面上での注意点は，次のとおりである．

① **文字数字の高さは 5 mm，太さは 0.5 mm で書く**．注記，部品欄，表題欄などは，それぞれの文字の大きさで揃える（CAD 製図の文字高さは通常 3 mm 程度だが，明瞭に読める）．

② 図面用紙内に書き込むすべての仮名，漢字，ラテン文字，数字，記号は製図用書体で，線と同じ濃さで書く．

③ 図面中の文章は，文章口語体で左横書きとする．

④ A 形書体，B 形書体，直立体，斜体を 1 枚の図面の中で混用してはならない．ただし，仮名，漢字は直立体しかないので，これらとラテン文字や数字の斜体は混用してもよい．このとき，ベースラインを合わせるようにする．

⑤ 図面の注記（図面の右肩の部分に書くのが習慣）は，簡潔明瞭に書く．

⑥ 一連の図面において，表面性状記号（第 8 章）や注記の場所を固定位置にするほうが，製造現場での見落としがない（巻末参考図参照）．

第4章　図形の表し方

　図面は，"一線・一字・一句"の間違いも許されない世界である．本章では，機械製図の基本となる投影法と第三角法による図形の表し方について説明する．

4.1　投影法

　三次元の立体を二次元化した図面に表現するとき，その図面は見る人ごとに解釈が異なるのではなく，一つの解釈しかないようにすべきである．そこで，立体空間にある対象物（品物）の位置・形状を正確に平面紙上に表すための約束ごとが必要となる．その約束ごとが投影で，投影の方法を投影法（projection method，JIS Z 8315 - 1 ～ 4）といい，投影によって描かれた図形を投影図という．その図の種類を図 4.1 に示す．

　平行投影（parallel projection）は，無限遠の距離にある点から対象物を見る方法である．対象物の形を写す投影面（projection plane）は，この視点と対象物の間にあり，品物と投影面上に写される図形との関係を表す投影線（projection line）が平行になる．投影面を投影線に直角においた場合が図 4.2（a）の A の直角投影（right projection），斜めにおいた場合が同図（a）の B の斜投影（oblique axonometry）である．透視投影（perspective projection）は，同図（b）のように，投影面から有限の距離にある点から対象物を投影したもので，実物に近い絵画的な表現が可能である．

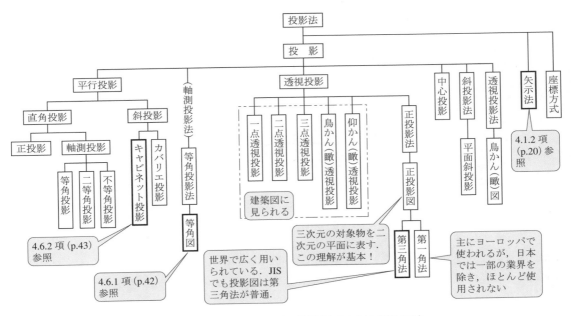

図 4.1　投影法にもとづく図の種類（太枠の図を学習する）

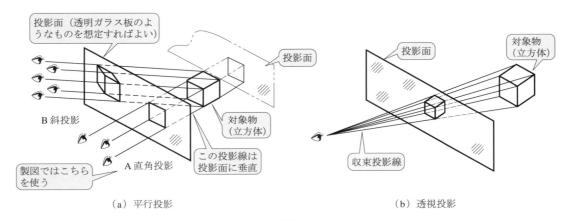

図 4.2　投影の種類

🔷 4.1.1　第三角法

　機械製図では，第三角法（third angle projection）で描くのが原則である．第一角法（first angle projection）は，以前は使われていたが，現在は限られた分野でしか使用されない．

　第三角法で対象物を完全に図示するためには，図 4.3 のように，6 方向の投影図が使用できる．実際の製図においては，六つの投影図（（a）～（f）の 6 面）すべてが必要なことはほとんどなく，2 面ないし 3 面で対象物を確実に表現できるのが普通である．ときには 1 面でも表すことができる．通常，投影対象物の最も主要な面，いいかえれば投影対象物の形を最も想像しやすい面を主投影図（principal view）として選ぶ．図 4.3 の場合は，a 方向からの投影図（a）である．主投影図は，一般に対象物の機能や製作情報が最も多い面を判断して決める．

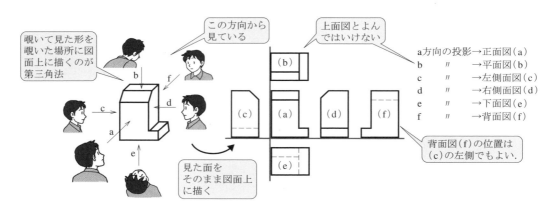

図 4.3　対象物に対する 6 方向からの視線と第三角法における投影図の配置と名称

　第三角法による投影をさらに詳しく説明したのが図 4.4 である．同図（a）に示すように，透明直方体容器の中に品物を入れ，外側から見て透明板に投影する．この透明直方体容器は 6 面からできているから，図 4.3 と同様に 6 方向から投影した図形が現れる．このとき，品物の主要な面を直方体の面となる透明板に平行におくことが大切である．投影図は立体を平面上に図示するから，主投影図（正面図）に関連するその他の図の位置は，主投影図（a）の含まれた透明板の稜，またはこれに平行なほかの稜を軸にして，各投影面を回転させ正面図と同じ面上に並べることによって決められる．

　図 4.4（b）は，同図（a）から主要な三つの面を取り出した図である．正面図（front view）の真上に

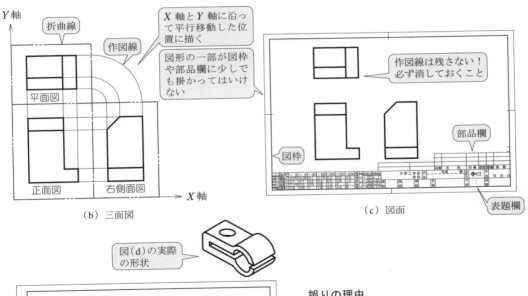

（a）第三角法の投影・展開

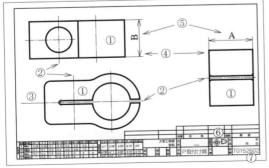

（b）三面図

（c）図面

（d）誤った投影図例

誤りの理由

① 図形配置が平行移動位置でなく投影法になっていない.

② 各投影図の中心線が合致していない.

③ 中心線が長すぎる.

④ 正面図と右側面図の投影図間距離が開きすぎている.

⑤ A と B の寸法が一致していない.

⑥ 投影法を表す記号が製図規格に従って書かれていない.

⑦ 表題欄も製図規則に従った文字・数字の書体で記入していない.

図 4.4　第三角法による投影

平面図（top view）があり，正面図の右に右側面図（right side view）が並ぶ．このような図を三面図という．なお，正面図・平面図・側面図の境の透明直方体容器の折曲線と作図線は，図法の解説のためのもので，実際には同図（c）のように図面には描かない．同図（d）は誤った投影図の例である．

図4.5は，第三角法であることを示す記号と図形の配置図（図4.3と同じ）である．この記号は，円すい台を第三角法によって２面で表したものである．参考までに，第一角法の記号と配置を図4.6に示す．なお，第一角法の場合のさまざまな留意点は，第三角法と同じである．

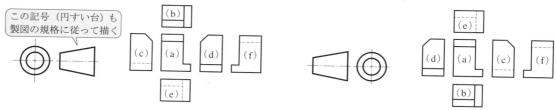

図4.5　第三角法を示す記号と図形の配置　　　　　　図4.6　第一角法を示す記号と図形の配置

⬡ 4.1.2　矢示法

矢印を用いてさまざまな方向から見た投影図を任意の位置に配置する方法を，矢示法（reference arrow layout）という．矢示法で示す場合は，投影方向を示す矢印と識別のためのラテン文字（大文字）で指示する．文字は，投影の向きに関係なく，すべて上向きに矢印のすぐうしろに明瞭に書く．指示された投影図は，主投影図に対応しない位置に配置してもよい．投影図を識別するラテン文字は，関連する投影図の真下か真上のどちらかにおく．矢示法の投影図の配置例を図4.7に示す．

なお，これらは，本書全体で共通する約束である．

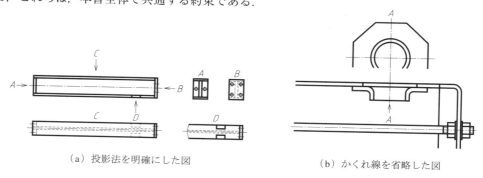

（a）投影法を明確にした図　　　　　　　　（b）かくれ線を省略した図

図4.7　矢示法における投影図の配置例

➕ 4.2　投影図の表し方

投影図（projection drawing）で製品や部品などの形状を表すには，外形線・かくれ線・中心線の３線を用いる．この３線を図形線という．図4.8は外形線とかくれ線の描き方について，図4.9は中心線の描き方についての注意を示す．

① 外形線（visible outline）　　品物の外から見える部分の形を示す線をいう．
② かくれ線（hidden outline）　　穴や溝のように，外から見えない部分の形を表す．
③ 中心線（center line）　　円・円弧の中心および円筒や円すいなどの対称軸を表す．
　　・対称軸をもつ図形は，必ず中心線を記入する．
　　・円・球は，直交する２本の中心線の交点を中心として描く．
　　・中心線は，外形線から３〜４mm延長する．
　　・図面間の中心線は連続して描いてはいけない（たとえば，正面図と平面図，正面図と側面図）．

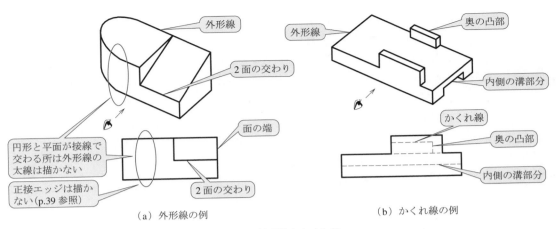

図 4.8　外形線とかくれ線

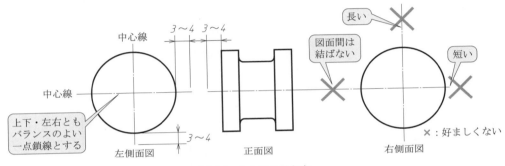

図 4.9　中心線の描き方

4.2.1　主投影図

（1）　主投影図の選び方

これらは，寸法入りの図面を描くと，すぐに判断できるようになる.

① 　主投影図は，必ずしも品物の正面から見た図とは限らず，正しく明確に対象物を表すために最も理解しやすい投影図をいう. 主投影図を決め，その投影図を正面図（front view）に選んだら，これをもとに平面図（top view），右側面図（right side view），左側面図（left side view），下面図（bottom view），背面図（rear view）などを描く. 図の配置例を図 4.10 に示す（3 面図で表している）.

② 　理解しやすい正面図とは，次のような基準で選んだものである.

　　・品物の形の特徴を最も明確に表す図形.

　　・品物の形状を容易に判断できる図形.

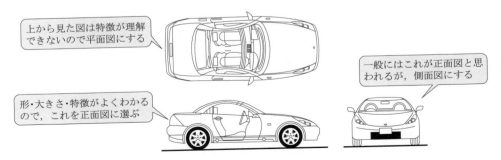

図 4.10　正面図の選び方（スポーツカーの場合）

・製作情報が最も多い面が正面図になることが多い.

　かくれ線は, 図 4.11 に示すように, 理解を妨げない範囲で少なくする.

③　一般に, 回転体 (円筒形) では, それを側面から見た図が主投影図となる. たとえば, 図 4.12 のように, スペーサ, ハンドル, 歯車などの円形図 (正面の方向から見た図) は, 正面図に選ばない (慣習).

④　その品物の加工数の最も多い工程をふまえ, 作業者が見やすいように加工の際に部品が置かれる向きから見た図を主投影図として描くのがよい. 平削りのものは長手方向を左右に, 加工面が図に見えるように表す (図 4.13). 旋削 (丸削り) する品物では, 図 4.14 のように, その中心線を水平に, また, 作業量の多いほうが右側に位置するように描く.

⑤　一般に, 長物 (横に長い品物. 軸などが代表) は横長に描く (慣習).

（2）投影図の数

　品物を完全に表すのに必要な図面の数は, 品物の形状により異なる. 一般には, 三面図で足りることが多い. 平面図・右側面図・左側面図・背面図などの数はできる限り少なくし, 正面図だけで表せるものは, ほかの図を描かない.

①　一面図　　　正面図のみで表すことができる場合, 補足図は描かない. 円筒, 角柱, 球, 平板などの一様な形状は, 図 4.15 に示すように, 寸法数字の前に寸法補助記号を付記することで, 正面図のみで表すことができる (表 5.1 参照).

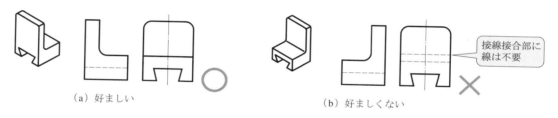

（a）好ましい　　　　　　　　　　　　　　　　（b）好ましくない

図 4.11　理解のしやすい図

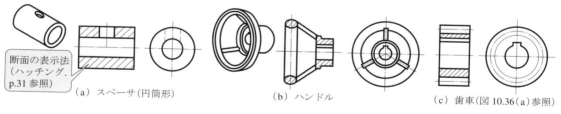

（a）スペーサ（円筒形）　　　　　　（b）ハンドル　　　　　　（c）歯車（図 10.36（a）参照）

図 4.12　回転体の投影

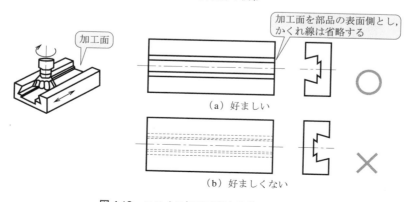

（a）好ましい

（b）好ましくない

図 4.13　フライス加工工程を基準にした作図

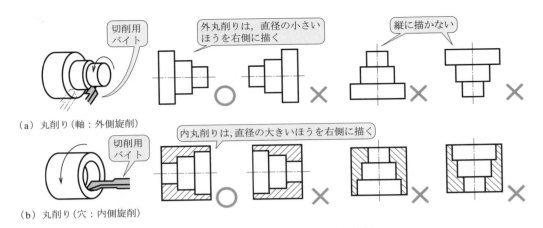

図 4.14　旋削加工の手順をもとにした作図

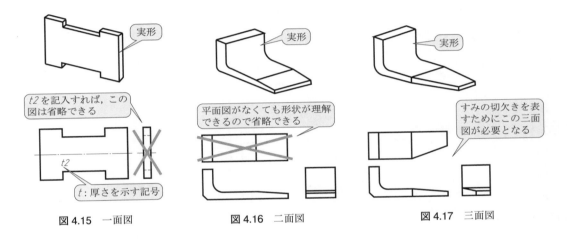

図 4.15　一面図　　　　　　　図 4.16　二面図　　　　　　　図 4.17　三面図

② 二面図　　平面形状または円筒形状などの品物は，正面図と平面図（下面図），あるいは正面図と右側面図（左側面図）の2画面で描くことができる（図 4.16）.

③ 三面図　　三つの投影図で図示できるものを三面図という．一般には，図 4.17 のように，正面図，平面図（下面図）および右側面図（左側面図）で表せることが多い.

4.2.2　補助投影図

品物の傾斜面の実形を図示する必要があるときには，図 4.18 (b)(c) のように，その傾斜面に対向する位置に必要な部分だけを補助投影図（auxiliary view）として表す．なお，補助投影図をその位置に表せない場合は，図 4.19 (a) のように矢示法を用い，その旨を矢印とラテン文字（大文字）で示す（4.1.2 項参照）．また，図 4.19 (b) のように折り曲げた中心線で結んで投影関係を示してもよい.

4.2.3　部分投影図と部分拡大図

図の一部を図示すれば十分である場合には，図 4.20 (a) のようにその必要な部分だけを部分投影図（partial view）として表すことができる．また，特定部分の図形が小さい場合，同図 (b) のようにその該当部分を別の箇所に拡大して描くことができる（部分拡大図：elements on large scale）.

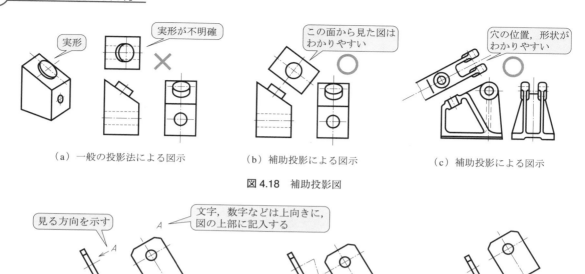

（a）一般の投影法による図示　　　　（b）補助投影による図示　　　　（c）補助投影による図示

図 4.18　補助投影図

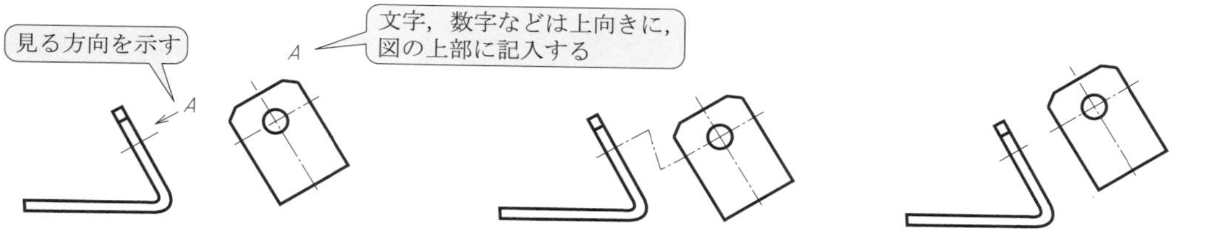

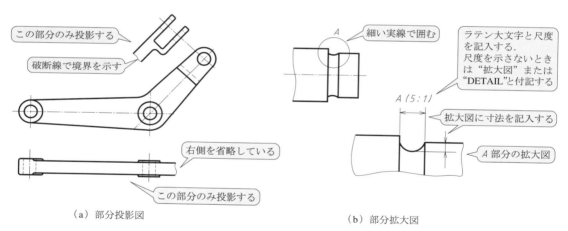

（a）矢示法（ラテン大文字による表示を行う）　　（b）中心線を折り曲げて描く　　（c）通常の傾斜面に平行に投影の例

図 4.19　補助投影図（対向して表せない場合）

（a）部分投影図　　　　　　　　　　　　　　（b）部分拡大図

図 4.20　部分投影図と部分拡大図

⬡ 4.2.4　局部投影図

　主投影図の完全な側面図や平面図を描かなくても，図 4.21 のように，必要な部分だけの形を図示すれば十分な場合に局部投影図（local view）が用いられる．投影関係を示すために，主となる図とは中心線，作図線，寸法補助線などで結ぶ．

⬡ 4.2.5　回転投影図

　投影したい面がある角度をもっているために，その実形が図面上に現れないときには，図 4.22 のように，その部分を投影面に平行な位置まで回転して，その実形を図示できる（回転投影図：revolved projection）．なお，見誤るおそれがある場合には，作図に用いた作図線は残すこともある．

　4.3.6 項「組合せによる断面図」（p.28）との違いを理解すること．

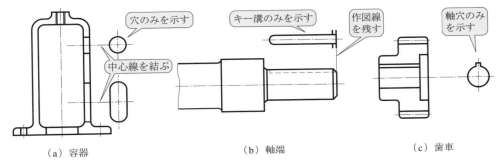

穴のみを示す

中心線を結ぶ

（a）容器

キー溝のみを示す

作図線を残す

（b）軸端

軸穴のみを示す

（c）歯車

図 4.21 局部投影図

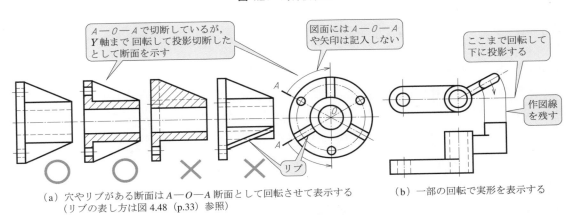

A—O—A で切断しているが，Y軸まで回転して投影切断したとして断面を示す

図面には A—O—A や矢印は記入しない

ここまで回転して下に投影する

作図線を残す

リブ

（a）穴やリブがある断面は A—O—A 断面として回転させて表示する（リブの表し方は図 4.48（p.33）参照）

（b）一部の回転で実形を表示する

図 4.22 回転投影図（図 4.59（p.38）参照）

4.3 断面図

4.3.1 断面の表示

　品物の内部の形状または構造が複雑な場合，多数のかくれ線で表すより，品物の形状を最もよく表す断面で切断して，内部が見えるように表示するほうがわかりやすい．この画法を断面法といい，図を断面図（sectional view）という．**寸法は実線部で入れ，かくれ線部で入れないのが原則である**．図例を図 4.23 に示す．4.3.9 項「断面の切り口の表し方」（p.31）に後述するように，断面の切り口にハッチングを入れるとわかりやすくなることが多い．

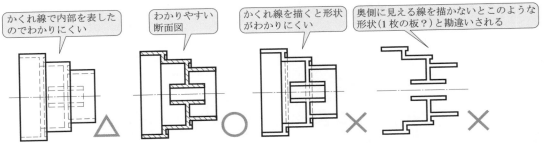

かくれ線で内部を表したのでわかりにくい

わかりやすい断面図

かくれ線を描くと形状がわかりにくい

奥側に見える線を描かないとこのような形状（1枚の板？）と勘違いされる

図 4.23 断面の表示

4.3.2 全断面図

　品物を二つに切断して，図全体を断面で表した図形のことを全断面図（full section view）という．原則として対称中心線で切断し，切断線は図 4.24 に示すように記入しない．必要に応じて対称中心

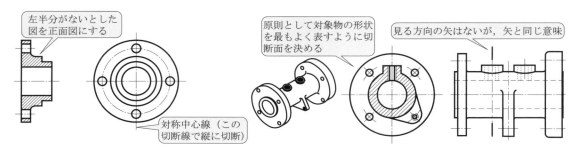

図 4.24　全断面（対称中心線で切断）　　　　図 4.25　全断面（必要な面での断面）

線以外のところで切断してもよい．この場合，対象物の形状を最もよく表すように切断面を決め，図 4.25 のように切断線により切断の位置を示す．

4.3.3　片側断面図

　上下あるいは左右対称な品物の外形の半分と，全断面の半分を組み合わせて表したものを片側断面図（half sectional view）という．片側断面図では，内部の形状と外形が同一図面で見ることができるので便利である．作図例を図 4.26 に示す．

① 片側断面図にする場合，一般的には，上下対称の図形では上側を，左右対称の図形では右側を断面図とする．

② 片側断面で中心線と外形線が一致する場合，図 4.27 のように，破断する位置を破断線（細い実線，フリーハンドで描く）で描き，中心線からずらす．

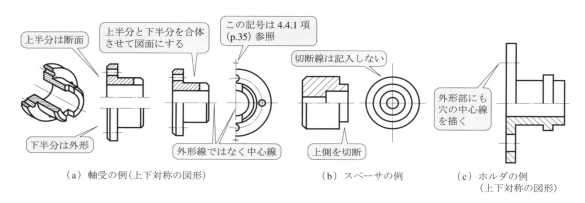

（a）軸受の例（上下対称の図形）　　　　（b）スペーサの例　　　　（c）ホルダの例（上下対称の図形）

図 4.26　片側断面図（対称中心線で切断）

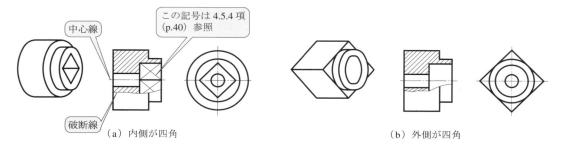

（a）内側が四角　　　　　　　　　（b）外側が四角

図 4.27　中心線と外形線が一致する場合の片側断面

4.3.4 部分断面図

① 外形図において，必要とする要所の一部分だけを破断して部分断面図（local sectional view）として表すことができ，図4.28（a）のように，破断線によってその境界を示す．同図（b）のように描くと，ねじ穴が軸線と同じ平面上にあることがわかりにくいのでしてはならない．

② 図4.29のように，破断面が外形線と一致するような破断のしかたをしてはならない．

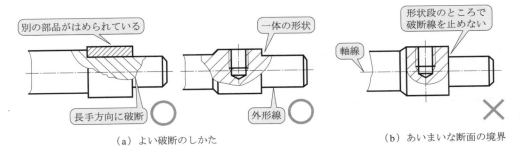

図4.28 部分断面での破断線の描き方

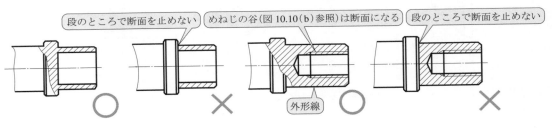

図4.29 破断線と外形線

4.3.5 回転図示断面図

主に品物の同形の長手形状を表すためには，回転図示断面図（revolved section）を用いる．投影図に垂直な面で切断し，この面上に描かれた図を90°回転して表す．表し方には次のようなものがある．

（1）中間での断面図

図4.30のように，切断箇所の前後を切断し，その間に断面図を描く．

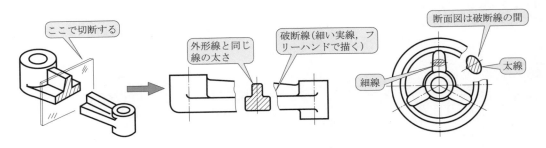

図4.30 切断部分での回転図示

（2）切断線を用いる断面図

断面の変化が多く，中間での破断が難しい場合などにも回転図示断面図を用いる．図4.31のように，断面形状は切断線の延長線上に描く．

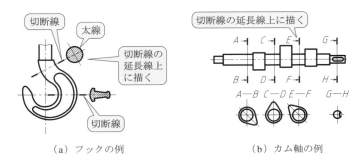

（a）フックの例　　　　　　（b）カム軸の例

図4.31　切断線の延長線上での回転図示断面図

（3）　図形内での回転図示断面図

図4.32のように，断面形状を図形内の切断箇所に重ね，細い実線で直接，断面図を描く．

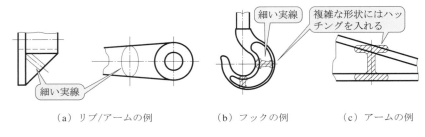

（a）リブ/アームの例　　　（b）フックの例　　　（c）アームの例

図4.32　図形内に重ねて描く回転図示断面図

◉ 4.3.6　組合せによる断面図

記号を使って，二つ以上の切断面を一面の断面図で図示できる便利な方法である．ただし，4.2.5項「回転投影図」（p.24）と混同しないこと．組み合わせた切断面の図示は，断面を見る方向を示す矢印およびラテン文字（大文字）の文字記号を付ける．

（1）　対称形の図示断面図

対称形またはこれに近い形状のものは，中心線を境にその片側を投影面に平行に切断し，もう一方の側を投影面とある角度をもって切断することができる．角度をもった面は，図4.33のようにその角度だけ投影面のほうに回転させて表す．

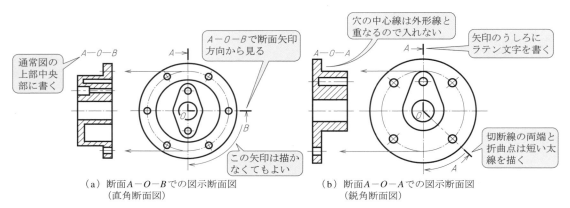

（a）断面$A-O-B$での図示断面図
（直角断面図）

（b）断面$A-O-A$での図示断面図
（鋭角断面図）

図4.33　対称形の図示断面図

（2）階段断面図

　一つの品物において，二つ以上の平面を階段状に組み合わせた面で切断すれば，必要な断面を一度に表せる場合がある（階段断面：offset section）．図 4.34 に示すように，切断線の両端および屈曲部の要所は太線とし，両端には投影方向を示す矢印を付ける．

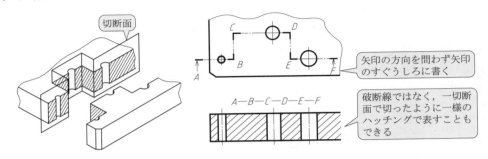

図 4.34　階段断面図

（3）曲がった管などの断面図

　曲がった管などの断面を表す場合，その曲がりの中心線に沿って切断し，曲面に従った断面長さでなく，図 4.35 のように，対象物の投影面にそのまま垂直に投影した長さで断面図とする．

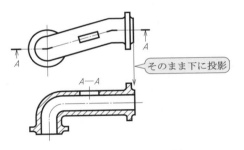

図 4.35　曲がりに沿った断面図

（4）組合せによる断面図

断面図は必要に応じて，図 4.36 のように，前述（1）～（3）項の方法を組み合わせて描いてもよい．

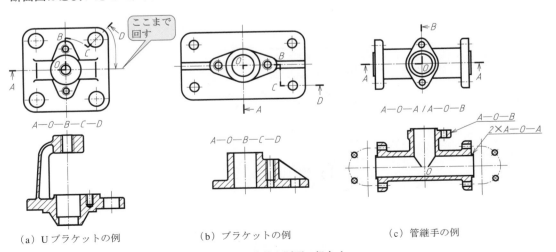

（a）Uブラケットの例　　　（b）ブラケットの例　　　（c）管継手の例

図 4.36　複雑な断面の組合せ

4.3.7　多数の断面図による図示

　複雑な形状や構造を表す場合，必要に応じて多数の断面図を描いてもよい．それらの表し方として，次のような方法がある．

①　それぞれの断面図を，主投影図の切断面の位置に対応させ，切断面の近くに図示する．この場合，図示したおのおのの断面の記号は，図4.37のように投影図ごとに記入する．

②　一連の断面図は，投影の向きを合わせて描き，図4.37（b）のように，切断線の延長線上に配置する．また，図4.38のように中心線上に描いてもよい．

③　断面形状が徐々に変化する場合，多数の断面により表す．タービンブレードやプロペラ翼の形状など複雑な曲面の作図に用いられている．図例を図4.39に示す．

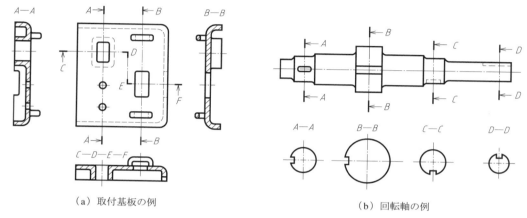

（a）取付基板の例　　　　　　　　　　　　（b）回転軸の例

図4.37　多数の断面図を切断線の延長線上に配置した図示例

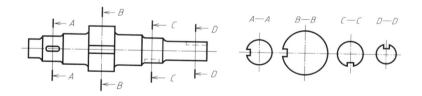

図4.38　多数の断面図を中心線上に配置した図示例

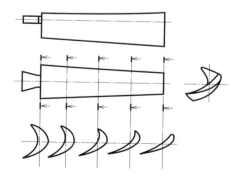

図4.39　断面形状が徐々に変化する場合の図示例

4.3.8 薄肉部の断面図

ガスケット，薄板，形鋼などで，描かれる断面の切り口が薄い場合，次の方法により表すことができる.

① 断面の切り口を黒く塗りつぶす.

② 実際の寸法に関係なく，極太の実線で表す（図 4.40（a）).

いずれの場合も，切り口が接近している場合には，図 4.40（b），（d）のように，それらを表す図形の間にわずかな間隔（0.7 mm 程度）を設ける.

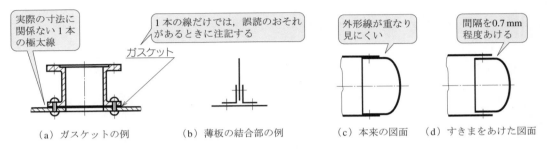

（a）ガスケットの例　　　（b）薄板の結合部の例　　　（c）本来の図面　　（d）すきまをあけた図面

図 4.40 薄肉部の断面図

4.3.9 断面の切り口の表し方（ハッチングについて）

断面の切り口を表したい場合，切り口を際立たせるために，必要に応じて（ISO 図面では必ず）次の要領でハッチング（hatching）を施す.

① ハッチングは，寸法線や引出線と区別するため，中心線または基線に対して，45° 傾いた細い実線を 3〜4 mm の等間隔で断面に描いていく（図 4.41).

② 図 4.42（a）のように，同じ切断面に現れる同一部品の切り口のハッチングは，離れていても向きと間隔を同一に描く. なお，階段状に切断した場合は，同図（b）のようにハッチングをずらすこともできる.

③ 図 4.43 のように，互いに隣接する切り口のハッチングは，線の向き，または角度（30°，45°，60° など）を変えるか，あるいは，その間隔（ピッチ）を変えて区別する.

④ 切り口の面積が広い場合，その外形線に沿って適切な範囲にハッチングを施す. 図 4.44 に例を示す.

⑤ ハッチングを施した断面図では，破断線を省略することができる. この場合は，ハッチングの端を揃える. 図例を図 4.42〜4.44 に示す（図 4.50，4.57 も参照).

⑥ ハッチングを 45° に傾けて描くと，外形線や中心線に平行もしくは垂直になって見にくくなる場合は，任意の角度に描いてよい. 図例を図 4.45 に示す.

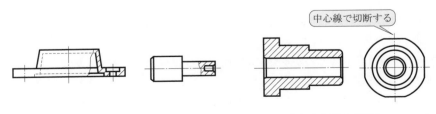

（a）部分の断面　　　　　　　　（b）中心線での断面

図 4.41 断面へのハッチング

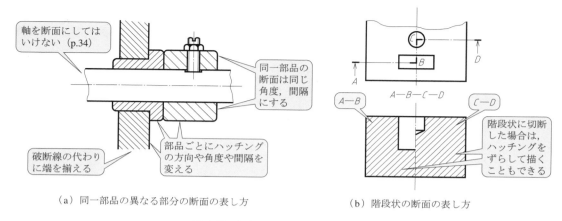

（a）同一部品の異なる部分の断面の表し方　　　　（b）階段状の断面の表し方

図 4.42　切り口のハッチングの入れ方

図 4.43　二つ以上の部品が互いに隣接する場合　　　　図 4.44　切り口の面積が広い場合

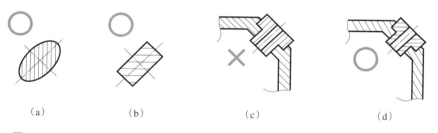

（a）　　　　（b）　　　　（c）　　　　（d）

図 4.45　ハッチングを 45° に描くと外形線や中心線とまぎらわしい場合は角度を変える

4.3.10　断面図の描き方の注意点

① 　内部を見えるようにするために，切断面より手前の部分を取り除いたと仮定して描く．なお，切断の位置を示す大文字のラテン文字は，すべて上向きに記入する．これら作図の注意点は次のとおりである（図 4.46）．

　　（a）切断面上に現れる外形線と中心線を描く．

　　（b）切断面より奥に見えるすべての線を描く．

　　（c）ハッチングを入れるとわかりやすい図面になる．かくれ線を描かないような断面に工夫する．

② 　切断面の先に見える線は，理解を妨げないときには，図 4.47（b）のように省略するのがよい．

③ 　リブやアームのように切断すると形状が不明確となる場合は，図 4.48 のように断面表示しない．

④ 　図 4.49（a）のように，外形を示さないとその品物の形が十分にわからないもの，あるいは，同図（b）のように切断すると図が理解しにくくなり，誤解が生じる場合は断面表示をしない．

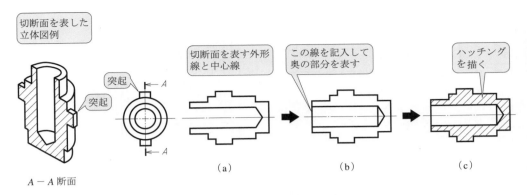

図 4.46 断面図の描き方の順序

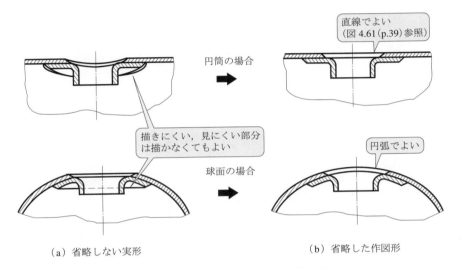

（a）省略しない実形　　　　　　（b）省略した作図形

図 4.47 省略できる断面の先方に見える線

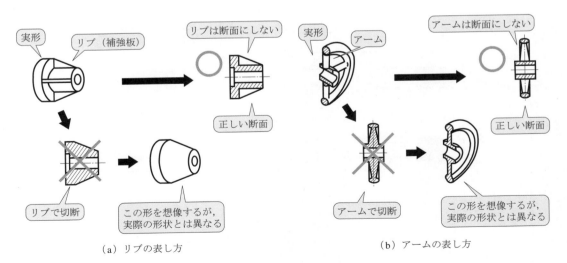

（a）リブの表し方　　　　　　　（b）アームの表し方

図 4.48 切断すると形が不明確な図例

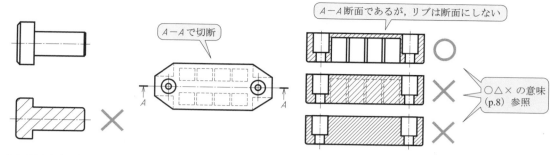

（a）長手方向に切断すると
　　わからない例

（b）リブの形状断面図の変更例

図 4.49　誤解されやすい断面図

⑤　切断したために理解を妨げるもの（例1），切断しても意味がないもの（例2）は，長手方向に
　切断しない．これらの参考例を図4.50に示す．誤ってすべての部品を切断した場合の図例を左
　下に示す．
　　　　例1：リブ，アーム（たとえば，歯車），歯車の歯
　　　　例2：軸，ピン，ボルト，ナット，座金，小ねじ，リベット，キー，球（鋼球，セラミッ
　　　　　　　ク球など），ころ（円筒ころ，円すいころなど）

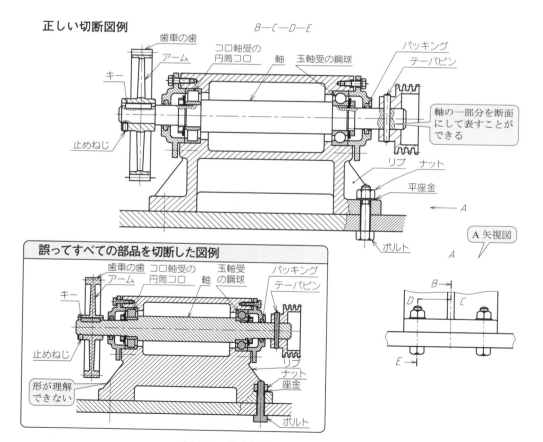

図 4.50　長手方向に切断しない部品

4.4 図形の省略

図を読みやすくして作図能率を高めるためには，誤解のおそれのない限りできるだけ簡素に描くのが望ましい．このために用いられる省略図法を説明する．

4.4.1 対称図形の省略（対称図示記号を用いる場合）

図4.51のように，対称中心線の片側だけの図面を描き，その対称中心線の両端部におのおの短い2本の平行細線（通称：トンボ記号）を記入する．なお，片矢となる寸法線や中心線は，対称中心線をわずかに越える程度に引き出して描くが，図形や線は省略した側に対称中心線を越えてはみ出してはならない．ただし，中心線と片矢寸法線（図5.58参照）は3mm程度出す．

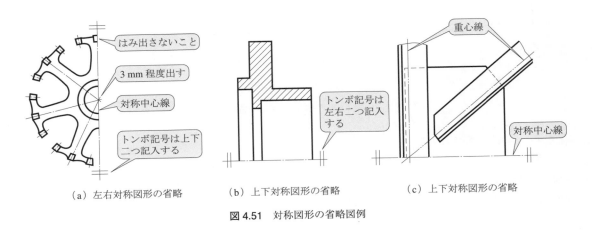

（a）左右対称図形の省略　　　（b）上下対称図形の省略　　　（c）上下対称図形の省略

図4.51　対称図形の省略図例

4.4.2 側面図の片側の省略（側面図のどちら側を描くかの法則）

正面図に外形線が現れているときは側面図の対称中心線から右半分を省略でき（図4.52（a）），正面図が断面のときは対称中心線から左半分を省略できる（同図（b））．また，片側断面のときを同図（c）に示す（正面図のとり方は，4.2.1項（1）の③（p.22）参照）．

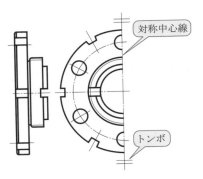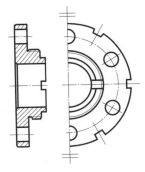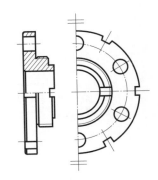

（a）正面図が断面でないとき　　　（b）正面図が全断面のとき　　　（c）正面図が片側断面のとき

図4.52　側面図の片側図形の省略方法

◉ 4.4.3　対称図示記号の省略（対称図示記号を用いない場合）

　対称中心線の片側の図形を対称中心線を少し越えたところまで描くことで，図4.53 のように対称図示記号を省略できる．

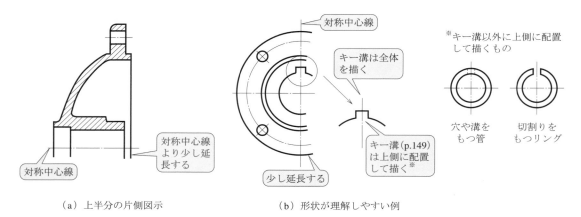

（a）上半分の片側図示　　　　　　　　（b）形状が理解しやすい例

図 4.53　対称図示記号の省略

◉ 4.4.4　繰返し図形の省略

　同種同形のものが連続して多数並ぶ場合は，図形を省略（repetitive features）することができる（図4.54，4.55）．繰返し図形は，両端，または要所のみで図示し，それ以外の位置では中心線または中心線の交点により示す．ただし，図記号を用いて省略する場合は，その意味を注記に記述する．

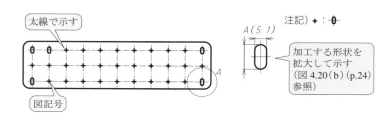

図 4.54　実形と図記号での作図

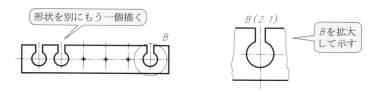

図 4.55　引出部の拡大

4.4.5　補足の投影図の一部省略

　補足の投影図に見える部分を全部描くと，図がかえってわかりにくくなる場合（図4.56（a）），見た方向の部分のみを描くとわかりやすくなる（同図（b）～（d））．

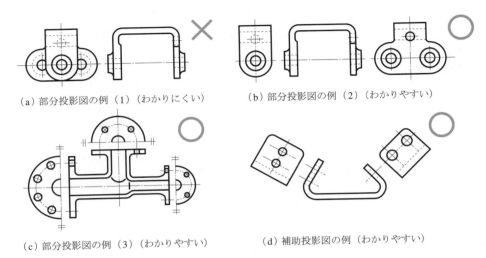

（a）部分投影図の例（1）（わかりにくい）　　　　（b）部分投影図の例（2）（わかりやすい）

（c）部分投影図の例（3）（わかりやすい）　　　（d）補助投影図の例（わかりやすい）

図4.56　部分投影の例

4.4.6　中間部分での省略

　軸，棒，形鋼，テーパ軸，そのほか同一の断面形状の部分，長いテーパなどの場合は，その中間部分を切り取り，短縮して重要な部分のみを図示することができる．この場合，切り取った端部は破断線で示す．長いテーパ部分やこう配部分の図示では，ゆるい傾斜のものは実際の角度で図示しなくてもよい．それらの参考図例を図4.57に示す．なお，省略部の破断線は，フリーハンドで不規則な波形，または，ジグザグ線（p.11 表3.2参照）を細い実線で描く．

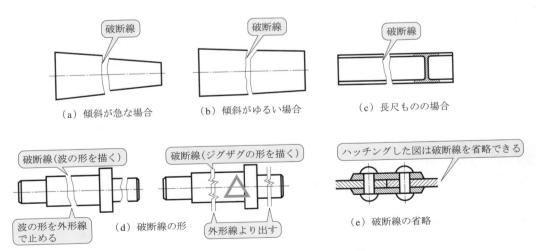

（a）傾斜が急な場合　　　　　（b）傾斜がゆるい場合　　　　　（c）長尺ものの場合

（d）破断線の形

（e）破断線の省略

図4.57　中間部分の省略による短縮図形

● 4.4.7　かくれ線の省略

　かくれ線は，理解を妨げない場合は省略する．図例を図4.58に示す．

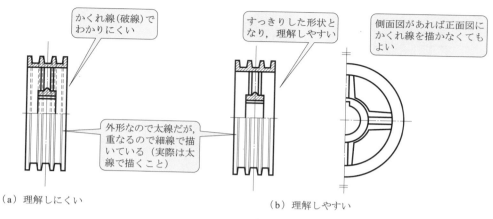

（a）理解しにくい　　　　　　　　　　　　　　（b）理解しやすい

図4.58　かくれ線の省略（(a)，(b)の下半分の図はすべて太線）

● 4.4.8　ピッチ円上での省略

　断面図（側面図の投影を含む）において，ピッチ円上の穴などは，ピッチ円の中心線の一点鎖線と一部の穴を描けばほかの穴を省略できる（図4.59(a)）．また，フランジ面のボルト穴の配置は，構造上の組立性からその配置を決められていることがあり，全断面では，フランジ部にボルト穴が現れてこないことがある．このような場合，図4.59(b)のように作図するとわかりやすい．

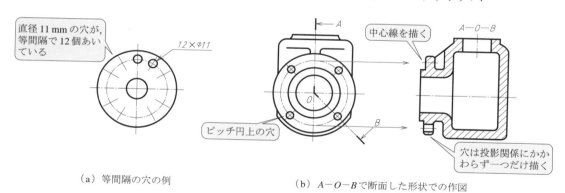

（a）等間隔の穴の例　　　　　　　　　　　（b）A−O−Bで断面した形状での作図

図4.59　ピッチ円上での穴の省略

✚ 4.5　特殊図示法

　製図上の慣習として使われている近似画法・簡略図などの簡明な図示法を示す．

● 4.5.1　二つの面の "かど・すみ" の交わり部

　面と面が交わる部分から投影して，太い実線で図示する．この場合，丸みを示す線は図4.60(a)のように外形線と結ぶのが一般的であるが，稜線に丸みがある場合には，同図(b)の両端にすきま（丸みの半径程度）を設ける図でもよい．

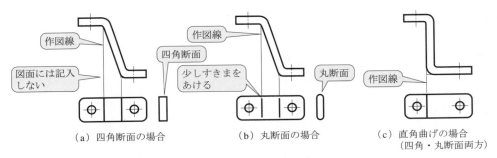

図 4.60　面のつき合わせ部の図示

（a）四角断面の場合　　（b）丸断面の場合　　（c）直角曲げの場合
（四角・丸断面両方）

4.5.2　曲面がほかの曲面と交わる場合

　二つ以上の立体が相交わってできた立体を相貫体といい，この相貫体で両立体の交わったところに現れる線を相貫線という．機械製図における相貫線の簡略図示例を図 4.61 に示す．同図（a）のように，相貫体の二つの円管径の寸法に開きがあるときの相貫線は，近似的に直線で表せばよい．また，同図（b）のように，相貫体の二つの円管径が同径で直交しているときに現れる相貫線は，直線で描く．同図（c）のように，相貫体の二つの円管径の寸法の開きが少なく，それが直交している場合に現れる相貫線は，正しい投影に近似させた円弧で表す．

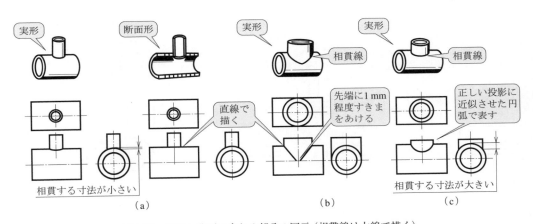

図 4.61　曲面と曲面の交わる部分の図示（相貫線は太線で描く）

4.5.3　正接エッジ（JIS B 0001-2019 から新設．本書では使わないが，国外向け図面には必須）

　曲面相互または曲面と平面とが正接する部分の線（正接エッジ）は，図 4.62 のように細い実線で表してもよい．ただし，相貫線を使う図には正接エッジは描かない．

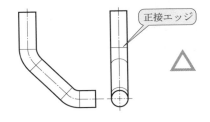

図 4.62　正接エッジ図示例（正接エッジは細線）

4.5.4　平面の表示

　主な図形が円柱や円筒で，その一部が平面であることを示す必要がある場合には，図 4.63 のように，細い実線で対角線を記入する．なお，かくれた部分の平面の場合も細い実線の対角線を記入する．

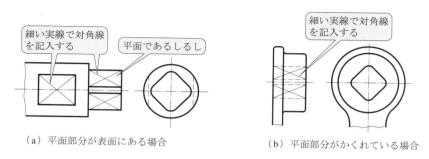

（a）平面部分が表面にある場合　　　（b）平面部分がかくれている場合

図 4.63　平面部分の表示

4.5.5　リブの表し方

　リブなどを表す線の端末は直線のまま止める．なお，丸みの半径が著しく異なる場合には，端末を内側または外側に若干曲げてもよい．図例を図 4.64 に示す．

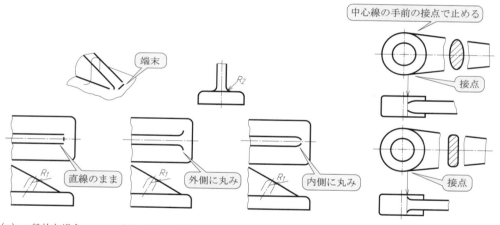

（a）一般的な場合　　（b）すみの丸み $R_1 < R_2$　　（c）すみの丸み $R_1 > R_2$　　（d）アームとボスの交わり部の表し方

図 4.64　リブなどを表す線の端末

4.5.6　展開図

　板を曲げ加工する品物で，曲げ加工前の展開した形状を示す必要がある場合には，展開図（development drawing）で示す．この場合，展開図の近傍に"展開図"と記入する．また，完成した対象物の加工前の形を表す場合，細い二点鎖線で表す．組立後の形状を表す場合には，同様に細い二点鎖線で描く．作図例を図 4.65 に示す．曲げ加工による材料の伸びが不明なときは，現場と相談する．

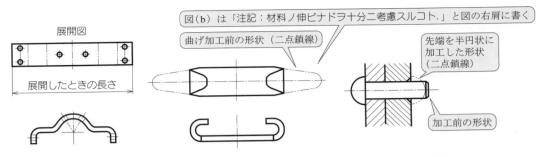

（a）板金での展開図と完成図（1）　　（b）板金での展開図と完成図（2）　　（c）加工前・後の形状

図 4.65　加工前・後の形状の図示

4.5.7　想像図

想像図（imaginary drawing）は，次のような場合に用いる．細い二点鎖線で描く（表 3.2 参照）．

① 図示された断面の手前側に位置する部分を表す．

② 隣接する部分との関連を参考に表す（図 13.2 参照）．

③ 加工前と加工後の形状の違いを表す．

④ 移動する部分を，移動した箇所の位置に示す（図 3.1 も参照）．

⑤ 加工工具や治具などの相対位置を参考に表す．

⑥ 連続体であることを表す．

作図例を図 4.66 に示す（p.10，11 も参照）．

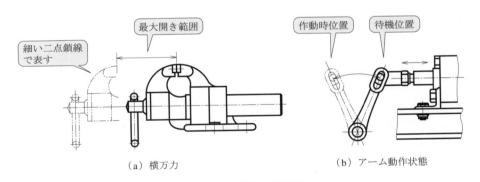

（a）横万力　　　　　　　　　　　　　　（b）アーム動作状態

図 4.66　想像図の作図例

4.6　立体図

立体図（single view drawing）は，一つの図で全体の形状のあらましを表すことができる．一見して構造や形状が理解しやすい．主な用途は次のようなものである．

① 正投影図で説明できにくい部分の立体的な説明図やカタログ・企画図・特許申請図．

② 機械の機構構成図，作業指導図，部品試作図，商談時の説明図，アイディアスケッチ．

一方，立体図は品物の実形と実長とが表しにくい．工業用として複雑な図を描くには，図 4.67 に示す等角図（isometric drawing）とキャビネット図（cabinet projection drawing）の 2 種類が広く用いられている．第三角法で代表される**正投影図（2 次元図面）と立体図（3 次元図面）の軽重は同等**であるが，長所・短所があり，うまく使い分ければよい．立体図は形状が一瞬でわかるのに対し，正投影図は寸法をはじめ，あらゆる情報をもれなく容易に記入することができる．

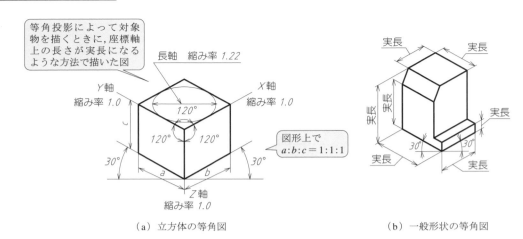

（a）立方体の等角図 （b）一般形状の等角図

図 4.67 立方体および一般形状の等角図

4.6.1 等角図

投影線が平行で投影面と直角に交わり，対象物の縦，横，高さ方向を示す三つの座標軸が互いに120°となるような投影を等角投影（isometric axonometry）という．

等角投影の各軸の長さを実長として描いた図（縮み率＝1.0）を等角図という．例を図 4.67 に示す．なお，投影図を描くにあたっては次の点に注意する．

① どの方向から品物を見れば，最も自然にその品物の特徴が現れるか．

② 等角図を描くときには，斜眼紙を用いると便利である（斜眼紙は画材商で販売）．等角図では，かくれ線は基本的に省略する．図例を図 4.68 に示す．

寸法記入は正投影図の場合と大体同一であるが，次の点には注意する．

a）中心線は，対称図形であることを示す場合や寸法の記入に不可欠なときに記入する．

b）原則として，寸法補助線は見える面に平行に記し，寸法は図外に記入する．

c）局部的な寸法は，数字が確実に読み取れ，図が不明瞭にならなければ図内に記入してもよい．

d）寸法数字の向きは，寸法補助線に平行で，上向きまたは左向きを原則とする．

e）注記事項は右肩に記入する．

記入例を図 4.69 に示す．

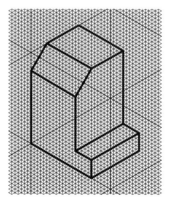

図 4.68 斜眼紙を用いて描いた等角図の例

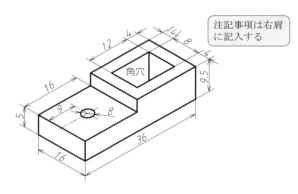

図 4.69 寸法記入の例

4.6.2 斜投影図（キャビネット図）

　対象物の正面の形を正投影で表し，奥行きだけを斜めに描いた図を斜投影図（oblique projection drawing）という．奥行きの線は，水平線に対して 45° 傾けて描くのが普通（ほかに 30°，60° がある）である．斜投影図のうち，奥行きの長さを実長の 1/2 にとって描いた図がキャビネット図で，実長で描いた図がカバリエ図である．奥行き方向の長さを実長にとると，錯覚で実物より長く見えて不自然さを感じる場合があるので．一般には，奥行きの長さを実長より短く，実長× 0.5 にとるキャビネット（cabinet）図法が多く用いられている．各面に円が描かれた立方体の場合と一般の場合のキャビネット図を，図 4.70 に示す．斜投影図の描き方の注意点を①〜③に示す．

　①　正面に平行な面は，どの位置にあってもすべての線が実形と実長を表す．

　②　円や曲線がある面は，できる限り正面に描く．

　③　長手の品物は，長手方向を図面に対して横長に配置して描く．

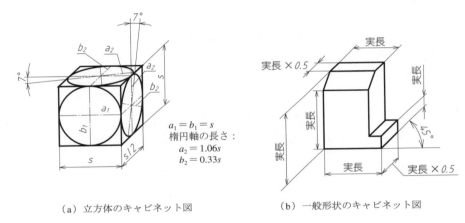

$a_1 = b_1 = s$
楕円軸の長さ：
$a_2 = 1.06s$
$b_2 = 0.33s$

（a）立方体のキャビネット図　　　（b）一般形状のキャビネット図

図 4.70　立方体および一般形状のキャビネット図

第 5 章　寸法の表し方

　図面に描かれた図形は，その品物の形を示しているだけである．p.i の「第 5 版の発行にあたって」で説明したように，これまでの「寸法公差表示方式」から「サイズ公差表示方式」に図面の描き方が，2016 年から変わった．どちらの方式も，図面には，図形に大きさのサイズ（長さサイズや角度サイズ．第 6 章で説明）や二つの形体間の距離（第 6 章のサイズ公差や第 7 章の幾何公差で説明）を記入し，具体的で明確な形にしなければならない．

5.1　寸法のいろいろ

　図面に記入する寸法には，図 5.1 の青のふきだしのように形体の大きさを表すサイズと，白のふきだしのように幾何公差の指示に使用される寸法がある．しかし，これらの区別はあっても，基本的に寸法の記入法は同じなので，**本章ではサイズ用かサイズ公差用か幾何公差用なのかを問わず**，寸法記入の基礎となる方法を説明する．

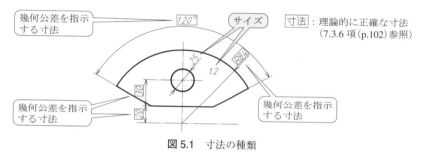

図 5.1　寸法の種類

5.2　寸法記入の方法

　寸法は，図 5.2 のように寸法線・端末記号・寸法補助線を用い，寸法数値によって示す．なお，図の表題の右にある「※複数の描き方あり」は，JIS B 0001₋2019 で許可された複数の描き方があるもので，付録 2（p.217）にまとめた．ただし，本書では，描き方を 1 種類に絞って説明する．

5.2.1　寸法線

　寸法線は実際に寸法を表す線で，寸法を表したい箇所に平行に引く．細い実線を用いる．寸法線の両端に端末記号を付ける．

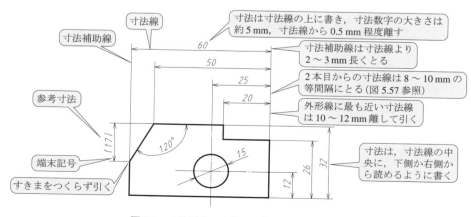

図 5.2　寸法記入の方法　※複数の描き方あり

5.2.2　端末記号

　機械製図では，端末記号として矢印を用いる．矢印の開き角度は30°，長さは3mm程度とし，フリーハンドで描くが，この形状に慣れない間は，ドラフタや定規を使って体得するとよい（図5.3）．寸法線が短かすぎて端末の矢印が描けない場合は，図5.3に示すように斜線または黒丸を使ってもよい．

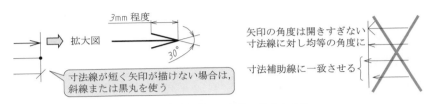

図5.3　端末記号　※複数の描き方あり

5.2.3　寸法補助線

　寸法補助線は，寸法を記入するために図形から引き出す線で，細い実線を用いて寸法線に垂直に引く．寸法補助線は図形からすきまをつくらずに引き，寸法線を2～3mm超えて延ばす．

5.2.4　寸法の記入

　寸法数値は，原則として，図5.2に示すように，寸法線と寸法補助線を用いて表す．寸法数値の方向は，水平方向の寸法線に対しては図面の下辺から，垂直方向の寸法線に対しては図面の右辺から読める方向に書く．位置は，寸法線の上側にわずかに離し，ほぼ中央に書く．寸法線は最も近い外形線から10～12mm離し，2本目からは8～10mmの等間隔に描く．ただし，幾何公差（第7章参照）を指示するときや，公差（第6章参照）を2段で記入する場合，間隔は大きくとる．

5.2.5　寸法数値の表し方

①　図面に記入する寸法は，仕上がり寸法（finished dimension）で表す．

②　長さ寸法数値は，通常，ミリメートルの単位で記入し，単位記号は付けない．寸法数値の小数点の記入は，例に示すように数字の間を適切にあけて，その中間に大きめに書く．また，寸法数値のけた数が多い場合でもコンマを付けない（ただし，ISO図面はコンマを使用する）．

　　例：　123.25　　12.00　　22320

③　角度は度，分，秒を用いる．ラジアンの単位を用いるときは，radの単位を付ける．

　　例：　90°　　22.5°　　6°21′5″　　0.52 rad

④　中心で円形を（等）分割する中心線に対して30°45°60°90°120°180°の角度には，通常，数値を記入しない（図5.63（p.66）参照）．ただし，幾何公差の位置度公差，傾斜度公差には必要である（第7章参照）．

5.2.6　寸法の配置

　寸法の記入には，次のような記入法があり，品物の加工精度やサイズ公差の累積（第6章参照）などに配慮して撰択する．本章では，記入法の種類を理解できればよい．

（1）直列寸法記入法

　直列に連なる個々の寸法に与えられる公差が，逐次累積（6.11.6項（p.86）参照）してもよいような場合に適用する（図5.4）．

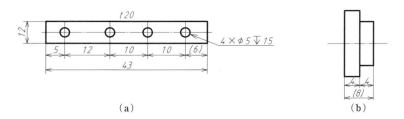

図 5.4　直列寸法記入法の例

（2）　並列寸法記入法

　並列に寸法を記入するので，個々の寸法に与えられる公差が，ほかの寸法の公差に影響を与えることはない（図 5.5）.

　この場合，共通側の寸法補助線は，機能・加工などの条件を考慮して適切に選ぶ.

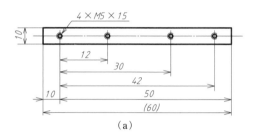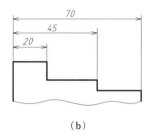

図 5.5　並列寸法記入法の例

（3）　累進寸法記入法

　並列寸法記入法とまったく同等の意味をもちながら，一つの形体から次の形体へ寸法線をつないで，1 本の連続した寸法線を用いて簡便に表示できる. この場合，寸法の起点の位置は，起点記号（○）で示し，寸法線の他端は矢印で示す（図 5.6（a），（c），（d））. また，二つの形体間の寸法線にも準用することができる（同図（b））.

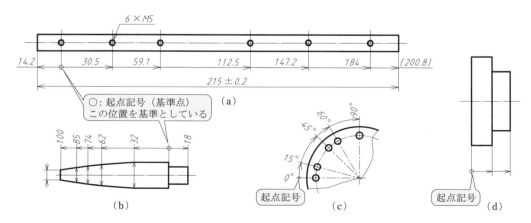

図 5.6　累進寸法記入法の例

（4）　正座標寸法記入法

穴の位置，大きさなどの寸法は，正座標寸法記入法を用いて表にしてもよい．この場合，表に示す
XY の数値は起点からの寸法である（図5.7）．同図（a）のように，ラテン文字を用いたほうが，同図
（b）のように累進寸法記入法で直接寸法を記入するより図が簡単になる．

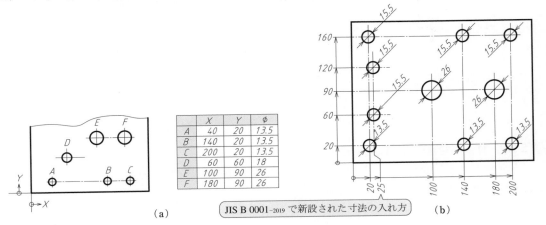

	X	Y	φ
A	40	20	13.5
B	140	20	13.5
C	200	20	13.5
D	60	60	18
E	100	90	26
F	180	90	26

（a）

JIS B 0001‒2019 で新設された寸法の入れ方　　（b）

図5.7　正座標寸法記入法の例

（5）　極座標寸法記入法

カムの輪郭（cam profile）などの寸法は，図5.8 の記入法で示す．

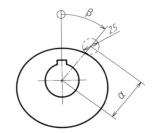

β	0°	20°	40°	60°	80°	100°	120°〜210°	230°	260°	280°	300°	320°	340°
α	50	52.5	57	63.5	70	74.5	76	75	70	65	59.5	55	52

図5.8　極座標寸法記入法の例

◉ 5.2.7　弦・円弧の長さ・角度寸法の表し方

弦・円弧の長さ・角度寸法は，図5.9 のように表す．

（a）弦の長さ寸法　　　（b）円弧の長さ寸法　　　（c）角度の寸法

図5.9　弦・円弧・角度寸法の表し方

◉ 5.2.8　寸法補助線を用いない例

寸法は，原則として寸法補助線と寸法線を用いて表すが，図5.10（b），（d）のように寸法補助線
を引き出すと図面が見にくくなる場合がある．この場合，同図（a），（c）のように，図の中に寸法線
を直接引く．

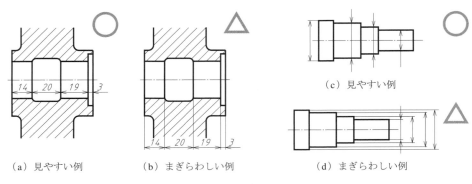

（a）見やすい例　　　（b）まぎらわしい例　　　（d）まぎらわしい例

（c）見やすい例

図 5.10　寸法補助線を用いない例

5.2.9　寸法補助線を斜めに引く例

　こう配やテーパの寸法記入では，外形線と寸法補助線の区別がつきにくい．このため，わかりやすいように，図 5.11（a）のように，寸法補助線を斜めに平行に引く．

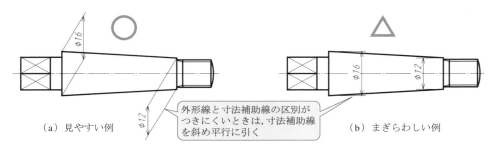

（a）見やすい例　　　　　　　　　　　　（b）まぎらわしい例

外形線と寸法補助線の区別が
つきにくいときは，寸法補助線
を斜め平行に引く

図 5.11　寸法補助線を斜めに引く例

5.2.10　斜めの線の数値記入法

　斜めの寸法は，図 5.12（a）に示すように寸法線に沿ってそれぞれ記入する．ただし，斜線の範囲は間違いやすいので避ける．特に，1，6，8，9などを含む数字は読み誤るおそれがある．やむを得ず記入するときは，同図（c）のように引出線を用いる．

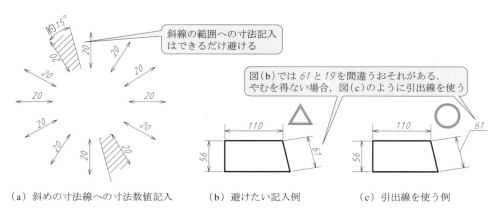

斜線の範囲への寸法記入
はできるだけ避ける

図（b）では 61 と 19 を間違うおそれがある．
やむを得ない場合，図（c）のように引出線を使う

（a）斜めの寸法線への寸法数値記入　　（b）避けたい記入例　　（c）引出線を使う例

図 5.12　長さ寸法数値の記入法

● 5.2.11 角度寸法の記入法

　角度を表す数字の向きは図5.13（a）に従い，長さの寸法と同じく，斜線部への角度指示は避ける．やむを得ず斜線部分に記入する場合は引出線を用いる．しかし，誤読が生じないなら同図（a）の斜線部にある角度の入れ方をしてもよい．一方，同図（b）はほとんど使用されない．CADも同図（a）を採用している．学生は同図（a）を使用すること．

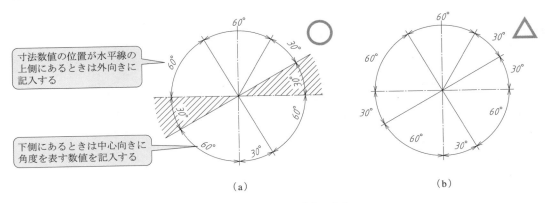

図5.13　角度を表す数字の向き

● 5.2.12　狭い場所の寸法記入法

　溝の幅や数字の入らないような狭い箇所への寸法記入は，次のいずれかの形とする．
① 部分拡大図を描いて記入する（図5.14（a））．
② 端末記号に黒丸または斜線を用いる（同図（b）および図5.3）．
③ 引出線・引出補助線を用いる（同図（c））．寸法線から引き出すときは，引き出される側に矢は付けない．

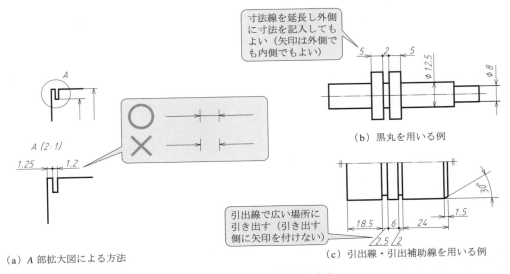

図5.14　狭い場所の寸法記入方法

🔷 5.2.13   引出線・参照線

形状，加工方法，注記，部品の照合番号などを記入するために用いる引出線は，斜め方向に引き出す．

①   形状を表す線から引き出すときは，引き出される側に矢印を付ける．このとき矢印は円の中心位置を指すこと．寸法や注記などを記入するときは，引出線の端を水平に折り曲げる（図5.15（a）).

②   形状を表す線の内側から引き出すときは，黒丸を付ける（同図（b）).

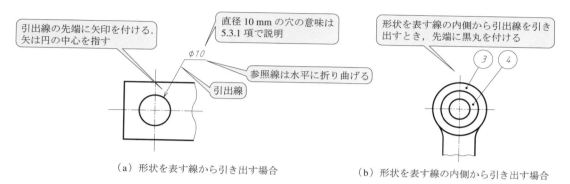

（a）形状を表す線から引き出す場合   （b）形状を表す線の内側から引き出す場合

図 5.15   引出線・参照線の例

✚ 5.3   形状を表す記号（寸法補助記号）

寸法の付いた形状をより明確にするため，表5.1の寸法補助記号（symbols for dimensioning）を寸法数字と同じ大きさで寸法数字の前に付ける．

表 5.1   寸法補助記号（JIS B 0001-2019 から記号はすべて細線仕様となった）

記　　号	意　　味	呼 び 方
ϕ	180°を超える円弧の直径または円の直径	"まる"または"ふぁい"
$S\phi$	180°を超える球の円弧の直径または球の直径	"えすまる"または"えすふぁい"
☐ (2)	正方形の辺	"かく"
R	半径	"あーる"
CR	コントロール半径	"しーあーる"
SR	球半径	"えすあーる"
⌒	円弧の長さ	"えんこ"
C (1)	45°の面取り	"しー"
∧ (3)	円すい（台）状の面取り	"えんすい"
t	厚さ	"てぃー"
⊔ (2)	ざぐり (4) 深ざぐり	"ざぐり" "ふかざぐり"
⌄ (2)	皿ざぐり	"さらざぐり"
⤓ (2)	穴深さ	"あなふかさ"

注　（1）ISO では規定していない．（2）太線は廃止された．（3）円すいが新設された．
　　（4）ざぐりは，黒皮を少し削り取るものも含む．

🔷 5.3.1   直径の表し方

直径を表す場合は，寸法数値の前に ϕ を付ける（図5.16（a）).同図（b）のように，直径であることが明らかな場合は ϕ を付けない．寸法線の端末記号が片側だけのときは（通常片矢という．5.5.9項「片矢寸法の記入法」（p.65）参照），半径と間違いやすいので ϕ を必ず付ける．その場合，寸法線は

中心線を少し越えたところまで延長する．また，引出線と参照線を用いて直径寸法を記入するときは，φを付けなければならない（図5.15（a），図5.63参照）．

円内が狭い場合，図5.15（a）のように外側に引き出すか，図5.16（b）のように円の中心を通る斜めの直径寸法線で表記する．φ6以下の円は必ず，またはφ15〜φ20位までは必要に応じて行う．また，寸法を円外に書くときに，線端を水平にしてはいけない（CADはソフトに従う）．片矢は図には表示されていないが，矢印側の先端と対称の位置を，もう片側が指示しているとの定義で使用する．また，X軸とY軸に平行に寸法補助線を引き出して寸法を表記しない．これは，円の中心位置を明示するためである（図5.16（c））．

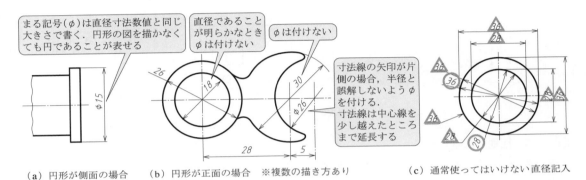

（a）円形が側面の場合　　（b）円形が正面の場合　※複数の描き方あり　　（c）通常使ってはいけない直径記入

図5.16 直径の表し方

5.3.2 球の表し方

球の場合は，図5.17（a）〜（c）のように $S\phi$ または SR を付ける．なお，直径のわかっている軸の先端の半球には，参考寸法の（　）を用いて，（SR実寸）のように記入する（同図（d））（参考寸法はp.86参照）．

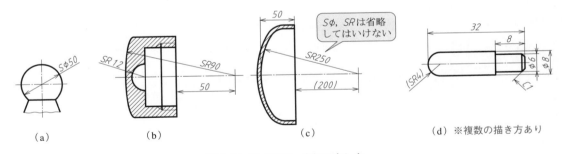

（a）　　　　　（b）　　　　　（c）　　　　　（d）※複数の描き方あり

図5.17 球の直径・半径の表し方

5.3.3 正方形の表し方

寸法数値の前に□（かく記号）を記入すれば正方形であることがわかるので，側面図が不要になる（図5.18（a））．□は図面に対し直角方向に正方形であることを表す．したがって，同図（b）のように正方形を正面から見た場合は，二辺の長さを指示する．

5.3.4 板の厚さの表し方

厚さを表す場合は，厚さ記号 t を用いて，側面図を不要にできる．主投影図の付近または図の見やすい位置に，厚さ寸法の前に記号 t を記入する（図5.19）．

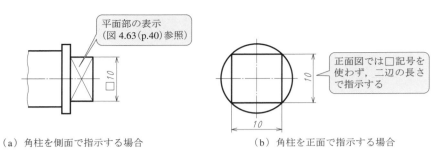

（a）角柱を側面で指示する場合　　　　　　　　（b）角柱を正面で指示する場合

図 5.18　正方形の表し方　※複数の描き方あり

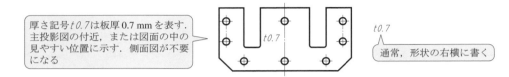

図 5.19　板の厚さの表し方

◉ 5.3.5　面取りの表し方

　二つの面の交わり部のかど（角）を削り取ることを面取りといい，面取り寸法数値×角度で表す（図5.20（a），（b）），面取り角度が45°，面取り寸法がおおよそ 10 mm 以下の場合には，同図（c）のように寸法補助記号 C を用いることができる．面取りの引出線の矢印は，同図（b）〜（e）に示すように，面に向かって付ける．また，同図（d）のように引出線を用いてもよい．一般に，0.5 mm 以下の面取りでは，同図（e）に示すように面取り部を作図線が重なるので図示しない．同じ寸法の面取りが複数で，場所が明確なときは，同図（f）の表記でもよい．また，注記で指示してもよい（参考図6（p.225）〜），任意の角度の面取りは，図5.21 に従う．ただし，図5.21（d）は面取形状が特に機能的に重要なときのみに使用する．

　機械加工された部品のかどやすみ部には，面取りや丸みの指示が必要である．応力集中の緩和や組立を容易にし，加工により生じるばり（burr）を除去するためである．二つの面の交わる部分をエッ

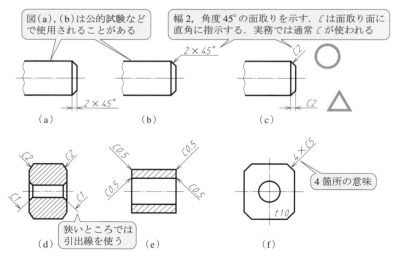

図 5.20　45°面取りの表し方

（a）長さと角度　　（b）端面の径と角度　　（c）長さと長さ　　（d）面取り寸法が機能的に重要なとき

（軸端部のφ寸法が必要な場合のみ）　　　　　　　　　　　（φ40が穴径より重要な場合のみ）

図5.21　任意角度の面取りの表し方（φ部には直径実穴寸法が入る）

ジ（edge）といい，エッジ部を機能部品として利用する場合，形状寸法や表面の性状およびばりの程度を図面に指示することができる．付録1「機能性エッジについて」（p.216）に機能を必要とする部品例を示す．

　円筒部品の端部を面取りして円すい台状の形状を作る場合は，円すい記号"⌒"を寸法数値の前に，寸法数値のうしろには"×"に続けて円すいの頂角を記載する（図5.22）．

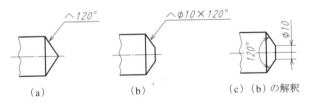

（a）　　　　　　　　（b）　　　　　　　　（c）（b）の解釈

図5.22　"⌒"（円すい）の図示例

5.3.6　半径の表し方（機能面として特に配慮しなくてよい場合⇔配慮する場合は付録1参照）

　図5.23に示すとおり，寸法線は円弧の中心から引き，長さは半径寸法と同じに描く．円弧の側だけに端末記号を付ける．一般に，円弧の中心は加工上の必要がない限りは描かない．円弧の半径を示す寸法線は，斜め方向に引き，垂直，水平方向に引かない．また，円弧の半径が小さく，端末記号や寸法数値の記入ができないときは，円弧の外に寸法を記入する（図5.24）．

　半径が大きく，中心線が表示できないとき，図5.25に示すように，中心を円弧の近くに移動させ，寸法線を折り曲げる（電光矢印，あるいはZ形矢印とよばれている）．溝幅端の半径は，サイズ公差方式の普通公差（表6.5参照）のときは，図5.26（a）のように記入する．普通公差以外のときは，参考寸法の（　）とともに同図（b）のようにY軸なしで記入する．ただし，キー溝の場合は，JIS規定により寸法なしの（R）と記入する（図10.24参照）．

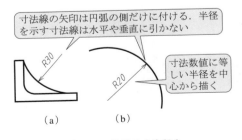

図5.23　半径の寸法記入

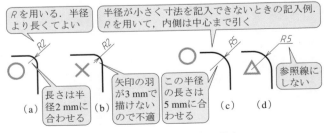

図5.24　半径寸法が小さい場合

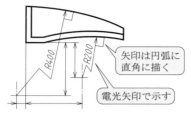

図 5.25　半径寸法が大きい場合

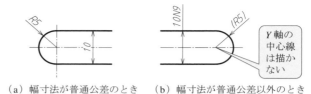

（a）幅寸法が普通公差のとき　　（b）幅寸法が普通公差以外のとき

図 5.26　半径寸法を記入する例（表 6.5 参照）

🔵 5.3.7　コントロール半径

　図 5.27（a）に示すように，直線部と半径曲線部との接続部を滑らかにつなげ，上の許容半径と下の許容半径との間に形体が存在するように規制する半径をコントロール半径（control radius）という（同図（b））．これは，同図（c）～（e）に示すような段差や表面の凹凸を規制する方法で，半径数値の前に記号「*CR*」を付けて指示する．指示例を図 5.28 に示す．

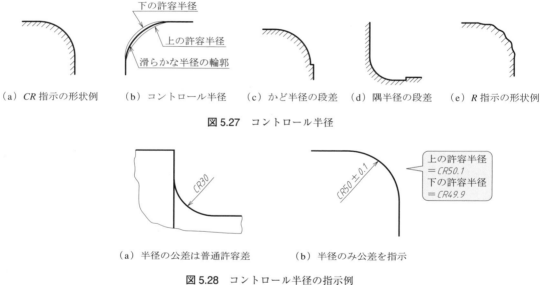

（a）*CR* 指示の形状例　　（b）コントロール半径　　（c）かど半径の段差　　（d）隅半径の段差　　（e）*R* 指示の形状例

図 5.27　コントロール半径

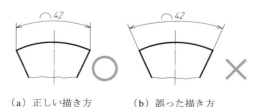

（a）半径の公差は普通許容差　　（b）半径のみ公差を指示

図 5.28　コントロール半径の指示例

🔵 5.3.8　弦と円弧の長さの表し方

　弦の長さは，弦に直角に寸法補助線を引き，弦に平行な寸法線を用いて表す（図 5.29）．円弧の長さは，弦と同様に寸法補助線を引き，その円弧と同心の円弧を寸法線とし，寸法数値の前に円弧の補助記号を付ける（図 5.30）．

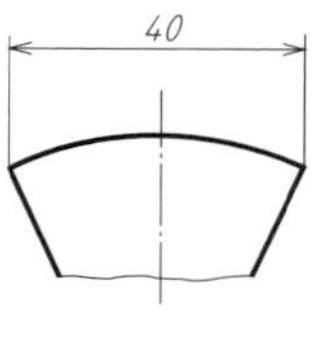

図 5.29　弦の長さ寸法

（a）正しい描き方　　（b）誤った描き方

図 5.30　円弧の長さ寸法　※複数の描き方あり

5.3.9 円弧の寸法の特殊な記入例

① 連続した円弧の寸法記入において，図 5.30 のような通常どおりの寸法指示を行うと図面が煩雑になることがある．このような場合，図 5.31 に示すように円弧の中心から放射線状に引いた寸法補助線を用いて表してもよい．ただし，寸法線が実寸と一致しないことや，どの円弧の寸法であるかを明示するため，引出線を用いて対象の円弧を指し示す．

寸法線が実寸でないことや，二つの円弧のどちらの寸法であるかを示すために矢印を当てる

図 5.31 連続した円弧の寸法記入法

② 二つ以上ある円弧の一つの長さを明示するとき，図 5.32（a）に示すように，円弧の寸法を引出線で引き出して記入する．そのとき，引き出す円弧の側に矢印を付けるか，あるいは同図（b）に示すように，円弧の長さ寸法のあとに，円弧の半径を（　）に入れて示す．この場合，円弧の長さの記号は付けない．

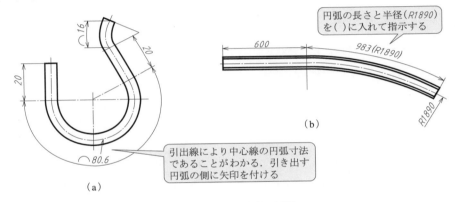

円弧の長さと半径（R1890）を（ ）に入れて指示する

引出線により中心線の円弧寸法であることがわかる．引き出す円弧の側に矢印を付ける

図 5.32 角度が大きい円弧

5.3.10 曲線の寸法記入方法

① 円弧で構成されている曲線の寸法は，図 5.33 に示すように円弧の半径とその中心の位置で表す．

② 円弧で構成されていない曲線の寸法は，曲線上の任意の点の座標寸法で表す．座標位置を表す方法には，図 5.34（a）に示す並列寸法記入法と同図（b）に示す累進寸法記入法がある．同図（b）は同図（a）に比べてスペースをとらない簡便な方法である．

5.3.11 穴の寸法記入

（1）穴の加工方法の区別

穴の加工方法を明示するときは，穴の直径を示す寸法数字のあとにその加工方法の区分を記す（図 5.35）．
図 5.36 に穴の加工方法，表 5.2 にその簡略表示を示す．図 5.36（a）に代表的な穴加工工具（キリ，リーマ，ざぐり用フライス，深ざぐり用フライス，皿ざぐり用フライス）と，これらの工具で加工された穴の形状を示す．また，同図（b）にパンチ（punch，雄型）とダイス（dice，雌型）を用いた薄い金属板のプレス打抜き加工の例，同図（c）に中子（なかご）を用いた鋳物部品のイヌキ穴の加工方法を示す．中子とは，中空部分（イヌキ穴）をつくるときに使用する中空部分と同形の砂鋳型である．

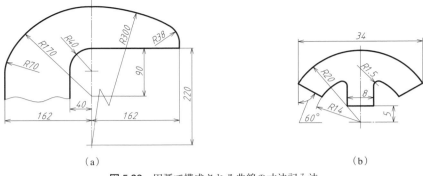

（a）　　　　　　　　　　　　　　（b）

図 5.33　円弧で構成される曲線の寸法記入法

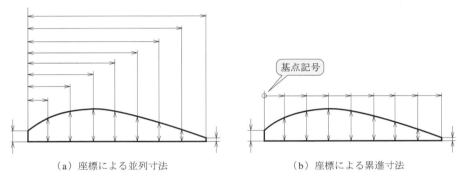

（a）座標による並列寸法　　　　　　　（b）座標による累進寸法

図 5.34　円弧で構成されていない曲線の寸法記入法

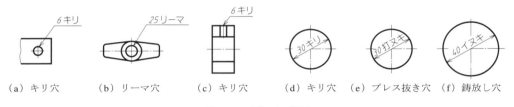

（a）キリ穴　　（b）リーマ穴　　（c）キリ穴　　（d）キリ穴　　（e）プレス抜き穴　（f）鋳放し穴

図 5.35　穴加工の指示

鋳型に埋めこみ，鋳造の際，溶融した金属が流れ込まないようにする．鋳物には型から取り出しやすくするため，一般的には2°程度の抜きこう配が付けられる．

（2）　連続する同径の穴の寸法記入法

　一群の同一寸法（寸法を問わない）のボルト穴，小ねじ穴，ピン穴，リベット穴などの表示は，図5.37に示すように，穴から引出線を出し，穴の総数と記号「×」と寸法を記入する．

（3）　引出線を用いた穴の寸法記入法

① 穴の深さ　　引出線によって穴の直径を指示する場合，寸法値の前にφを付ける．深さの指示のない穴は貫通穴である．止まり穴の場合，穴の深さ H を記号「▽」のあとに記入する（図5.38）．

② ざぐりと深ざぐり　　ボルト，ナット，座金などのすわりをよくするために行う数mm程度の黒皮（加工していない材料表面のこと）をとる「ざぐり」や，ボルトの頭を材料表面から沈めるための「深ざぐり」は，穴寸法，記号「⌴」，ざぐり穴径，記号「▽」，深さ寸法の順に記入する（図5.39，5.40）．複数の同寸法のものがあるときは，穴と同じく穴寸法の前に総数，記号「×」を付

表 5.2 簡略表示

加工方法	簡略表示	簡略表示 （加工方法記号）[1]
鋳放し	イヌキ	―
プレス抜き	打ヌキ	PPB
きりもみ	キリ	D
リーマ仕上げ	リーマ	DR

注　(1) JIS B 0122 による記号.

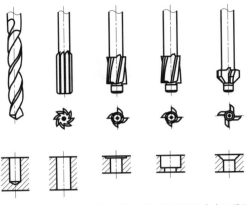

（i）キリ　（ii）リーマ　（iii）ざぐり　（iv）深ざぐり　（v）皿ざぐり

（a）穴切削加工

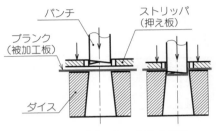

（b）プレス打抜き加工

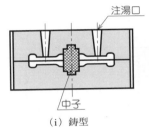

（i）鋳型

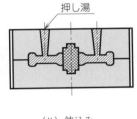

（ii）鋳込み

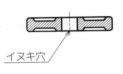

（iii）鋳放し部品

（c）鋳放し（イヌキ）穴加工

図 5.36　穴の加工方法

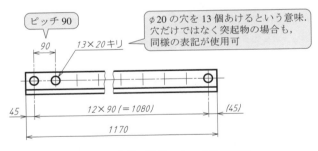

ピッチ 90

13×20キリ

φ20 の穴を 13 個あけるという意味.
穴だけではなく突起物の場合も,
同様の表記が使用可

45　12×90 (=1080)　(45)

1170

図 5.37　多数の同径の穴の寸法指示例

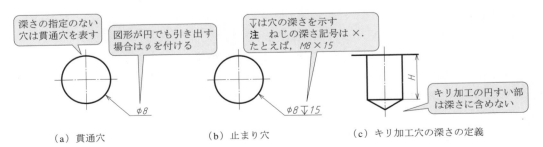

深さの指定のない
穴は貫通穴を表す

図形が円でも引き出す
場合はφを付ける

▽は穴の深さを示す
注　ねじの深さ記号は×.
たとえば, M8×15

キリ加工の円すい部
は深さに含めない

φ8

φ8▽15

（a）貫通穴　　　　（b）止まり穴　　　　（c）キリ加工穴の深さの定義

図 5.38　穴の深さの指示

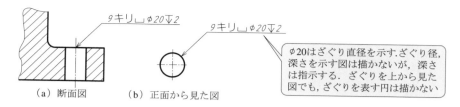

図 5.39　ざぐりの表示

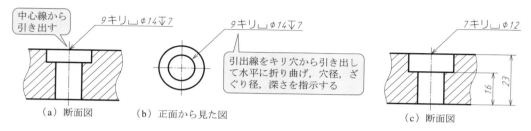

図 5.40　深ざぐり穴の指示例　※複数の描き方あり

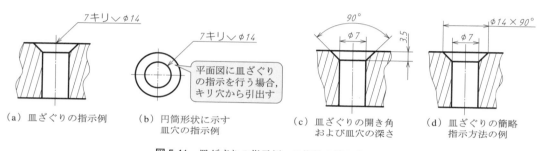

図 5.41　皿ざぐりの指示例　※複数の描き方あり

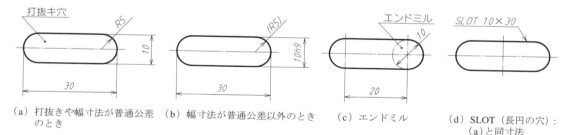

図 5.42　長円の穴（長穴）の表し方（図 5.26 と表 6.5 参照）　※複数の描き方あり

ける.

③　皿ざぐり（皿ねじの頭を沈めるための加工）　皿ざぐりの指示を断面図に行う場合と正面から見た図に行う場合の例を図 5.41 に示す. 皿ざぐりの記号は「∨」で, 同図 (a), (b) のように指示するが, 同図 (c), (d) のようにも表記できる.

④　長円の表し方　長円の穴（長穴ともいう）は, 穴の機能または加工法によって寸法の記入法が変わる（図 5.42）. 長穴の幅寸法が普通公差で記入されている両端の半径は, 片側にだけ R 実寸と記入する（図 5.42 (a), 図 5.26 (a) 参照）. 長穴の幅寸法が普通公差以外で記入されている両端の半径は, 片側にだけ参考寸法（R 実寸）と記入する（図 5.42 (b), 図 5.26 (b) 参照）. 同図 (d) は新しく JIS に規定されたもので, 同図 (a) と同寸法であるが, 本書では使用しない（付録2参照）. なお, 基準面からの長穴の位置を必ず寸法で示すこと.

● 5.3.12　テーパ・こう配の表し方

両面の傾斜をテーパ，片面の傾斜をこう配という（図5.43）．テーパの表示は，テーパを表す外形線から引出線を引き出し，参照線を水平に引き，テーパを表す図示記号とテーパ比で示す（図5.44）．こう配も参照線を水平に引き，引出線を用いてこう配の外形線と結び，図示記号をこう配の方向と一致させて描く．

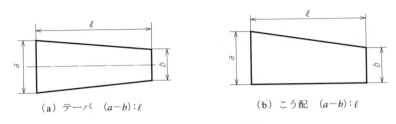

(a) テーパ　(a−b)：ℓ　　　　　　(b) こう配　(a−b)：ℓ

図5.43　テーパとこう配

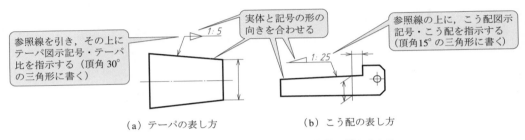

参照線を引き，その上にテーパ図示記号・テーパ比を指示する（頂角30°の三角形に書く）

実体と記号の形の向きを合わせる

参照線の上に，こう配図示記号・こう配を指示する（頂角15°の三角形に書く）

(a) テーパの表し方　　　　　　(b) こう配の表し方

図5.44　テーパ・こう配の表し方　※複数の描き方あり

● 5.3.13　角度の表し方

角度を記入する寸法線は円弧で表す．円弧は，角度を構成する二つの辺またはその延長線の交点を中心として，両辺またはその延長線の間に引く．図例を図5.45に示す．角度の寸法数字の向きは，図5.13に従う．

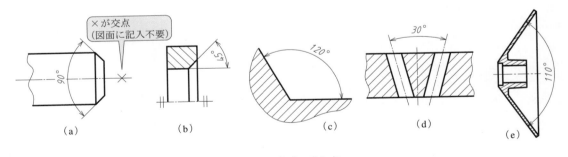

×が交点（図面に記入不要）

(a)　　　　(b)　　　　(c)　　　　(d)　　　　(e)

図5.45　角度の表し方

● 5.3.14　構造物の表し方

構造物の表し方の一例を，図5.46に示す．使用する鋼材の"断面寸法×長さ"を，それぞれの図形に沿って記入する．表5.3は構造用形鋼類（入手しやすく安価）の表示方法を示す（第9章も参照）．図5.46はこの材料を使用している．

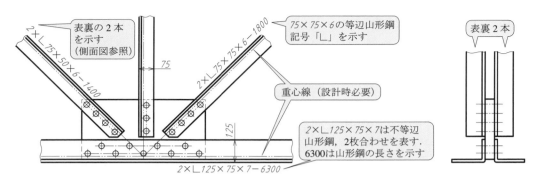

図 5.46　構造物の形鋼の表し方

表 5.3　形鋼の表示方法（JIS B 0001-2019）

種類	断面形状	表示方法	種類	断面形状	表示方法
等辺山形鋼		∟ $A×B×t−L$	軽 Z 形鋼		$⌐ H×A×B×t−L$
不等辺山形鋼		∟ $A×B×t−L$	リップ溝形鋼		$［ H×A×C×t−L$
不等辺不等厚山形鋼		∟ $A×B×t_1×t_2−L$	リップ Z 形鋼		$⌐ H×A×C×t−L$
I 形鋼		$I H×B×t−L$	ハット形鋼		$⊓ H×A×B×t−L$
溝形鋼		$［ H×B×t_1×t_2−L$	丸鋼（普通）		$φ A−L$
球平形鋼		$↓ A×t−L$	鋼管		$φ A×t−L$
T 形鋼		$⊤ B×H×t_1×t_2−L$	角鋼管		$□ A×B×t−L$
H 形鋼		$H H×A×t_1×t_2−L$	角鋼		$□ A−L$
軽溝形鋼		$［ H×A×B×t−L$	平鋼		$▭ B×A−L$

注　L は, 長さを表す. 業界カタログにはいろいろ寸法が記載され, 常備されている.

5.4 薄肉部の表し方

薄肉部品の断面は，図5.47に示すように，1本の極太線で表す．極太線に寸法を記入するとき，極太線に沿って細い実線を描き，この細い実線から寸法線や寸法補助線を出して，端末記号の矢印を当てる．細い実線が極太線のどちら側にあるかによって，寸法が薄肉部品の外側を示すか，内側を示すかがわかる．

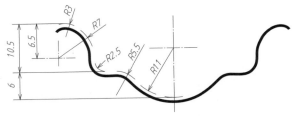

図5.47 薄肉部の表し方

5.5 寸法記入上の注意事項

5.5.1 基準箇所（基準位置の基準面）をもとにした寸法記入法

加工や組立時に基準となる箇所がある．寸法はその箇所をもとにして記入する（図5.48）．基準であることを示す必要がある場合には，同図（b）のように基準面を明記する．

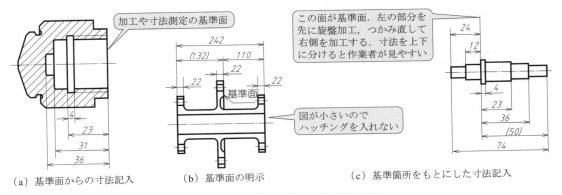

（a）基準面からの寸法記入　　　（b）基準面の明示　　　（c）基準箇所をもとにした寸法記入

図5.48 基準箇所をもとにした寸法記入例

5.5.2 主投影図（正面図）に集中した寸法記入と対称図形の寸法記入法（振り分け寸法）

寸法は正面図にできるだけ集中して記入する．位置の寸法は，通常，基準となる面や線から記入される．しかし，対称図形の寸法は，中心線をまたがって記入することが多い．このような対称図形の寸法の記入を「振り分け寸法」とよぶ．すなわち，中心線（軸）を基準とする寸法記入方法である（図5.49）．一方，同じサイズ公差図面でも，適用する幾何公差（第7章）によって，端面や基準面からの寸法記入を重視することもある（図5.50）．これらは状況によって使い分ければよい．

5.5.3 生産に使用される工作機械の加工工程を考えた寸法記入法

いくつかの工程からなる品物は，工程別に分けて寸法を記入すると便利である．図5.51（a）の品物は，まず旋盤で軸径を加工したあと，フライス盤でキー溝加工，ボール盤で穴あけ加工を行う．同図（b）も工程別に寸法を記入することで作業者が必要とする寸法を読み取りやすくできる．同図（c）は偏心をもつ軸の例である．

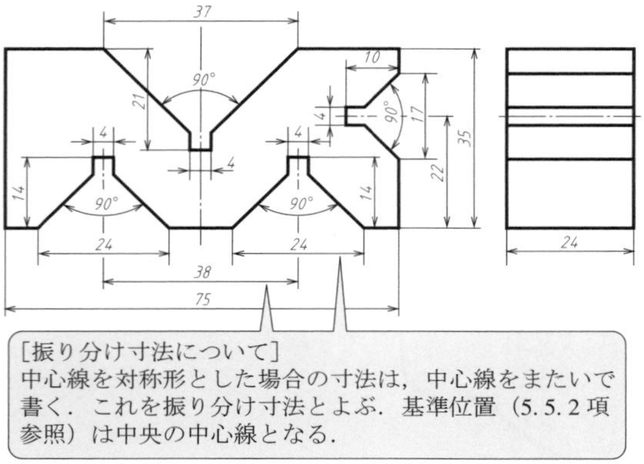

図 5.49　正面図に集中した寸法記入および振り分け寸法記入の例

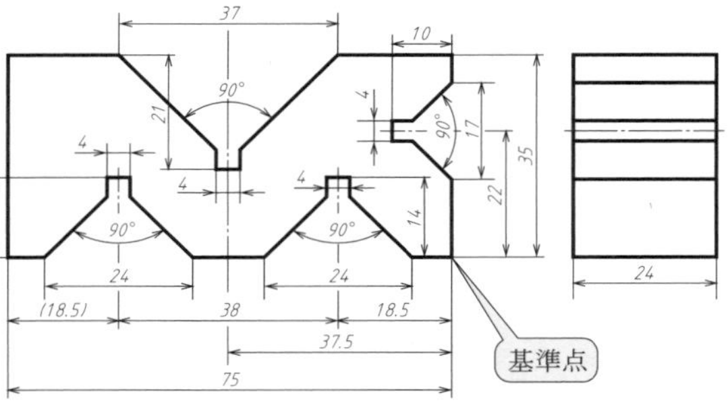

[振り分け寸法について]
中心線を対称形とした場合の寸法は，中心線をまたいで書く．これを振り分け寸法とよぶ．基準位置（5.5.2 項参照）は中央の中心線となる．

図 5.50　基準点よりの寸法記入法の例

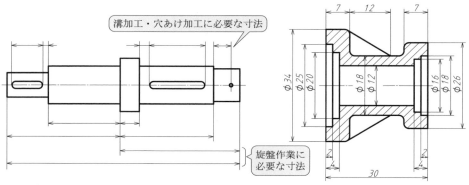

溝加工・穴あけ加工に必要な寸法

旋盤作業に必要な寸法

（a）軸形状での寸法記入例（図 10.24 キー溝参照）

（b）穴加工での工程ごとに寸法を記入する例

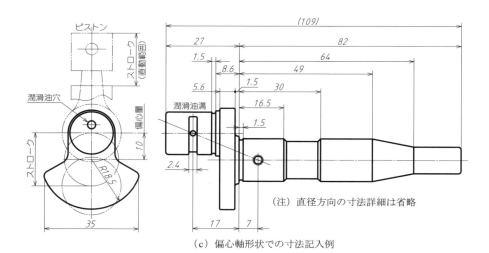

ピストン

潤滑油穴

潤滑油溝

（注）直径方向の寸法詳細は省略

（c）偏心軸形状での寸法記入例

図 5.51　工程ごとに寸法を配列する寸法記入例

5.5.4　計算の必要のない寸法記入法

　図面は，必要な寸法がすぐ読み取れるようにする（図 5.52（a））．同図（b）では，加工においても寸法測定においても作業者に計算させることになる．

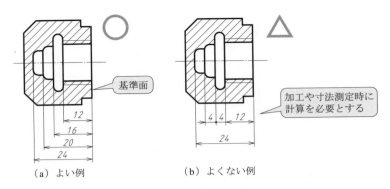

（a）よい例　　　　　　　　（b）よくない例

図 5.52　計算の必要のない寸法記入例

5.5.5 隣り合って連続する寸法の記入法

　寸法が隣り合って連続する場合，図 5.53（a），（b）のように寸法線はなるべく一直線に揃える．また，二つの図面で関連する部分の寸法は，同図（c）のように揃えて示すとわかりやすい．

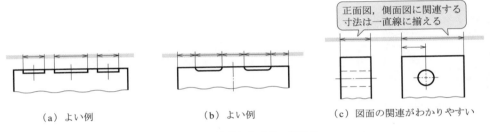

（a）よい例　　　　　　（b）よい例　　　　　（c）図面の関連がわかりやすい

図 5.53　連続した寸法の記入法

5.5.6 見誤るおそれのない寸法記入法

　寸法を示す数字は，図面に描いた線で分割されない位置に記入し，線に重ねてはならない（図 5.54（a）〜（c））．両側の空白部に寸法記入ができず，やむを得ない場合には同図（b）のようにする．また，寸法数字は寸法線で中断される箇所に記入してはならない（同図（e））．この場合は，同図（d）のようにするとよい．また，ハッチングを施した箇所に文字や記号を記入する場合は，図 5.55 のように，その部分だけハッチングをしない．

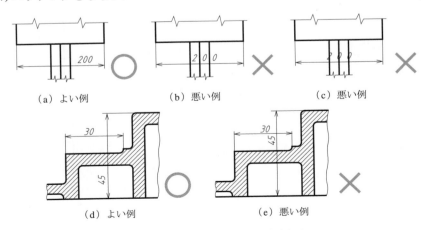

（a）よい例　　　　（b）悪い例　　　　（c）悪い例

（d）よい例　　　　　　　　（e）悪い例

図 5.54　見誤るおそれのない寸法記入

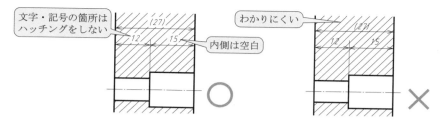

図 5.55 ハッチングの部分を空白にする例

5.5.7 面の交わり部の丸み・面取りの寸法記入法

互いに傾斜する二つの面の間に丸みまたは面取りが施されているとき，二つの面の交わる位置を示すには，丸みまたは面取りを施す以前の形状を細い実線で表し，その交点から寸法補助線を引き出す（図5.56（a））．なお，交点を明確に示す必要があるときには，それぞれの線を互いに交差させる（同図（b））か，または交点に黒丸を付ける（同図（c））．

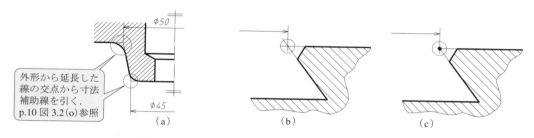

図 5.56 外形から延長した線を利用した寸法の記入法（p.10 図 3.2 (n) 参照）

5.5.8 対称図形の寸法記入法（直径の指示が多い場合）

寸法補助線を用いていくつかの直径寸法を記入するときには，次の点に注意する．
① 各寸法線をできるだけ同じ間隔に引く（図5.57（a））．
② 小さい寸法を内側に，大きい寸法を外側にして寸法数字を揃えて記入する（同図（b））．
③ 寸法線が長くて，その中央に寸法数値を記入するとわかりにくくなる場合には，いずれか一方の端末記号の近くに片寄せて記入してもよい（同図（c））．

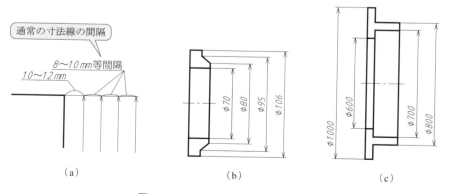

図 5.57 直径の指示が多い場合の例

● **5.5.9　片矢寸法の記入法（対称図形の半分を省略した場合の寸法記入法）**

　対称図形で，中心線の片側だけを表した図形では，寸法線は中心線を越えて適当（3 mm 程度）に延長する．省略した側に端末記号は付けない（図 5.58）．このような寸法線を片矢寸法とよぶ．対称図形に多くの直径寸法を記入する場合，寸法線の長さを短くし，図 5.59（a）のように，何段にも分けて記入する．また狭い場所の直径記入は同図（b），（c）のように片矢を使うが，1 ～ 2 箇所の場合は片矢は使わずに両矢で指示する．対称図形やそれに近い図形は，振分け寸法記入法を使用する場合が（特に CAD では）多い（図 5.49 参照）．

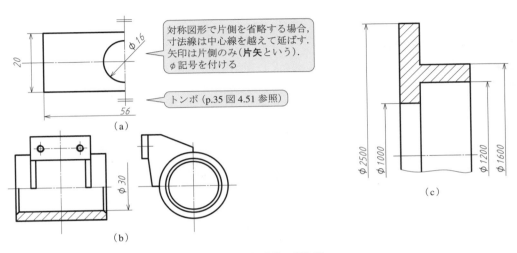

図 5.58　片矢寸法の記入例

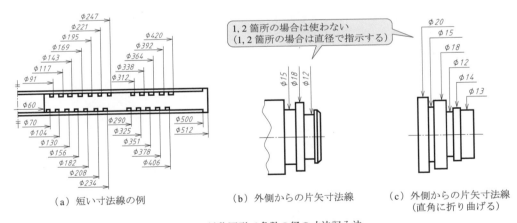

図 5.59　対称図形で多数の径の寸法記入法

● **5.5.10　円弧の部分の寸法記入法**

　円弧は，中心角が 180° までは，原則として半径で表し，180° を超える場合は直径で表す（図 5.60）．180° 以内でも，加工上必要な場合（図 5.61）や対称図形の片側を省略した場合（図 5.62）は，直径の寸法を記入する．寸法には直径記号 φ を付ける．

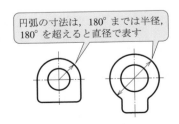

図 5.60　円弧寸法の記入法

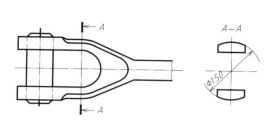

図 5.61　加工上必要な直径寸法

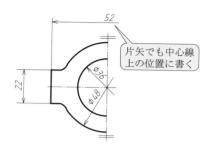

図 5.62　対称省略図形の例

5.5.11　繰返し図形の省略

　同種同形のものが多数並ぶ場合は，実形もしくは図記号を一部描き，残りは中心線とピッチ円（ピッチ線）の交点だけでよい（図 5.63）．ただし，交点の位置が明らかで多数の場合は，交点の中心線を省略できる（図 5.64，4.4.4 項参照）．

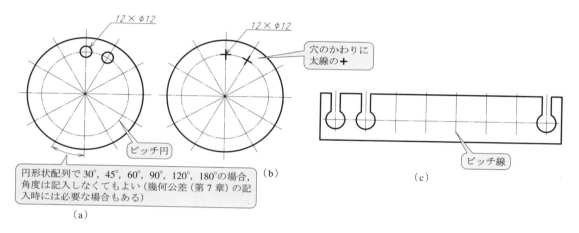

図 5.63　中心線を用いた繰返し図形の省略例

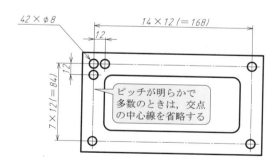

図 5.64　交点の位置が明らかな繰返し図形の省略例

5.5.12　キー溝がある穴内径の寸法記入法（キー溝の描き方は p.149 参照）

　キー溝が断面に描かれている穴内径に寸法を記入するとき，キー溝は通常上側に描く．また，端末記号は図 5.65 に示すように，片側のみに描く（片矢寸法）．

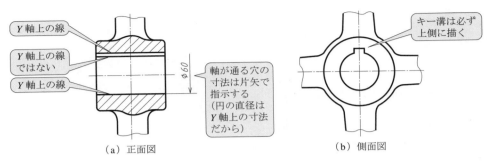

図 5.65　穴内径の寸法記入例

5.5.13　同一寸法の部分が二つ以上ある場合の寸法記入法

T形管継手（図 5.66）のように，一つの部品の中にまったく同じ寸法の部分が二つ以上ある場合，寸法をそのうちの一つだけに記入し，ほかの箇所の寸法は省略できる．この場合，省略する側に必要に応じ同一寸法であることの注意書きを加える．

図 (a)，(b) の右図は，それぞれ JIS B 0001-2019 より新しく加えられた描き方である．

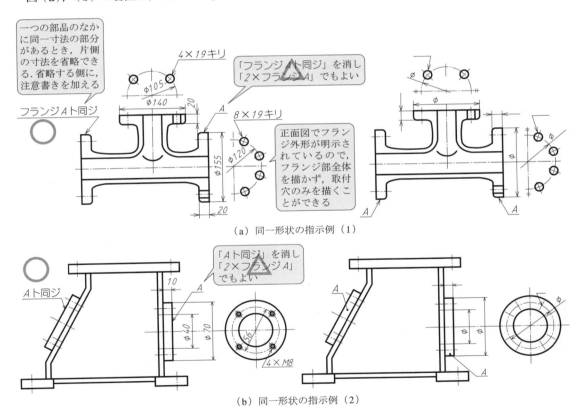

（a）同一形状の指示例（1）

（b）同一形状の指示例（2）

図 5.66　T形管継手

5.5.14　特殊な寸法記入法

基本的な形状は同じで一部分の寸法だけが異なる場合，図 5.67 に示すように，記号文字を用いて数値を別に表示することができる．

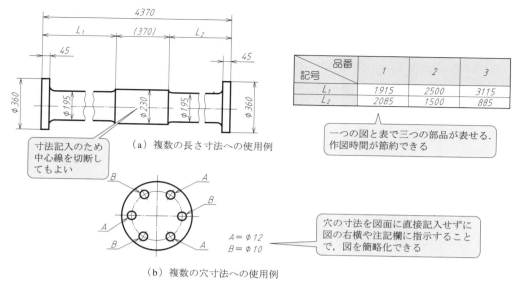

（a）複数の長さ寸法への使用例

品番 記号	1	2	3
L_1	1915	2500	3115
L_2	2085	1500	885

一つの図と表で三つの部品が表せる．
作図時間が節約できる

寸法記入のため
中心線を切断し
てもよい

$A = \phi 12$
$B = \phi 10$

穴の寸法を図面に直接記入せずに
図の右横や注記欄に指示すること
で，図を簡略化できる

（b）複数の穴寸法への使用例

図 5.67　記号文字を使った寸法記入例

5.5.15　表面処理加工の指示法

　表面に特殊な加工を指示する場合，図 5.68 のように，表面に平行な太い一点鎖線を描き，その上に特殊加工の指示を行う．また，必要に応じて特殊加工の位置と範囲を示す．同図（c）のように，図面から特殊加工の位置と範囲がわかる場合，寸法記入を省略できる．なお，同図（a），（c）の高周波焼入れをはじめ熱処理に関する種類や内容は，表 5.4 のとおりである．

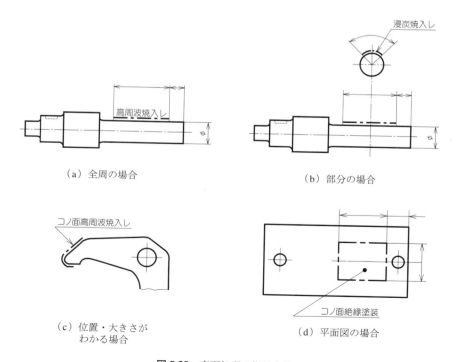

（a）全周の場合　　　　　　　　　（b）部分の場合

高周波焼入レ　　　　　　　　　浸炭焼入レ

コノ面高周波焼入レ

（c）位置・大きさが
　　わかる場合

コノ面絶縁塗装

（d）平面図の場合

図 5.68　表面処理の指示方法

表5.4 熱処理の種類

種類	目的・特徴	熱処理温度	冷却法	時間
焼ならし HNR (normalizing)	・常温加工，鍛造，冷却などにより生じた内部ひずみを除去するとともに，組織を均一化，微細化し，材質を改善.	(A_3 または A_{cm} 線)温度+50℃ 例：S45C の場合 820〜870℃	大気中で放冷	1〜3 hr
焼なまし HA (annealing)	・組織の均一化. ・内部ひずみの除去.	(A_3 または A_{3-1} 線)温度+50℃ 例：S45C の場合約810℃ ・応力除去の焼なましは 500〜570℃	炉中で徐冷	3〜5 hr
焼入れ HQ (quenching)	・材料を硬く，強くする. ・炭素含有量0.1%以下ではほとんど硬化しない. ・マルテンサイト系ステンレス鋼も焼入れは可能.	(A_3 または A_{3-1} 線)温度+50℃ 例：S45C の場合 820〜870℃	油（または水）による急速冷却	1〜2 hr
焼もどし HT (tempering)	・硬さを減じ，粘り強さを増す.（原則として，焼入れ処理品に適用）・刃物・工具類，ゲージ類など. ・内部応力を除去し，経時変化を防ぐ.	A_1線（730℃）以下，目的に応じて設定する. 低温焼もどしは，100〜300℃	低温焼もどしは空冷 高温焼もどし（調質）は急冷する	1〜2 hr
調質 HQT (refining)	・焼入れ，焼もどし. ・すぐれた強じん性が得られる. 歯車・軸など機械構造部品では，中炭素鋼を用いて，高温焼入れ・焼もどしを行う. ・疲れ強さも，焼ならしより一層向上.	焼入れ，焼もどし温度と同じ 例：S45C の場合 820〜870℃ ·········→水冷の場合 550〜900℃ ·········→急冷の場合		3〜5 hr
高周波焼入れ（焼もどし）HQI (induction hardening)	・高周波電流による誘導加熱と直後の急速冷却で，鋼の任意の部分を焼入れする. ・短時間で処理でき，量産に適する. 組織が緻密，疲れ強さがずぶ焼より高い.	(A_3 または A_{3-1} 線)温度+80℃ 例：S45C の場合 850〜900℃	水噴射冷却または水溶性油，油による急冷処理	数秒加熱〜2 hr
浸炭焼入れ（焼もどし）HC (carburizing)	・鋼部分の表面層に，ガスなどの浸炭剤中で加熱することで，炭素量の多い層を形成させ，表面を硬化させる. 不要部分は銅めっきなどで浸炭を防ぐ. ・浸炭の方法として，固体浸炭，ガス浸炭，液体浸炭などがある. ・歯車・軸類，ベアリングなどに施す.	熱処理温度は 900〜950℃ 焼もどしは，低温焼もどし 150〜200℃	油中に急冷 低温焼もどしは，大気中で放冷	4〜8 hr
窒化 HNT (nitriding)	・鋼部品の表面に窒素を浸透させて，非常に硬い表面層をつくる. ・焼入れ操作を必要としないので，部品の熱変形が少なく，耐摩耗，耐焼付き，耐疲れ強さが向上する. ・窒化法に，液体窒化とガス窒化がある. ・材質によって，H_V1000 程度になる. ・その他，軟窒化（タフトライド），イオン窒化，プラズマ窒化などがある.	熱処理温度は 500〜550℃	炉中冷却	10 hr 以上
火炎焼入れ HF (flame hardening)	・鋼材の表面を酸素アセチレンガスの炎で加熱し，これに水を噴射して焼き入れる. ・必要部分のみを加熱，急冷する. ・歯車，スプロケットなどの部分的な硬化に有効な処理法である.	高周波焼入れにほぼ同等.	水の噴射	

備考 熱処理：鋼の温度による状態変化を利用して，使用条件に最適な性質をもつ鋼の状態を得ること.
　　　H：熱処理記号，Heat treatment

鋼　種	炭素量（%）	熱処理
低炭素鋼	0.3 以下	焼なまし，浸炭
中炭素鋼	0.3〜0.5	焼なまし，焼ならし，調質，高周波焼入れ（焼もどし），窒化
高炭素鋼	0.5 以上	焼なまし，焼ならし，調質

● 5.5.16 寸法数字と図面の寸法が一致しない場合の寸法記入法

一部の図形がその寸法数値と比例しないとき，寸法数字の下に太い実線を引く（図5.69）．ただし，図面の一部が切断省略され，寸法と図形が比例しないことが明確であるときは，下線を引く必要はない．

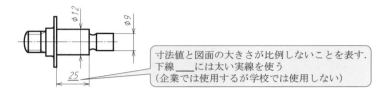

図5.69 図形と寸法値が比例しない場合

● 5.6 図面の変更

図面発行後に図面内容を変更したいときは，変更箇所に適当な記号を付け，変更前の図形，寸法などを読み取れるようにし，普通企業では図面に印刷されている変更欄に変更の日付，理由，担当者など来歴を明記する（図5.70）．訂正により，寸法数値と図の寸法の不一致が明らかであれば，寸法数字の下に太い実線を引く必要はない．

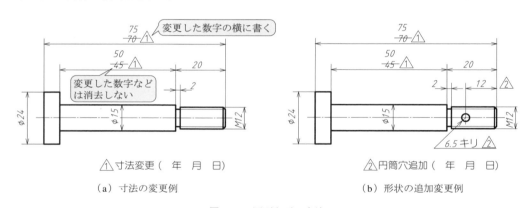

（a）寸法の変更例　　　　　　　　　（b）形状の追加変更例

図5.70 図面訂正の方法

● 5.7 外形図の寸法の表し方

外形図には，図5.71のように代表的な外形寸法，据付け，取付けの寸法を指示する．この図を描くときは，組立図として描くことになるので，詳細は第13章を参照すること．

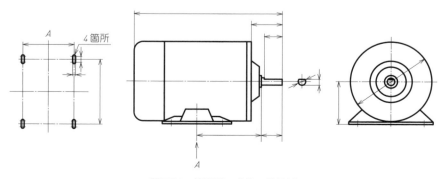

図5.71 外形図の寸法の指示例

5.8 寸法記入のまとめ（寸法記入にあたってつねに心がけるべき事柄）

① 必要な寸法を記入し，重複させない．ただし，重複寸法には例外がある．5.9節を参照のこと．

② 正面図にできるだけ集中させる．

③ 破線部分への寸法記入は避ける（断面図を活用）．

④ 基準箇所をもとにした寸法記入をする．

⑤ 加工工程を考えた寸法記入をする．

⑥ 加工法に合わせた寸法記入をする．

⑦ 関連する寸法をまとめて記入する．

⑧ 計算の必要がないように寸法を記入する．

⑨ 寸法補助記号や文字記号を利用し，わかりやすく，効率のよい寸法記入をする．

5.9 例外の重複寸法記入について

　製図では，同一箇所が異なった投影図に表示されたとき，それぞれの投影図に同一の寸法を書くことを避けている（重複寸法の回避）．ただし，一品多葉図で，重複寸法を記入したほうが図の理解を容易にする場合には，寸法の重複記入をしてもよい．この場合，重複するいくつかの寸法数値の前に黒丸をつけ，重複寸法を意味する記号について注記で説明する（図5.72）．

　また，A0，A1，A2などの用紙サイズが大きく，かつ複雑な図面については，一品一葉図で使っても構わない．

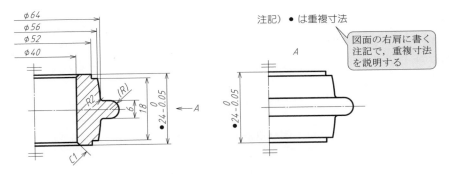

図 5.72　重複寸法の記入例

第 6 章　サイズとサイズ公差およびはめあい

　これまで日本の機械設計者は，製造時に許容される寸法のばらつきの範囲を指示するために，JIS B 0401-1998「寸法公差及びはめあいの方式」によって図面を描き，次章で説明する「幾何公差」は，特に設計者が指定する部分にのみ記入するという考えで設計製図をしてきた（本書では「**寸法公差表示方式**」とよぶ）．

　一方，JIS は，2016 年に世界基準である ISO に歩調を合わせ，JIS B 0401-2016「サイズ公差，サイズ差及びはめあい」に改訂し，さらに JIS B 0420-2016「寸法の公差表示方式」を新設した．

　これら規格の「解説」には，ほぼ同文が記載されて，「これまでの日本図面は，「長さ寸法」「位置寸法」「角度の関する寸法」も「寸法公差」として混同処理して記入され，欧米技術者からみれば，定義が不明瞭で図面の理解ができない」状況にあるとし，今後 JIS も ISO に合わせて，図 6.1 のように変更したとしている．

　「寸法」は，『サイズ形体の大きさ（長さサイズ）』と『サイズ形体の大きさ（角度サイズ）』とし，それ以外は『公差（サイズ公差や幾何公差）』を使用して図面を描くように変更された（本書ではあわせて「**サイズ公差表示方式**」とよぶ）．また，2020 年に JIS B 0420-2「長さ又は角度に関わるサイズ以外の方法」と JIS B 0420-3「角度に関わるサイズ」が発行された．

　本章は，これらに関して説明する．なお，現存する大多数の図面は「寸法公差表示方式」によって描かれた図面であり，もし海外へ配布する場合は，本章でもって改図してから配布すべきである．

　新旧用語の対比表は p.78 に示す．また，本章での用語の使い方については，p.92 の「用語についての注意」参照．

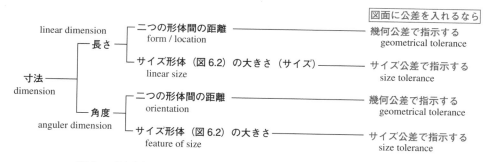

図 6.1 「寸法」，「サイズ」および「公差」にかかわる国際的に共通な理解
（「寸法公差表示方式」より「サイズ公差表示方式」に変更された．英訳文字に注目）

● 6.1　サイズとサイズ形体とは

　サイズ（size）とは，図 6.2 のような，サイズ形体である（a）円筒の直径（b）内径，（c）平行 2 平面の距離，（d）ほぞや溝，（e）球の直径，（f）円すい，（g）円すい台，（h）くさび，（i）切頭くさびの大きさ（長さや角度）を指す．なお，（j），（k）は角度を規定することができる形体の例である．これら以外は規定されない（サイズではない）．他の寸法は，サイズ形体の大きさや角度ではなく，たとえば，幾何公差やサイズ公差のための寸法や角度である（図 5.1 参照）．図 6.2 の *A* 〜 *I* がサイズである．

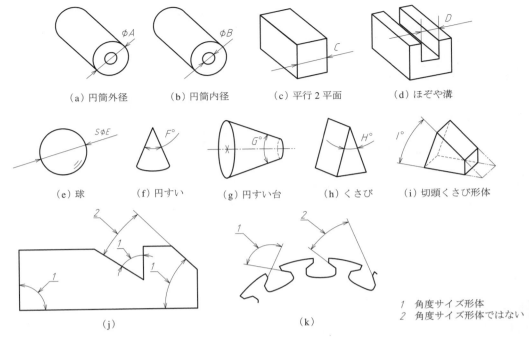

（a）円筒外径　　　（b）円筒内径　　　（c）平行 2 平面　　　（d）ほぞや溝

（e）球　　　（f）円すい　　　（g）円すい台　　　（h）くさび　　　（i）切頭くさび形体

1　角度サイズ形体
2　角度サイズ形体ではない

（j）　　　　　　　　　（k）

図 6.2　サイズとサイズ形体

6.2　サイズ公差およびはめあいの必要性

　機械部品の寸法には，その機能から考えて，μm 単位の精度を要求するところや，あまり寸法にこだわらなくてもよいところなどがある．したがって，設計者は図面の中で，製造時に許容される寸法のばらつきの範囲を指示しなければならない．この範囲をサイズ公差とよぶ．

　また，機械部品どうしの特定の状況（たとえば表 6.16）の組合せを「はめあい」とよぶ．はめあいにおいて，機能するのに適した許容差は，経験に基づいて計算あるいは JIS の表から導き，ラテン文字と等級数字の組合せで表す．これを「はめあい記号」とよび，図示サイズ（設計者が意図する理想寸法）にこだわらずにその組合せ関係を示唆できる．部品が何万個あろうと，あてはめサイズ（実測寸法）が一部分でもサイズ許容区域（許容差内）に仕上がっていなければ不良品群となる．逆に，全部品がサイズ許容区域に仕上がっていれば（もちろん幾何公差も），無作為に部品を選んでもうまく組み合わせることができる．これを「互換性がある」という（例：電球，ボルト，ナット）．

　なお，この許容差範囲は経験値によるのが普通である．企業によって異なることもありノウハウに関係しているので，JIS 規定とは違っていることもある．

6.3　用語と定義

　サイズ公差は，図示サイズに対して許容される範囲を示すことを基本とする（すべて mm 単位で表示）．用語と関係位置を図 6.3 に示す．

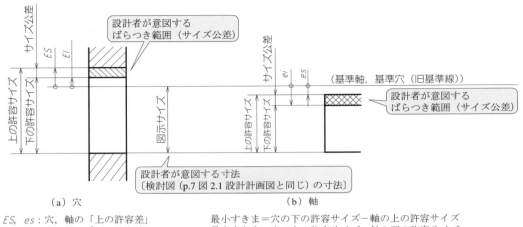

図 6.3　サイズ公差

ES, es：穴，軸の「上の許容差」
EI, ei：穴，軸の「下の許容差」

最小すきま＝穴の下の許容サイズ－軸の上の許容サイズ
最大すきま＝穴の上の許容サイズ－軸の下の許容サイズ
上の許容サイズ－下の許容サイズ＝サイズ公差

✚ 6.4　独立の原則と包絡の条件

　JIS B 0024 で定義されている**独立の原則**（principle of independency）により，特に指定されない限り「サイズ公差と幾何公差（第7章）は互いに無関係に適用する」.

　一方，独立の原則に反しているのが，単独形体，つまり円筒面または平行2辺面によって決められるサイズ形体に適用される，**包絡の条件**（envelope requirement）である．これは，形体が最大実体寸法（表7.3参照）における完全形状（形体）の包絡面を超えてはならないことを意味している．包絡の条件は，長さサイズ公差のうしろに記号 Ⓔ を付記する（図6.4（a）．本図では最大実体寸法は φ150 である）．実測直径が φ150 〜 φ149.96 内であり，かつ，φ150 の包絡面を超えてはならないのが包絡の条件の意味である（同図（b），（c））．「包絡の条件」のほかに，最大実体公差方式 Ⓜ （表7.4）と共通公差域 CZ（図7.21）との三つが，「独立の原則」から外れる（すなわち，サイズ公差と幾何公差が関係しあう）.

　独立の原則などを定義していた JIS B 0024₋₁₉₈₈ は，2019 年の改訂で「GPS–GPS 指示に関わる概念，原則及び規則」に変更され，図面の表題欄の近くに「JIS B 0024」と記載すれば，（GPS）と冠される JIS（表2.1）はすべて適用されることになった（図6.12 参照）．すなわち，「独立の原則」「包絡の条件」「最大実体公差方式」「サイズ公差」「幾何公差」などを適用していると宣言することになる.

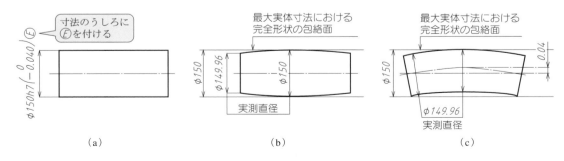

図 6.4　包絡の条件

✚ 6.5　サイズ形体の長さサイズに関する標準指定演算子（JIS B 0420-2016 の新設記号）

　サイズの長さの条件を指定するときは，表 6.1 に定義する記号を用いる．また，表 6.2 にサイズの標準指定条件（JIS B 0420-1-2016 からこう呼称するようになった）を示す．本書では，初心者に必要と思われるものを選んで説明する．なお，これらの表の説明と図例は，JIS B 0420-1-2016 に詳細が示されている．角度サイズについては付録 3 に示す．これらは，JIS B 0420-3 で 2020 年に発表された．

表 6.1　長さにかかわるサイズの指定条件

条件記号	説明
LP	2 点間サイズ
LS	球で定義される局部サイズ
GG	最小二乗サイズ（最小二乗当てはめ判定基準による）
GX	最大内接サイズ（最大内接当てはめ判定基準による）
GN	最小外接サイズ（最小外接当てはめ判定基準による）
CC	円周直径（算出サイズ）
CA	面積直径（算出サイズ）
CV	体積直径（算出サイズ）
SX	最大サイズ [1]
SN	最小サイズ [1]
SA	平均サイズ [1]
SM	中央サイズ [1]
SD	中間サイズ [1]
SR	範囲サイズ [1]

注（1）順位サイズは，算出サイズ，全体サイズ，または局部サイズの補足として使用できる．

表 6.2　サイズの標準指定条件

説明	記号	例
包絡の条件（envelope requirement）	Ⓔ	10±0.1 Ⓔ
形体の任意の限定部分	/（理想的な）長さ	10±0.1 GG /5
任意の横断面（any cross section）	ACS	10±0.1 GX ACS
特定の横断面（specified cross section）	SCS	10±0.1 GX SCS
複数の形体指定	形体の数×	2×10±0.1 Ⓔ
連続サイズ形体の公差（common feature of size tolerance）	CT	2×10±0.1 Ⓔ CT
自由状態（free state）	Ⓕ	10±0.1 LP SA Ⓕ
区間指示	↔	10±0.1 A↔B

⬡ 6.5.1　サイズ公差の標準指定演算子の使用

　初心者において，表 6.1，6.2 でよく使用するのは，「2 点間サイズ LP」，「球サイズ LS」，「複数の形体指定（図 6.5）」，「区間指示（図 6.6）」と，前節の「包絡の条件」あたりである．JIS B 0420-1 には，「指定条件のないサイズは，2 点間サイズとする（ISO17450-1 および-2 も同定義）」と規定しているので，寸法値のうしろに LP と記入する必要は，実際にはない（図 6.7）．また，複数の形体を指示する方法（図 6.6）や，区間を指示する方法（図 6.7（a），（b））が，JIS B 0420-1-2016 から定義された．

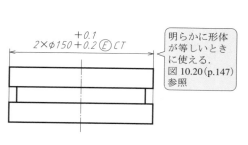

図6.5　複数の形体指定の方法

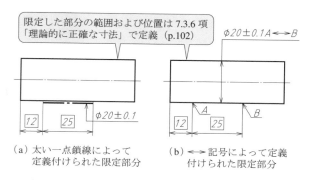

図6.6　区間指示の方法

（a）太い一点鎖線によって
定義付けられた限定部分

（b）←→記号によって定義
付けられた限定部分

図6.7　指定のないサイズは (LP) とする

🔧 6.6　サイズ公差の種類および適用する規格を図面に明示する方法

　サイズ公差の種類を表6.3に示す．また，その図例を図6.8～図6.12に示す．本表をJISでは「長さに関わるサイズのGPS指定」とよんでいる．GPS規格とは，ISO規格の中でも特に重要視されている規格で，JIS規格にもISO規格に適応したものとしてGPSを冠されている（p.6表2.1参照．GPSの説明は，第7章巻頭参照）．

　JIS B 0024-2019「GPS指示に関わる概念，原則及び規則」では新しく多くの原則が加わり，ISO GPSシステムとGPSを冠されたJISのすべてが描いた図面に適応されると明記された．これを明確にするために，図6.12に示すように，表題欄の近くに欄（GPS指定演算子指示欄とよぶ）を設け，適用規格を明示する．なお，2段目の普通公差は7.6節で説明する．第3段目の普通公差は表6.6に関することで，図面に印刷してある場合はそれを利用すればよいから，通常は上の1,2段（欄）を書けばよい（参考図参照）．

表6.3　サイズ公差の種類（いろいろなサイズの基本的なGPS指定）

	長さにかかわるサイズの基本的なGPS指定	例			参照
a	図示サイズ±許容差	0 $150-0.2$	$+0.2$ $\phi 38-0.1$	55 ± 0.2	図6.8
b	図示サイズとそれに続く JIS B 0401-1 の ISO コード方式（公差クラス）	68 H8	ϕ 67 k6	165 js10	図6.9
c	上および下の許容サイズの値	85.2 84.8	29.000 28.929	120.2 119.8	図6.10
d	上の許容サイズまたは下の許容サイズの値	85.2 max　84.8 min			図6.11
e	"（ ）"を用いた参考寸法でも，"□"の枠を用いた理論的に正確な寸法（TED）でもない，図示サイズで定義された普通公差	図6.9のような図示に加えて，（表題欄の中またはその付近に指示した）JIS B 0405-m [1]			図6.12

注（1）普通公差の規定は，JIS B 0405 参照（p.78）．

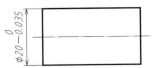
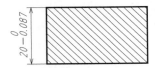

（a）サイズ形体の種類が円筒の場合　　　　（b）サイズ形体の種類が相対する平行2平面の場合

図 6.8　図示サイズ±許容差

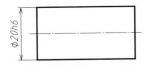
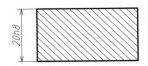

（a）サイズ形体の種類が円筒の場合　　　　（b）サイズ形体の種類が相対する平行2平面の場合

図 6.9　サイズの基本的な GPS 指定の例

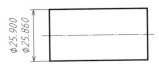
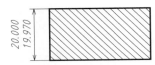

（a）サイズ形体の種類が円筒の場合　　　　（b）サイズ形体の種類が相対する平行2平面の場合

図 6.10　上および下の許容サイズの値（USL および LLS）

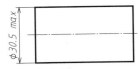

（a）サイズ形体の種類が円筒の場合　　　　（b）サイズ形体の種類が相対する平行2平面の場合

図 6.11　上および下の許容サイズの値

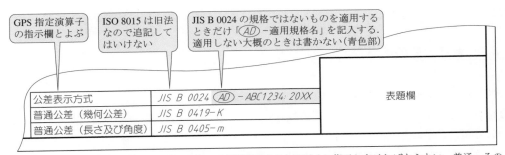

注　ほかの規格も含め，適用する項目はすべて表題欄の中または近くに指示しなければならない．普通，そのための枠は用紙に印刷されている（参考図参照）が，ない場合は，図面の空いた箇所に表形式でまとめて記載するとよい．無秩序に羅列するのは極力避けること．

図 6.12　代替標準 GPS 指定演算子の指示の一例

✚ 6.7　JIS B 0401-1 の新旧規格の用語の比較

旧規格 JIS B 0401-1-1998「寸法公差及びはめあいの式　第1部：公差，寸法差及びはめあいの基礎」と新規格 JIS B 0401-1-2016「製品の幾何特性仕様（GPS）―長さに関するサイズ公差の ISO コード方式　第1部：サイズ公差，サイズ差及びはめあいの基礎」の用語の対比表を表6.4に示す．

表6.4　新規格（JIS B 0401-1-2016）と旧規格（-1998）との用語の対比表

	新規格	旧規格		新規格	旧規格
変更された用語	図示サイズ	基準寸法	変更のない用語	許容差	許容差
	当てはめサイズ	実寸法		穴	穴
	許容限界サイズ	許容限界寸法		基準穴	基準穴
	上の許容サイズ	最大許容寸法		軸	軸
	下の許容サイズ	最小許容寸法		基準軸	基準軸
	サイズ差	寸法差		すきま	すきま
	上の許容差	上の寸法許容差		最小すきま	最小すきま
	下の許容差	下の寸法許容差		最大すきま	最大すきま
	基礎となる許容差	基礎となる寸法許容差		しめしろ	しめしろ
	サイズ公差	寸法公差		最小しめしろ	最小しめしろ
	基本サイズ公差	基本公差		最大しめしろ	最大しめしろ
	基本サイズ公差等級	公差等級		はめあい	はめあい
	サイズ許容区間	公差域		すきまばめ	すきまばめ
	公差域クラス	公差域クラス		しまりばめ	しまりばめ
	はめあい幅	はめあいの変動量		中間ばめ	中間ばめ
	ISO はめあい方式	はめあい方式	片側しかない用語	サイズ形体	―
	穴基準はめあい方式	穴基準はめあい		図示外殻形体	―
	軸基準はめあい方式	軸基準はめあい		Δ値	―
				サイズ公差許容限界	―
				―	局部実寸法
				―	寸法公差方式
				―	基準線
				―	公差単位

✚ 6.8　図面内の寸法の許容差の適用順位

　部品図面内の寸法は，すべて何らかの許容差をもたせないと，製造できない．なぜなら，図示サイズで量産することは不可能で（たとえば，幅 100.000 mm の部品を 1000 個つくることは実際上不可能），この許容差の程度を指示できるのは部品の相互関係がわかっている設計者だけだからである．その許容差を表す方法には表6.5のa～cの三つがあり，これらを併用して記入する．具体的には，一部品に対してaで全体を規定し，例外的に特定の寸法のみをbあるいはcの書き方で記入する．

✚ 6.9　普通公差の使い方（表6.3eと表6.5aの場合）

　普通公差（general tolerances）は，個々の許容差（サイズ公差）指定をせずに精級，中級，粗級，極粗級の四つの等級で規定する方法で，図面指示を簡単にするために用いられる．JIS B 0405-1991 では，面取り部分を除く長さ寸法，面取り部分の長さ寸法（かどの丸みおよびかどの面取り寸法）および角度について規定している（表6.6～6.8）．

　一般には，表6.6と表6.8は図面枠内に印刷してあり（p.19 図4.4（c），（d）参照），設計者は等級をマル◯で指定する（一例を表6.9に示す．この例では粗級を指定している．巻末の参考図を参照）．表示のない場合は，注記欄に記入するか図6.12のように欄に記入する．

　例　注記：削リ加工寸法ノ普通公差ハ JIS B 0405 ノ粗級トスル

表 6.5 図面内の許容差の種類

	種類	適用場所	具体的記入例
a	普通公差 （表 6.3e）	一部品に対して一括して選定する	図示サイズの記入のみでよく，表題欄近くの欄で等級を一括指定する *100* たとえば，粗級なら 100±0.8 の意味 （表 6.6 参照）
b	数値による公差 （表 6.3a）	a より例外的に厳しい，あるいはゆるい公差が必要な箇所に記入する	図示サイズの後ろに許容差範囲（サイズ公差）を書く *100* +0.3 0
c	はめあい方式による公差 ［サイズ許容区間による公差］ （表 6.3b）	特に相手部品との組合せにおいて，相対的な相互関係が必要な箇所に記入する	図示サイズの後ろにラテン文字と等級数値を書く *100 h9* 0 100 −0.087 の意味 （表 6.15 参照）

表 6.6 面取り部分を除く長さ寸法に対する許容差[1]

基本サイズ公差等級		図示サイズの区分（mm）							
記号	説明	0.5 以上 3 以下	3 を超え 6 以下	6 を超え 30 以下	30 を超え 120 以下	120 を超え 400 以下	400 を超え 1000 以下	1000 を超え 2000 以下	2000 を超え 4000 以下
		許容差							
f	精級	± 0.05	± 0.05	± 0.1	± 0.15	± 0.2	± 0.3	± 0.5	—
m	中級	± 0.1	± 0.1	± 0.2	± 0.3	± 0.5	± 0.8	± 1.2	± 2
c	粗級	± 0.2	± 0.3	± 0.5	± 0.8	± 1.2	± 2	± 3	± 4
v	極粗級	—	± 0.5	± 1	± 1.5	± 2.5	± 4	± 6	± 8

注 （1）鋳造品やパンチングマシン，レーザ加工機，曲げ加工機などのほかの加工による許容差は別に規定される.

表 6.7 面取り部分の長さ寸法（かどの丸みおよびかどの面取り寸法）に対する許容差

基本サイズ公差等級		図示サイズの区分（mm）		
記号	説明	0.5[1] 以上 3 以下	3 を超え 6 以下	6 を超えるもの
		許容差		
f	精級	± 0.2	± 0.5	± 1
m	中級			
c	粗級	± 0.4	± 1	± 2
v	極粗級			

通常図面には印刷されない

注 （1）0.5 mm 未満の基準寸法に対しては，その基準寸法に続けて許容差を個々に指示する.

表 6.8 角度寸法の許容差

基本サイズ公差等級		対象とする角度の短いほうの辺の長さの区分（mm）				
記号	説明	10 以下	10 を超え 50 以下	50 を超え 120 以下	120 を超え 400 以下	400 を超えるもの
		許容差				
f	精級	± 1°[1]	± 30′	± 20′	± 10′	± 5′
m	中級					
c	粗級	± 1° 30′	± 1°	± 30′	± 15′	± 10′
v	極粗級	± 3°	± 2°	± 1°	± 30′	± 20′

注 （1）精級，中級の区別はされていない.

表6.9 図面に表示された普通公差の例

巻末の参考図はJIS
どおりにしている

普通許容差	削り加工	等級 区分	～3	～6	～30	～120	～315	～1000	～2000	～4000	～8000	普通角度許容差	削り加工	短辺区分	許容角度
		精級±	0.05	0.05	0.1	0.15	0.2	0.3	0.5	0.8	―			～10	±1°
		中級±	0.1	0.1	0.2	0.3	0.5	0.8	1.2	2	3			～50	±30′
		粗級±	0.15	0.2	0.5	0.8	1.2	2	3	4	5			～120	±20′
	黒皮基準±		0.5	0.6	1	1.8	2.5	4.5	8	―	―			～400	±10′

黒皮：素材の加工しない面のこと

企業によってはJISどおりに
なっていないこともある

✚ 6.10 数値による許容差の表し方 (JIS Z 8318-2013)（表6.3 a と表6.5 b の場合）

図6.13のように，図示サイズのあとに指定する許容差を書く．同図に示すように，数字の大きさは図示サイズと同じで上下二段に＋－の順に書く（同図（a））．＋側，－側のみの場合は0からみて値が大きいほうを上段に書く（同図（b），（c））．いずれか一方の許容差が0のときは，数字の「0」で表す．「0」のときは＋－を付けず，また上下の0の位置は揃える（同図（d），（e））．上下の許容差が図示サイズに対して対称のときは，許容差の数値の一つだけを示し，数値の前に「±」を付ける（同図（f））．

CAD製図では同図（a）～（f）を標準としているが，旧JISと同じくサイズ公差の数字の大きさより半分高さで記入してもよい（同図（g））．これは，CAD製図では数値が読みやすいからで，記入する付近の余白の節約にもなる．

なお，書く位置は寸法線の中央が基本で，もし，中央で支障があればずらして書いてもよい．ただし，図示サイズと許容差の数字を離して書いてはいけない．

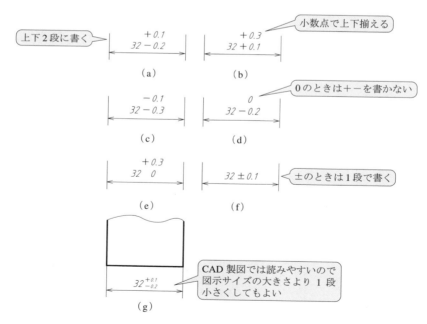

図6.13 数値による許容差の表し方（上下の許容サイズを表す場合）

✚ 6.11　はめあい方式の表し方（表 6.3 b と表 6.5 c の場合）

はめあい方式の使い方については，JIS B 0401-1 で規定されているが，経験に基づいて用いることも多い．

⬢ 6.11.1　用語の説明

①　すきま（clearance）　　軸の寸法が穴の寸法より小さい場合の，組み合わせる前の穴と軸との正の寸法差（穴径－軸径）のこと（図 6.14）．

②　しめしろ（interference）　　軸の寸法が穴の寸法より大きい場合の，組み合わせる前の穴と軸との負の寸法差（穴径－軸径）のこと（図 6.15）．

図 6.14　すきま　　　　　　　　　　　図 6.15　しめしろ

⬡ 6.11.2　はめあいの種類

軸と穴（ほぞとほぞ穴，ほぞと溝，キーとキー溝も同じ）との組合せにおいては，図 6.16 に示すような三つの状態に区別する（ほぞ：二つの部材を組み合わせるときの突起側）．

①　すきまばめ（clearance fit）　　必ずすきまのできるはめあいをいい，はめあわされたものがスライドしたり，回転したり，取り外したりできる組合せに用いられる．

②　しまりばめ（interference fit）　　必ずしめしろができるはめあいをいい，材料の弾性を利用して相互を固定し，組付後分解することがないときに用いられる．

③　中間ばめ（transition fit）　　すきまができることもあり，しめしろができることもあるはめあいで，①と②の中間という意味である．すきまの遊びはないものの，取り外すこともある場合に用いられる．

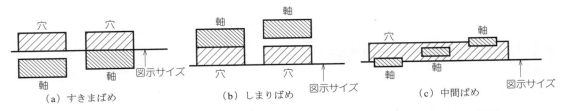

（a）すきまばめ　　　　　　　（b）しまりばめ　　　　　　　（c）中間ばめ

図 6.16　はめあいの種類（穴基準での説明，ハッチングはサイズ許容区間を示す．図 6.3 参照）

● 6.11.3　はめあい方式の種類

はめあい方式は，軸か穴かどちらかを一定にして，もう片方で調整してはめあいの程度を考えることで，次の二つに分けられる.

①　軸基準はめあい方式　軸の大きさを一定にして，はめあいの程度を穴の内径で調節する方式（軸の上の許容サイズが図示サイズと一致する）.

②　穴基準はめあい方式　穴の大きさを一定にして，はめあいの程度を軸の外径で調節する方式（穴の下の許容サイズが図示サイズと一致する）. 穴と軸とを比べれば軸のほうが加工調整しやすいので，この方式が採用されることが圧倒的に多い.

通常，基準側の軸や穴を h あるいは H 公差にしておく（軸側を小文字 h，穴側を大文字 H とすることは，次項で説明する）. ①，②の実例を図 6.17（a），（b）および図 6.18（a），（b）に示す.

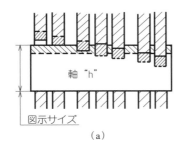

（a）

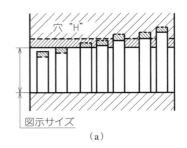

（a）

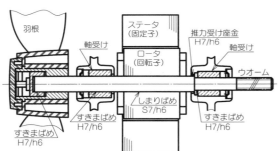

（b）軸基準はめあい方式の例（扇風機）

図 6.17　軸基準はめあい

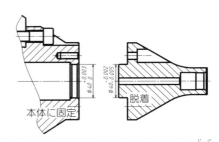

（b）穴基準はめあい方式の例（歯車加工用治具）

図 6.18　穴基準はめあい

● 6.11.4　公差クラスの表し方（はめあいの表し方）

図示サイズの次に公差クラスを示すラテン文字と等級数字を書いて表す. したがって，通常は図 6.19（a）の書き方をするが，JIS では同図（b），（c）も規定されていて，内容は同じである.

このラテン文字は，図 6.20 に示すような位置と方向を示すものと理解してほしい. このとき，穴の場合はラテン文字の大文字，軸の場合はラテン文字の小文字を用いる. H および h がちょうど 0 位置（図示サイズ位置）に接しており，これより左側はゆるく（図示サイズより穴は大きく，軸は細い），右側ではきつい（図示サイズより穴は小さく，軸は太い）はめあい状態になることを意味する.

ラテン文字の次の数字は，表 6.10 に示す基本サイズ公差等級 IT（Standard (International) Tolerance）の数値のことで，等級（何級とよぶ）と図示サイズで公差幅がわかる. すなわち，同表は寸法区分と基本サイズ公差等級の具体的な値を決めたもので，はめあいの基礎となるものである.

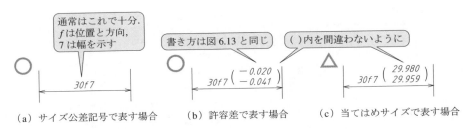

（a）サイズ公差記号で表す場合　（b）許容差で表す場合　（c）当てはめサイズで表す場合

図6.19　はめあいの表し方（学生は（b）を使うこと）

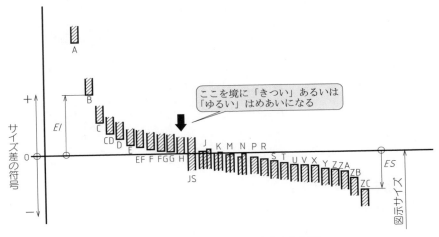

（a）穴（内側サイズ形体）（ラテン文字は大文字）

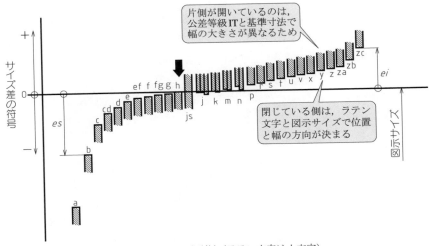

（b）軸（外側サイズ形体）（ラテン文字は小文字）

EI, ES　穴の基礎となる許容差の例（表6.11参照）
ei, es　軸の基礎となる許容差の例（表6.12参照）

図6.20　図示サイズに関するサイズ許容区間の配置（基礎となる許容差）の概要図

表6.10 図示サイズに対する基本サイズ公差等級 IT の数値（通称 IT 公差表，3150 mm まで）

図示サイズ (mm) 超え	以下	基本サイズ公差等級 基本サイズ公差値 μm											基本サイズ公差等級 基本サイズ公差値 mm						
		IT1	IT2	IT3	IT4	IT5	IT6	IT7	IT8	IT9	IT10	IT11	IT12	IT13	IT14	IT15	IT16	IT17	IT18
	3	0.8	1.2	2	3	4	6	10	14	25	40	60	0.1	0.14	0.25	0.4	0.6	1	1.4
3	6	1	1.5	2.5	4	5	8	12	18	30	48	75	0.12	0.18	0.3	0.48	0.75	1.2	1.8
6	10	1	1.5	2.5	4	6	9	15	22	36	58	90	0.15	0.22	0.36	0.58	0.9	1.5	2.2
10	18	1.2	2	3	5	8	11	18	27	43	70	110	0.18	0.27	0.43	0.7	1.1	1.8	2.7
18	30	1.5	2.5	4	6	9	13	21	33	52	84	130	0.21	0.33	0.52	0.84	1.3	2.1	3.3
30	50	1.5	2.5	4	7	11	16	25	39	62	100	160	0.25	0.39	0.62	1	1.6	2.5	3.9
50	80	2	3	5	8	13	19	30	46	74	120	190	0.3	0.46	0.74	1.2	1.9	3	4.6
80	120	2.5	4	6	10	15	22	35	54	87	140	220	0.35	0.54	0.87	1.4	2.2	3.5	5.4
120	180	3.5	5	8	12	18	25	40	63	100	160	250	0.4	0.63	1	1.6	2.5	4	6.3
180	250	4.5	7	10	14	20	29	46	72	115	185	290	0.46	0.72	1.15	1.85	2.9	4.6	7.2
250	315	6	8	12	16	23	32	52	81	130	210	320	0.52	0.81	1.3	2.1	3.2	5.2	8.1
315	400	7	9	13	18	25	36	57	89	140	230	360	0.57	0.89	1.4	2.3	3.6	5.7	8.9
400	500	8	10	15	20	27	40	63	97	155	250	400	0.63	0.97	1.55	2.5	4	6.3	9.7
500	630	9	11	16	22	32	44	70	110	175	280	440	0.7	1.1	1.75	2.8	4.4	7	11
630	800	10	13	18	25	36	50	80	125	200	320	500	0.8	1.25	2	3.2	5	8	12.5
800	1000	11	15	21	28	40	56	90	140	230	360	560	0.9	1.4	2.3	3.6	5.6	9	14
1000	1250	13	18	24	33	47	66	105	165	260	420	660	1.05	1.65	2.6	4.2	6.6	10.5	16.5
1250	1600	15	21	29	39	55	78	125	195	310	500	780	1.25	1.95	3.1	5	7.8	12.5	19.5
1600	2000	18	25	35	46	65	92	150	230	370	600	920	1.5	2.3	3.7	6	9.2	15	23
2000	2500	22	30	41	55	78	110	175	280	440	700	1100	1.75	2.8	4.4	7	11	17.5	28
2500	3150	26	36	50	68	96	135	210	330	540	860	1350	2.1	3.3	5.4	8.6	13.5	21	33

> たとえば，30.0 mm は「以下」に入り，30.1 mm は「を超え」に入る

● 6.11.5 上下の許容差の算出方法と表し方

　はめあい記号は，図示サイズの大小を問わずに「組合せ」（たとえば，「ベアリングと軸」や「ピンを板に圧入する」ときの寸法関係など）によって採用されることが多い（実際例は表 6.16 参照）．しかし，製作上，寸法許容差の数値は必要なので，その算出方法の手順と具体例を次に示す．

- ① 表 6.10 より，基本サイズ公差等級 IT の数値を出す（サイズ許容区間の幅になる）．
- ② 図 6.20 より，位置と幅方向を確認する（＋もしくは−方向）．
- ③ 表 6.11，6.12 より，EI, ES, ei, es の一つを写し取る（幅の原点となる）．
- ④ ③に①の幅の値を，②の方向に加える．

> H7 は「H の 7 級」とよぶ

　IT 等級の数値（サイズ許容区間幅）は，位置を示すラテン文字（6.11.4 項）のあとに書く数値のことで"何級"とよぶ．等級が大きくなると数値は大きくなり，同じ等級内でも図示サイズが大きくなると数値も大きくなることに注意する．また，表 6.6 の精級，中級，粗級はおおよそ IT12, 13, 15 に近い．

【例題】 下表の問いに対する許容差を求める

> e8 の 8 は IT8 の 8 と同じ（表 6.10）

問	φ30H7	φ30p6	φ30e8
①	表 6.10 より 21（μm）	表 6.10 より 13（μm）	表 6.10 より 33（μm）
②	図 6.20 より ＋方向	図 6.20 より ＋方向	図 6.20 より −方向
③	表 6.11 より EI は 0	表 6.12 より ei は ＋22（μm）	表 6.12 より es は −40（μm）
④	①〜③より ES は ＋ 0.021（mm）	①〜③より es は ＋ 0.035（mm）	①〜③より ei は − 0.073（mm）
答	$\phi 30\text{H}7 \left(\begin{array}{c} +0.021 \\ 0 \end{array} \right)$	$\phi 30\text{p}6 \left(\begin{array}{c} +0.035 \\ +0.022 \end{array} \right)$	$\phi 30\text{e}8 \left(\begin{array}{c} -0.040 \\ -0.073 \end{array} \right)$

> この答えは表 6.13 に一覧表として載っている．ただし，図面内の寸法はすべて mm 単位で表現することに注意する．また，大きい数値をつねに上段に書かなければならない

　上記の例題の答えは，表 6.13 に一覧表としてあるので見比べてみてほしい．通常は，計算をせずに同表を利用すればよい．

表 6.11　穴の場合の基準となる許容差の数値 (μm)

| 図示サイズ (mm) | | 下の許容差 EI すべての基本サイズ公差等級 | | | | | | | 上の許容差 ES 基礎となる許容差の数値 | J | | | K(2) | | M(2) | | N(2,3) | | P-ZC(2) | P | Δ値 基本サイズ公差等級 | | | | | |
を超え	以下	D	E	EF	F	FG	G	H	JS(1)	IT6	IT7	IT8	IT8以下 / IT9以上		IT8以下	IT9以上	IT8以下	IT9以上	IT7以下	IT8以上	IT3	IT4	IT5	IT6	IT7	IT8
—	3	+20	+14	+10	+6	+4	+2	0	± ITn/2 (n は IT の等号)	+2	+4	+6	0	0	-2	-2	-4	-4	IT7を越える IT 値に Δ を加えた値	-6	0	0	0	0	0	0
3	6	+30	+20	+14	+10	+6	+4	0		+5	+6	+10	-1+Δ		-4+Δ	-4	-8+Δ	0		-12	1	1.5	1	3	4	6
6	10	+40	+25	+18	+13	+8	+5	0		+5	+8	+12	-1+Δ		-6+Δ	-6	-10+Δ	0		-15	1	1.5	2	3	6	7
10	18	+50	+32		+16		+6	0		+6	+10	+15	-1+Δ		-7+Δ	-7	-12+Δ	0		-18	1	2	3	3	7	9
18	30	+65	+40		+20		+7	0		+8	+12	+20	-2+Δ		-8+Δ	-8	-15+Δ	0		-22	1.5	2	3	4	8	12
30	50	+80	+50		+25		+9	0		+10	+14	+24	-2+Δ		-9+Δ	-9	-17+Δ	0		-26	1.5	3	4	5	9	14
50	80	+100	+60		+30		+10	0		+13	+18	+28	-2+Δ		-11+Δ	-11	-20+Δ	0		-32	2	3	5	6	11	16
80	120	+120	+72		+36		+12	0		+16	+22	+34	-3+Δ		-13+Δ	-13	-23+Δ	0		-37	2	4	5	7	13	19
120	180	+145	+85		+43		+14	0		+18	+26	+41	-3+Δ		-15+Δ	-15	-27+Δ	0		-43	3	4	6	7	15	23
180	250	+170	+100		+50		+15	0		+22	+30	+47	-4+Δ		-17+Δ	-17	-31+Δ	0		-50	3	4	6	9	17	26
250	315	+190	+110		+56		+17	0		+25	+36	+55	-4+Δ		-20+Δ	-20	-34+Δ	0		-56	4	4	7	9	20	29
315	400	+210	+125		+62		+18	0		+29	+39	+60	-4+Δ		-21+Δ	-21	-37+Δ	0		-62	4	5	7	11	21	32

チイ差 = ± ITn/2 (n は IT の等号)

注 (1) 基本サイズ公差等級が JS7～JS11 の場合, IT の番号 n が奇数であるときは, ± ITn/2 は μm の単位で表すことができる.
(2) IT8 以下の基本サイズ公差等級に対応する値 K, M および N, ならびに IT7 以下の基本サイズ公差等級に対応する P～ZC を決定するには, 右側の欄からの Δ の数値を用いる.
18～30 mm の範囲の K7 は Δ = 8 μm. すなわち, ES = -2+8 = 6 μm となる.
18～30 mm の範囲の P6 は Δ = 4 μm. すなわち, ES = -22+4 = -18 μm となる.
(3) IT8 を超える基本サイズ公差等級に対応する基礎となる許容差 N を, 1 mm 以下の図示サイズに使用してはならない.

表6.12　軸の場合の基準となる許容差の数値

図示サイズ (mm)		基礎となる許容差の数値 (μm)															
		上の許容差, es								下の許容差, ei							
		すべての基本サイズ公差等級								IT5,6	IT7	IT8	IT4-7	IT3以下 IT8以上	すべての基本サイズ公差等級		
を超え	以下	d	e	ef	f	fg	g	h	js(1)	j			k		m	n	p
—	3	−20	−14	−10	−6	−4	−2	0	サイズ差=±ITn/2 (n は IT の番号)	−2	−4	−6	0	0	+2	+4	+6
3	6	−30	−20	−14	−10	−6	−4	0		−2	−4		+1	0	+4	+8	+12
6	10	−40	−25	−18	−13	−8	−5	0		−2	−5		+1	0	+6	+10	+15
10	18	−50	−32	−23	−16	−10	−6	0		−3	−6		+1	0	+7	+12	+18
18	30	−65	−40	−28	−20	−12	−7	0		−4	−8		+2	0	+8	+15	+22
30	50	−80	−50	−35	−25	−15	−9	0		−5	−10		+2	0	+9	+17	+26
50	80	−100	−60		−30		−10	0		−7	−12		+2	0	+11	+20	+32
80	120	−120	−72		−36		−12	0		−9	−15		+3	0	+13	+23	+37
120	180	−145	−85		−43		−14	0		−11	−18		+3	0	+15	+27	+43
180	250	−170	−100		−50		−15	0		−13	−21		+4	0	+17	+31	+50
250	315	−190	−110		−56		−17	0		−16	−26		+4	0	+20	+34	+56
315	400	−210	−125		−62		−18	0		−18	−28		+4	0	+21	+37	+62

注（1）基本サイズ公差等級が js7 ～ js11 の場合，±ITn/2 は μm の単位で表すことができる．たとえば，18 ～ 30 の範囲の js7 は表 6.10 より 21 μm を得るので，半分にすると ±0.0105 が得られる（表 6.13 参照）．

● 6.11.6　サイズ公差（許容差）の累積と参考寸法の記入法

　すべての寸法に付いているサイズ許容区間（許容差）は，それが累積されるときに，それぞれの上の許容サイズ値，下の許容サイズ値で累積されるのではない．この場合，統計の加法則の式で計算する．この計算許容差値と全長で設計者が指定した許容差値とは一致しない．この矛盾を解消する手段として，最も重要でない寸法に（　）を付ける．これを参考寸法とよぶ．参考寸法は検証（寸法測定）の対象にならないと JIS で決められている．図 6.21 に例を示す．ここでは，24 が機能上最も重要でない寸法である．しかし実際は，この部品の機能がわかっている設計者にしか決められない．

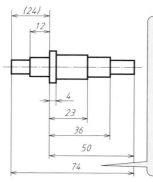

例：JIS B 0405 削り加工普通許容差の中級（表 6.6）を適用すると，長さ 24，50 の普通許容差値はそれぞれ ±0.2，±0.3 であり，許容差（サイズ公差）の累積は加法則の式を用いると ±0.36 となる．全長 74 の許容差は ±0.3 であり矛盾を生じる．24 に（　）を付け，参考寸法とする．

（通常，製品のばらつきは正規分布と考える．p.123 図 8.12 参照）
許容差が σ_1, σ_2, ..., σ_n のとき，許容差の累積 σ は $\pm\sigma = \sqrt{\sigma_1^2 + \sigma_2^2 + \cdots + \sigma_n^2}$ となる．
±0.2 と ±0.3 の許容差の累積は ±0.5 ではなく $\sqrt{0.2^2 + 0.3^2} = \pm0.36$ となる．

± 許容差でない場合は，R（範囲）を 2 乗して計算し，答えを ± に分ける．
たとえば，+0.3/0 と +0.2/−0.3 の許容差の累積は $\sqrt{0.3^2 + 0.5^2} = \sqrt{0.34} = 0.58 \to \pm0.29$ が答えとなる．

図6.21　許容差の累積と参考寸法の記入法

表6.13　経験による穴基準はめあいの穴と軸に対する許容差 (JIS B 0401－2‑2016)

穴に対する許容差 (μm)

図示サイズ(mm) 区分 を超え	以下	H6	H7	H8	H9	H10
—	3	+6 / 0	+10 / 0	+14 / 0	+25 / 0	+40 / 0
3	6	+8 / 0	+12 / 0	+18 / 0	+30 / 0	+48 / 0
6	10	+9 / 0	+15 / 0	+22 / 0	+36 / 0	+58 / 0
10	18	+11 / 0	+18 / 0	+27 / 0	+43 / 0	+70 / 0
18	30	+13 / 0	+21 / 0	+33 / 0	+52 / 0	+84 / 0
30	50	+16 / 0	+25 / 0	+39 / 0	+62 / 0	+100 / 0
50	80	+19 / 0	+30 / 0	+46 / 0	+74 / 0	+120 / 0
80	120	+22 / 0	+35 / 0	+54 / 0	+87 / 0	+140 / 0
120	180	+25 / 0	+40 / 0	+63 / 0	+100 / 0	+160 / 0
180	250	+29 / 0	+46 / 0	+72 / 0	+115 / 0	+185 / 0
250	315	+32 / 0	+52 / 0	+81 / 0	+130 / 0	+210 / 0
315	400	+36 / 0	+57 / 0	+89 / 0	+140 / 0	+230 / 0

軸に対する許容差 (μm)

図示サイズ 区分 を超え	以下	d8	d9	e7	e8	e9	f6	f7	f8	g5	g6	h6	h7	h8	h9	h10	js5	js6	js7	j5	j6	j7	k5	k6	m5	m6	n6	p6
—	3	−20 / −34	−20 / −45	−14 / −24	−14 / −28	−14 / −39	−6 / −12	−6 / −16	−6 / −20	−2 / −6	−2 / −8	0 / −6	0 / −10	0 / −14	0 / −25	0 / −40	±2	±3	±5	+2 / −2	+4 / −2	+6 / −4	+4 / 0	+6 / 0	+6 / +2	+8 / +2	+10 / +4	+12 / +6
3	6	−30 / −48	−30 / −60	−20 / −32	−20 / −38	−20 / −50	−10 / −18	−10 / −22	−10 / −28	−4 / −9	−4 / −12	0 / −8	0 / −12	0 / −18	0 / −30	0 / −48	±2.5	±4	±6	+3 / −2	+6 / −2	+8 / −4	+6 / +1	+9 / +1	+9 / +4	+12 / +4	+16 / +8	+20 / +12
6	10	−40 / −62	−40 / −76	−25 / −40	−25 / −47	−25 / −61	−13 / −22	−13 / −28	−13 / −35	−5 / −11	−5 / −14	0 / −9	0 / −15	0 / −22	0 / −36	0 / −58	±3	±4.5	±7.5	+4 / −2	+7 / −2	+10 / −5	+7 / +1	+10 / +1	+12 / +6	+15 / +6	+19 / +10	+24 / +15
10	18	−50 / −77	−50 / −93	−32 / −50	−32 / −59	−32 / −75	−16 / −27	−16 / −34	−16 / −43	−6 / −14	−6 / −17	0 / −11	0 / −18	0 / −27	0 / −43	0 / −70	±4	±5.5	±9	+5 / −3	+8 / −3	+12 / −6	+9 / +1	+12 / +1	+15 / +7	+18 / +7	+23 / +12	+29 / +18
18	30	−65 / −98	−65 / −117	−40 / −61	−40 / −73	−40 / −92	−20 / −33	−20 / −41	−20 / −53	−7 / −16	−7 / −20	0 / −13	0 / −21	0 / −33	0 / −52	0 / −84	±4.5	±6.5	±10.5	+5 / −4	+9 / −4	+13 / −8	+11 / +2	+15 / +2	+17 / +8	+21 / +8	+28 / +15	+35 / +22
30	50	−80 / −119	−80 / −142	−50 / −75	−50 / −89	−50 / −112	−25 / −41	−25 / −50	−25 / −64	−9 / −20	−9 / −25	0 / −16	0 / −25	0 / −39	0 / −62	0 / −100	±5.5	±8	±12.5	+6 / −5	+11 / −5	+15 / −10	+13 / +2	+18 / +2	+20 / +9	+25 / +9	+33 / +17	+42 / +26
50	80	−100 / −146	−100 / −174	−60 / −90	−60 / −106	−60 / −134	−30 / −49	−30 / −60	−30 / −76	−10 / −23	−10 / −29	0 / −19	0 / −30	0 / −46	0 / −74	0 / −120	±6.5	±9.5	±15	+6 / −7	+12 / −7	+18 / −12	+15 / +2	+21 / +2	+24 / +11	+30 / +11	+39 / +20	+51 / +32
80	120	−120 / −174	−120 / −207	−72 / −107	−72 / −126	−72 / −159	−36 / −58	−36 / −71	−36 / −90	−12 / −27	−12 / −34	0 / −22	0 / −35	0 / −54	0 / −87	0 / −140	±7.5	±11	±17.5	+6 / −9	+13 / −9	+20 / −15	+18 / +3	+25 / +3	+28 / +13	+35 / +13	+45 / +23	+59 / +37
120	180	−145 / −208	−145 / −245	−85 / −125	−85 / −148	−85 / −185	−43 / −68	−43 / −83	−43 / −106	−14 / −32	−14 / −39	0 / −25	0 / −40	0 / −63	0 / −100	0 / −160	±9	±12.5	±20	+7 / −11	+14 / −11	+22 / −18	+21 / +3	+28 / +3	+33 / +15	+40 / +15	+52 / +27	+68 / +43
180	250	−170 / −242	−170 / −285	−100 / −146	−100 / −172	−100 / −215	−50 / −79	−50 / −96	−50 / −122	−15 / −35	−15 / −44	0 / −29	0 / −46	0 / −72	0 / −115	0 / −185	±10	±14.5	±23	+7 / −13	+16 / −13	+25 / −21	+24 / +4	+33 / +4	+37 / +17	+46 / +17	+60 / +31	+79 / +50
250	315	−190 / −271	−190 / −320	−110 / −162	−110 / −191	−110 / −240	−56 / −88	−56 / −108	−56 / −137	−17 / −40	−17 / −49	0 / −32	0 / −52	0 / −81	0 / −130	0 / −210	±11.5	±16	±26	+7 / −16	+16 / −16	+26 / −26	+27 / +4	+36 / +4	+43 / +20	+52 / +20	+66 / +34	+88 / +56
315	400	−210 / −299	−210 / −350	−125 / −182	−125 / −214	−125 / −265	−62 / −98	−62 / −119	−62 / −151	−18 / −43	−18 / −54	0 / −36	0 / −57	0 / −89	0 / −140	0 / −230	±12.5	±18	±28.5	+7 / −18	+18 / −18	+29 / −28	+29 / +4	+40 / +4	+46 / +21	+57 / +21	+73 / +37	+98 / +62

備考　表中の上の数値は "上の許容差"，下の数値は "下の許容差" を示す.

● 6.11.7　経験によるはめあい（通称：「常用はめあい」）

　実用上よく用いられる組合せを「経験によるはめあい」といい，表6.14，6.15に示す．経済的な理由から，はめあいのための最初の選択肢は，できるかぎり太枠で囲まれた公差クラスの中から選ぶのがよい．実際には旧規格の「常用はめあい」で通用している．

表6.14　推奨する穴基準はめあい方式でのはめあい状態

穴基準	軸の公差クラス																
	すきまばめ							中間ばめ				しまりばめ					
H6						g5	h5	js5	k5	m5	n5	p5					
H7					f6	g6	h6	js6	k6	m6	n6	p6	r6	s6	t6	u6	x6
H8				e7	f7		h7	js7	k7	m7				s7		u7	
			d8	e8	f8		h8										
H9			d8	e8	f8		h8										
H10	b9	c9	d9	e9			h9										
H11	b11	c11	d10				h10										

表6.15　推奨する軸基準はめあい方式でのはめあい状態

軸基準	穴の公差クラス																
	すきまばめ							中間ばめ				しまりばめ					
h5						G6	H6	JS6	K6	M6	N6	P6					
h6					F7	G7	H7	JS7	K7	M7	N7	P7	R7	S7	T7	U7	X7
h7				E8	F8		H8										
h8			D9	E9	F9		H9										
h9				E8	F8		H8										
			D9	E9	F9		H9										
	B11	C10	D10				H10										

● 6.11.8　実際に使用されているはめあいの例

　一般産業機械（軽荷重，低中速回転）に使用されている「はめあい」の一例を，表6.16に示す．

表 6.16　はめあいの実際例（一般軽機械の場合に適用）

種類	図　例	はめあい	適　用
すきまばめ		d: H9/e9 　　H10/b9	ドアハンドル ドアヒンジ
		d: H9/e9	工業用カッタ（ただし，固定 および可動刃ともに適用）
		d: H9/f8（一般） 　　H8/f7（精密）	ガイド面一般 油膜のある回転しゅう動部
		d: H7/e7（一般） 　　H7/e6（高速）	鉄のロッドと青銅鋳物のブ シュ
		A: H7/f7	鉄のスライドガイドと青銅 鋳物のスライダ（油膜付）
		d: E9/g6	ボールベアリング内輪用の スペーサ
		D: H7(M7)/e9	ボールベアリング外輪用の スペーサ，ベアリングカバー
		d: H9/h9（一般） 　　H8/h8（精密）	レバーなどのスタッドピン， ルーズプーリ，中間スプロ ケットなどでセットボルト により，軸に固定されるも の
		d: H8/h8 　　H7/h7	プーリ，スプロケットホ イールのキー固定
		$d \leqq 30$:H8/h8 $d > 30$:H9/h9	割締め

表6.16　はめあいの実際例（つづき）

種類	図　例	はめあい	適　用
しまりばめ		d: H7/p7 （ただし，$d>50$はH7/p6）	焼入れ硬化ピンなどでかしめ不可能のもの，または非貫通穴へのピンの打込み
		D: H7/(p7) d: —/h7	圧入ブシュ （メーカのカタログを参照のこと）
		d: H7/p7 H9/h8（粗）	テーパピン・スプリングピンなどによる，固定軸取付部品
		d: H7/p7	歯車，プーリなどとハブとのはめあい
中間ばめ	端部の周囲を叩く かしめ前のはめあい　　かしめた状態	d: H9/d±0.025 H9/f8（粗） H9/h9（粗）	ボスを板にかしめ[1]る
		d: js6(k6) D: H7	玉軸受の内輪回転（高速，重荷重のときは，ベアリングカタログを参照のこと）
		d: h6(g6) D: M7	玉軸受の外輪回転（軽荷重）（高速，重荷重のときは，ベアリングカタログを参照のこと）
		d: H7/j7 H8/h7（粗）	ギヤースタッドおよび，位置精度の高い固定ピン

注（1）金属の端を金槌やプレスで叩き，端を広げてほかの金属板などに固く密着させる加工法.

6.12　組立部品の寸法の許容差の記入法（JIS Z 8318-2013）

はめあい記号の場合は，図6.22（a）〜（c）に示すように図示サイズを一つだけ書き，それに続けて穴側を軸側の前または上側に記入する．数値による公差の場合は，同図（d），（e）に示すように，その構成部品の名称または照合番号に続けて示す．いずれの場合も穴の寸法を軸の寸法の上側に書く．

6.13　角度の許容差の表し方（JIS Z 8318-2013，JIS B 0420-3-2020）

角度の許容限界を決めるときは，図6.23による．限界を書かないときは，表6.8の普通公差で定められる値になる．これは，角度にかかわるサイズの基本的なGPS指定である表6.17の注2にも書かれている．なお，表6.1（これは長さに関するもの）に示すような角度に関するサイズの指定については，指定条件表（JIS B 0420-3の表1参照）があり，角度に関しても，指定演算子を指定するときは，図6.12に示す指示欄を作るか，図6.24のように欄の上に記入すればよい．

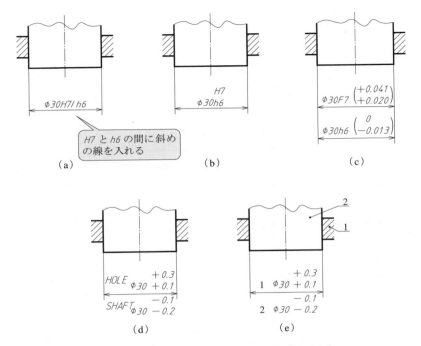

図 6.22 組立部品の場合の表し方 (JIS Z 8318 参照)

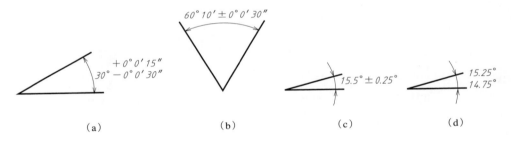

図 6.23 角度の許容差の表し方 (サイズ形体)

表 6.17 角度にかかわるサイズの基本的な GPS 指定 (JIS B 0420-3)

角度にかかわるサイズの基本的な GPS 指定	例
角度にかかわる図示サイズ±許容差[1]	$35°\ \pm1°$
	$35°\ \begin{array}{l}+1°\\-2°\end{array}$
角度にかかわる上および下の許容サイズの値	$36°$ $34°$
角度にかかわる許容限界サイズの値	$45°\ max$ $\qquad$ $32°\ min$
"( )"を用いた参考寸法でも，"□"の枠を用いた，理論的に正確な寸法 (TED) でもない，図示サイズによって決まる普通公差[2]	$45°$ の指示および表題欄の中または近くに "JIS B 0405-f" という指示

注 (1) 角度にかかわる図示サイズおよび許容差は，次の例のように数値と単位とで示す.
　　　 例 $35.125°$, $35°\ 7'\ 30''$, $+0.75°$, $+0°\ 45'$
　　(2) 普通公差の規定は，JIS B 0405-1991 を参照.

注1 この図面の角度にかかわるサイズの標準指定演算子は，最小二乗法の当てはめ基準で決まる2直線間角度サイズ
に変更される．
注2 特に指示がなければ，変更された標準指定演算子は，標準的な角度にかかわるサイズである．
注3 この図面の標準仕様は，角度にかかわるサイズだけに適用することを意味する．

図 6.24 図面に適用する角度にかかわるサイズの図示標準指定演算子の変更例

角度に関しても，図 6.5 の寸法と同じく図 6.25 のような表示法ができた．

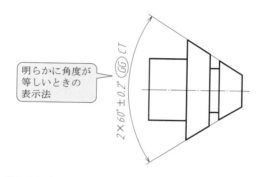

図 6.25 新しく規定された角度の入れ方（ⒼⒼ ⒸⓉ は付録 3 (p.219) 参照）

用語「サイズ許容区間（旧公差）」「許容差」「偏差」について

「サイズ許容区間」「許容差」は誤差ではない．個差である．個差とは，ある影響を避けるための限界値，誤差とは，真の値とあてはめサイズ（実測値）との差をいう．すなわち，サイズ許容区間・許容差は個差の範囲を示すもので，実際につくった品物を測定して出た誤差のことを偏差という．つまり，偏差がサイズ許容区間・許容差の範囲内に入っていれば，その品物は合格になる．

用語についての注意（p.72 参照）

用語「公差」「寸法」は，各章の部分を支配する「JIS規格」によって異なる使われ方をしている．現場では，各JIS規格に従って使用したり，用語を変更したりしている．本書は，現行の「JIS規格」（p.6 表2.1）に従って説明をしていることに留意してほしい．

第 7 章 幾何公差

　前章で,「寸法公差表示方式」は廃止され,「サイズ」や「サイズ公差」および「幾何公差」を用いて図面に寸法を記入することを説明した. また, はめあい関係にある穴と軸は, 穴は真円, 軸は真円な円筒として話を進めていた.

　しかし, 実際に加工された機械部品の形状には, 長さサイズ, 形状, 姿勢, 位置および振れなどに, 加工誤差が生じる. これらの誤差を総称して幾何偏差という (p.92 参照). そして, その幾何偏差の許容値が, 幾何公差 (geometrical tolerance) である.

　幾何公差を図面に指示することで,

①　図面の解釈を一義的にすることによる, あいまいさの排除

②　検証 (検査) する方法の指定

③　測定作業の不確かさを推定することによる, 測定結果をどう判定するかの規定

ができる. ①〜③は,「製品の幾何特性仕様 (GPS : geometrical product specifications)」と冠されている「JIS 規格」(p.6 表 2.1) の共通の目的である.

　なお, 旧規格 JIS B 0401-1-1998 では必要なところにだけ寸法公差や幾何公差で描けばよかったのが, 新規格 JIS B 0401-1-2016 ではすべてのサイズ公差と幾何公差を記入し, あいまい性をなくした図面を描かなければならなくなったのに注意してほしい.

　本章は, 主として「GPS ― 形状・姿勢・位置及び振れの公差表示方式 (JIS B 0021-1998)」の要点を説明する. なお, 用語「公差域」はこの JIS どおりに使用する (p.95 ②の注を参照).

　2020 年に発行された JIS B 0420-2「長さ又は角度に関わるサイズ以外の寸法」には, 長さまたは角度にかかわる (寸法公差表示方式の) ±公差を適用するときに生じるあいまいさを避けるために用いる, 幾何公差の適用例が示されている. それらを付表 7.1, 7.2 に示す. 欧米から指摘された「あいまいさ」が何をいっているのかを, まずはみてほしい. そして, 幾何公差を理解したあとに, もう一度付表を振り返ってもらいたい.

✚ 7.1　幾何公差の必要性と記入する場所

　はめあい関係にある穴と軸を図 7.1 に示す. 従来は, これで穴に軸が入り, 必要とするすきまが確保できるとしていた. しかし, 図 7.2 (a) に示すように軸が曲がっている場合, 曲がりの大きさの程度により軸が穴に入らないことが起こりうる. また, 図 7.2 (b) に示すような断面がおむすび形の等径ひずみ円 (芯なし研削加工で発生することがある) の場合, 軸寸法がサイズ公差内に収まっていても, 軸が穴に入らない場合が起こりうるし, たとえ入ったとしても, はめあい機能に支障をきたすおそれがある. このため, 軸の真直さ (真直度) や軸断面の真ん丸さ (真円度) などの幾何学的な特性を規制する必要がある.

　図 7.2 に示す軸の真直度や等径ひずみ円は, 従来のノギス, マイクロメータ, 限界ゲージなどの 2 点間計測では, 正確な寸法のチェックができない. そのため, 幾何特性の検査には三次元測定機が必要となる.

　真直度と真円度の幾何公差の図面指示の例を図 7.3 に示す. また, 真直度と真円度の公差の読み方の例を図 7.4 に示す.

　図7.4（b）において，軸の上の許容サイズは150である．軸が真円でない場合，150 Hの穴（下の許容サイズ150）に入らない場合が起こりうる．そのため，サイズ公差とは独立して，幾何学的に完全なものから外れることが許される幾何偏差の許容値（幾何公差）を指示する必要がある．

　サイズ公差は長さの規制，幾何公差は形状の規制である．双方の規制が満足されて部品が組み立てられ，それら部品が組み合わされて製品ができ，そして，機能を発揮する．求めた機能を発揮しない機械は不合格品である．

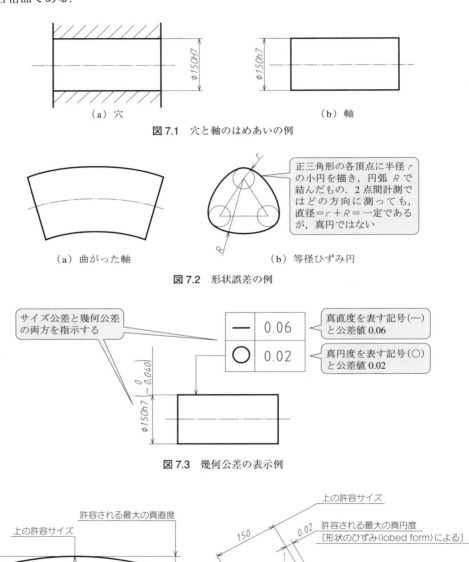

（a）穴　　　　　　　　　　　　　　　（b）軸

図7.1　穴と軸のはめあいの例

正三角形の各頂点に半径 *r* の小円を描き，円弧 *R* で結んだもの．2点間計測ではどの方向に測っても，直径＝*r*＋*R*＝一定であるが，真円ではない

（a）曲がった軸　　　　　　　　　　　（b）等径ひずみ円

図7.2　形状誤差の例

サイズ公差と幾何公差の両方を指示する

真直度を表す記号（—）と公差値 0.06

真円度を表す記号（○）と公差値 0.02

図7.3　幾何公差の表示例

上の許容サイズ

許容される最大の真直度

上の許容サイズ

許容される最大の真円度
［形状のひずみ（lobed form）による］

（a）真直度について　　　　　　　　　（b）真円度について

図7.4　真直度・真円度の公差（形状偏差）の読み方

7.2　幾何公差に関する主な用語と種類

7.2.1　幾何公差に関する主な用語

① **形体（feature）**　幾何公差の対象となる点，線，軸線，面および中心平面をいう．これは，表面，穴，溝，ねじ山，面取り部分または輪郭のような品物の形状を構成する部分であり，これらの形体は，現実に存在するもの（たとえば，円筒の外側表面），または派生したもの（たとえば，軸線や中心平面，図7.13（d），（e）を参照）がある．

② **公差域（geometrical tolerance zone）**　幾何偏差の指示対象となる形体が幾何学的に完全な形体から外れることが許される領域である．その領域には，公差（長さの単位はmm）が指示される．

　平面度が要求される定盤を例にし，形体の公差域と公差値について図7.5で説明する．

　注　幾何公差では，第6章のサイズを扱っていないので，表6.4「新旧用語対比表」を適用せず「公差域」を使用する．

図7.5　公差域と公差値

③ **データム（datum）**　形体の姿勢公差・位置公差および振れ公差などを規制するために設定した，理論的に正確な幾何学的基準をいう（図7.6）．たとえば，この基準が点，直線，軸直線，平面および中心平面の場合には，それぞれデータム点，データム直線，データム軸直線，データム平面およびデータム中心平面とよぶ．

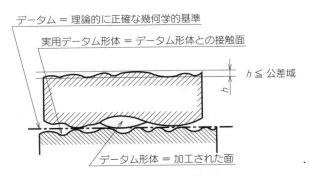

図7.6　データムおよび公差域の拡大図（平行度の場合）

④ **データム形体**　データムを設定するために用いる対象物の実際の形体（部品の表面，穴などをいう）のこと．ただし，データム形体には，加工誤差などがあるので，必要に応じてデータム形体にふさわしい形状公差を指示する．

⑤ **実用データム形体（simulated datum feature）**　データム形体に接して，データム設定を行う場合に用いる十分精密な形状をもつ実際の表面（たとえば，定盤，マンドレル，工作機械のテーブルなど）をいう．

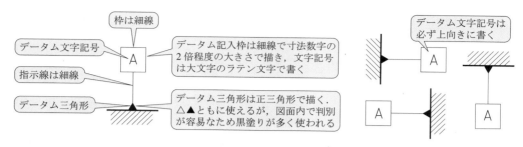

図 7.7　データム記号

　データムは，図 7.7 のように，ラテン文字の大文字を正方形で囲み，これとデータムであることを示すデータム三角記号と指示線で結んで示す．
⑥　単独形体（single feature）　　データムに関連なく幾何公差を決めることができる形体．たとえば，図 7.8（a）に示す平面をいう．

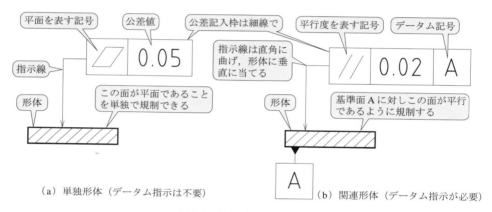

（a）単独形体（データム指示は不要）　　　　　（b）関連形体（データム指示が必要）

図 7.8　単独形体と関連形体

⑦　関連形体（related feature）　　データムに関連して幾何公差を決める形体．たとえば，図 7.8（b）に示すように，底面に対する平行度を必要とする表面のこと．
⑧　公差付き形体（tolerance feature）　　幾何公差を直接指示した形体のこと．
⑨　形状公差（form tolerance）　　幾何学的に正しい形状をもつべき形体の形状偏差に対する幾何公差のこと．
⑩　姿勢（位置）公差（orientation tolerance, location tolerance）　　データムに関連して，幾何学的に正しい姿勢（位置）関係をもつ形体の姿勢（位置）偏差に対する幾何公差のこと．
⑪　振れ公差（run out tolerance）　　データ軸直線を中心とする幾何学的に正しい回転面をもつべき形体の振れに対する幾何公差のこと．

● 7.2.2　幾何公差の種類とその幾何特性記号

　幾何公差は，表 7.1 のように，対象となる品物の形状公差，姿勢公差，位置公差および振れ公差の四つの公差に大別される．幾何特性の記号は 14 種類あるが，その特性はデータム指示を必要とするとき（関連形体の場合）と必要としないとき（単独形体の場合）に大別される．

表7.1 幾何特性の種類と幾何特性記号

公差の種類	特性	記号	データムの指示	参照	公差の種類	特性	記号	データムの指示	参照
形状公差	真直度	—	不要	表7.2の1	位置公差	位置度	⊕	必要・不要[1]	表7.2の10
	平面度	▱	不要	表7.2の2		同心度（中心点に対して）	◎	必要	表7.2の11
	真円度	○	不要	表7.2の3		同軸度（軸線に対して）	◎	必要	表7.2の12
	円筒度	⌀	不要	表7.2の4		対称度	═	必要	表7.2の13
	線の輪郭度	⌒	不要	表7.2の5		線の輪郭度	⌒	必要	
	面の輪郭度	⌓	不要	表7.2の6		面の輪郭度	⌓	必要	
姿勢公差	平行度	//	必要	表7.2の7	振れ公差	円周振れ	↗	必要	表7.2の14
	直角度	⊥	必要	表7.2の8		全振れ	⌂↗	必要	表7.2の15
	傾斜度	∠	必要	表7.2の9					
	線の輪郭度	⌒	必要						
	面の輪郭度	⌓	必要						

備考 データム指示欄における「必要」はデータムを用いて表す特性で，「不要」はデータムを用いないで表す特性である．
　　　（1）位置度のデータム不要の例は，表7.2 に掲載していない

用語のまとめ（p.92 参照）

幾何特性（geometric characteristics）：形状・姿勢・位置・振れを規制
幾何偏差（geometrial deviation）：対象物の形状偏差・位置偏差・振れの総称
幾何公差（geometrical tolerance）：幾何偏差の許容値

7.2.3　大切なデータム指示位置のまとめ

① データム指示の必要または不要については，次の判断による．
　（a）その形体自体で幾何公差を決めることができる形態（単独形体という）
　　　➡ データム指示が不要．
　（b）データムを基準にして，必要な形状の幾何公差を決める形態（関連形体という）
　　　➡ データムの指示が必要．
　つまり，データムとは，基準面，基準線と考えると理解しやすい．
② データムや幾何公差記入枠の引出線が寸法数値の矢印の延長と一致する場合と一致しない場合の定義は異なる．ただし，これは関連形体のみが対象となる．単独形体は除かれる．
　（a）一致するとき ➡ 寸法数値で指示された形状全体が対象となる．
　（b）一致しないとき ➡ 指示された部分のみが対象となる．
　事例として表7.2の「1. 真直度公差」の中段・下段（p.104）を参照のこと．

✚ 7.3　幾何公差の表し方

⬡ 7.3.1　幾何公差記入枠

　幾何公差の指示は，図7.9に示す公差記入枠（tolerance frame）を用い，幾何特性記号，公差値および必要ならデータムを指示する文字記号を記入する．記入枠の高さは，寸法数字の高さの2倍程度とし，枠の長さは，記入する文字の長さに応じて定める．本書は「手書き図面」を念頭に置く（p.1）ので，データム記入枠，幾何公差記入枠，TED枠（7.3.6項参照）を太線にすべきだが，CADでは細線でよいとしているので，本書でも細線に統一する（CAD機械製図 JIS B 3402-2000）．

図7.9　幾何公差記入枠

　幾何公差記入枠への記入例を，図7.10に示す（実用例は表7.2（p.104）参照）．

　公差域内にある加工面の品質を指示する必要がある場合，公差記入枠の近くにNCと注記する．NCは，Not Convex（中高を許さない）の略である．その例の説明を図7.11に示す．

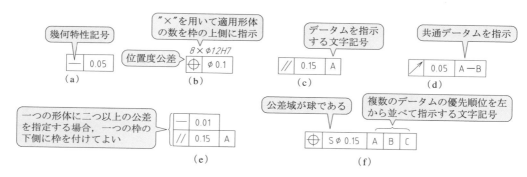

図7.10　幾何公差記入枠への記入例

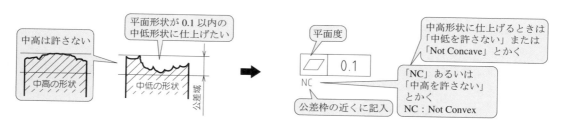

図7.11　注記付き公差の指示とその説明

⬡ 7.3.2　公差付き形体

　公差付き形体の表し方を図7.12に示す．また，いくつかの例を図7.13に示す．

　公差付き形体は，公差記入枠の右側または左側の中央から引き出した指示線によって，次の方法で公差付き形体に結び付けて示す．

①　図7.13（a），（b）に示すように，形体の外形線または外形線の延長線上にある寸法補助線上に公差値を指示する場合，寸法線の位置と指示線は明確に離す．

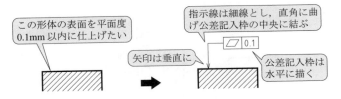

図 7.12　公差付き形体の表し方

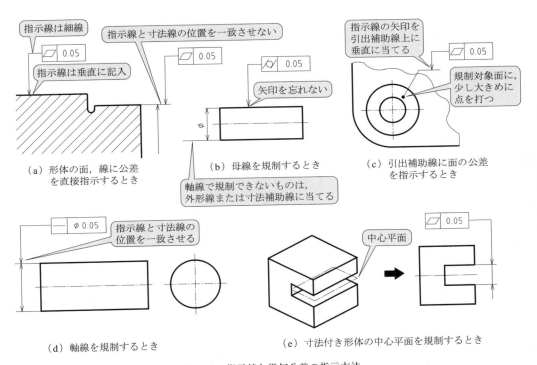

図 7.13　指示線と幾何公差の指示方法

② 同図（c）に示すように，幾何公差値を形体の特定部分だけに適用する場合，対象となる特定部分に黒丸を付けて引出線に水平に連なった引出補助線に，指示線の矢を直角に当てて指示する．指示する形状により特定部分に黒丸を付け，直接指示線の矢を直角に当てて指示する．

③ 同図（d），（e）に示すように，形体の軸線や中心平面を指示する場合，引き出された寸法線の延長線上に指示線の矢を当てて指示する．

④ 同図（b），（d）に示すように，公差記入枠からの指示線と形体からの寸法線を離すか，一致させるかで規制する内容が大きく異なることに注意が必要である（7.2.3 項②と同じ）．

7.3.3　データムの表し方

データムの表示も前項の矢印による指示線の結び方と同様，データム三角記号を寸法線から離す場合と寸法線の延長線上に指す場合で，規制部分に相違があることに注意が必要である．

① 図 7.14（a）に示すように，形体の外形線，またはその延長線の寸法補助線上にデータム三角記号を付ける．

② 同図（b）のように，外形線の延長線の寸法補助線の場合には，寸法線の位置からデータム三

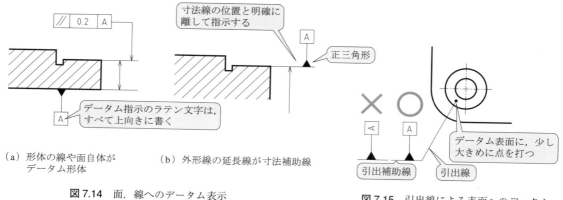

（a）形体の線や面自体が
　　データム形体

（b）外形線の延長線が寸法補助線

図 7.14　面，線へのデータム表示

**図 7.15　引出線による表面へのデータム
三角記号**

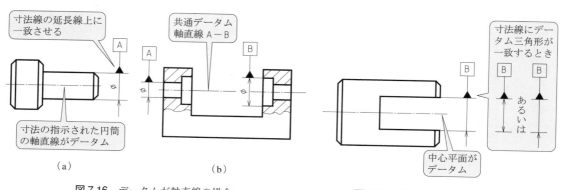

（a）

（b）

図 7.16　データムが軸直線の場合

図 7.17　データムが中心平面の場合

角記号を明確に離して指示する．

③　図 7.15 のように，データムを形体の特定部分だけに適用する場合，対象となる特定部分に黒
　丸を付けて斜めに引き出した引出線に水平に連なった引出補助線にデータム三角記号で指示す
　る．

④　図 7.16（a），（b）と図 7.17 には，データムが軸線または中心平面である場合のデータム三角
　記号の指示例を示す．

● 7.3.4　データム形体と公差域

　データム形体と公差域との関係を，図 7.18 〜 7.20 に示す（表 7.2 (p.104) 参照）．

　枠内の公差値に記号 φ が付記されている場合の公差域は，図 7.18（a）のように，円筒の内部にあ
る（円筒公差域）．一方，公差値に記号 φ が付記されていない場合の公差域は，同図（b）のように，
原則として指示線の矢の方向にある平行 2 平面内の領域にある．

　二つの公差を指示した場合には，図 7.19 のように，二つの平行 2 平面が直交して一つの直方体を
データム A に垂直に形成する．その直方体の内部が公差域である（直方体公差域という）．

　形体が曲線または曲面の場合の公差域の幅は，原則として図 7.20（a）のように規制対象面の法線
方向に存在する．公差域を特定の方向に指定するときには，同図（b）のようにその方向を指示する
必要がある（表 7.2 の 14 参照）．

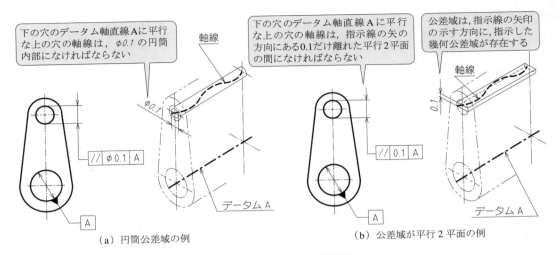

下の穴のデータム軸直線Aに平行
な上の穴の軸線は，φ0.1 の円筒
内部になければならない

軸線

下の穴のデータム軸直線Aに平行
な上の穴の軸線は，指示線の矢の
方向にある0.1だけ離れた平行2平面
の間になければならない

公差域は，指示線の矢印
の示す方向に，指示した
幾何公差域が存在する

軸線

$\phi0.1$

// $\phi 0.1$ A

データム A

A

0.1

// 0.1 A

A

データム A

データム A

（a）円筒公差域の例

（b）公差域が平行2平面の例

図 7.18　公差域とその指示例

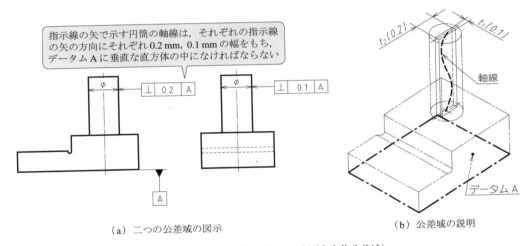

指示線の矢で示す円筒の軸線は，それぞれの指示線
の矢の方向にそれぞれ 0.2 mm, 0.1 mm の幅をもち，
データム A に垂直な直方体の中になければならない

ϕ

⊥ 0.2 A

ϕ

⊥ 0.1 A

A

$t_2(0.2)$

$t_1(0.1)$

軸線

データム A

（a）二つの公差域の図示

（b）公差域の説明

図 7.19　二つの公差を指示した例（直方体公差域）

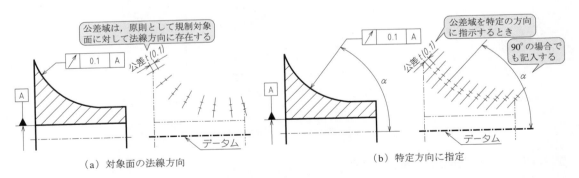

公差域は，原則として規制対象
面に対して法線方向に存在する

0.1 A

公差 $t(0.1)$

A

データム

公差域を特定の方向
に指示するとき

0.1 A

90°の場合で
も記入する

公差 $t(0.1)$

α

α

A

データム

（a）対象面の法線方向

（b）特定方向に指定

図 7.20　曲線．曲面の公差域の方向と幅

● 7.3.5　離れた形体への公差域指示（CZ：これは独立の原則から外れる（6.4節参照））

数個の離れた形体に同じ公差値を適用する場合は，図7.21（a）のように図示するが，同図（b）のように一つの公差域を適用する場合には，公差記入枠内の公差値のうしろに〔Zを付記する.

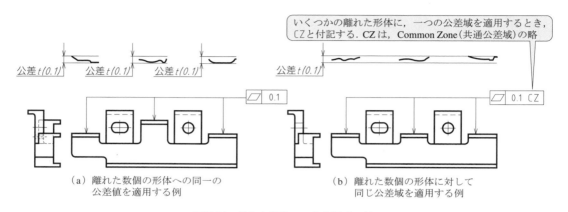

（a）離れた数個の形体への同一の
　　公差値を適用する例

（b）離れた数個の形体に対して
　　同じ公差域を適用する例

図7.21　離れた形体への公差指示の例

● 7.3.6　理論的に正確な寸法（TED）

位置度，輪郭度あるいは傾斜度などの公差を指定する際，その位置や角度を示す寸法に許容差を設定すると，公差域の解釈が複雑になる（寸法の±値と公差域の±値の解釈に矛盾が生じる）. そこで，これらの寸法には寸法許容差を認めないのが普通である. この寸法許容差を認めない寸法を理論的に正確な寸法（theoretically exact dimension：TED）とよんでいる. この寸法数値を長方形の細線枠で囲んで図7.22のように図示する（表7.2の10参照）.

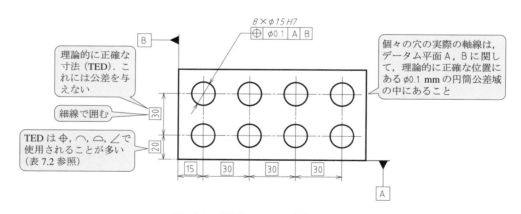

図7.22　理論的に正確な寸法の図示例

● 7.3.7　その他の限定した指示の図例

公差値が形体全体を対象とするものと，ある長さ当たりを対象とするものを同時に表したい場合，図7.23のように指示する.

公差を形体の限定した範囲だけに適用する場合の図例を図7.24に示す. 限定部分を太い一点鎖線で示し，それに範囲の寸法を指示する. また，データムを限定した領域だけに適用する場合の図例を図7.25に示す. データムの限定領域も太い一点鎖線によって示す.

図7.23 部分的に異なった公差値を指示する例

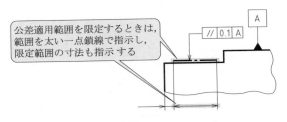

図7.24 公差を特定の範囲だけに限定適用する場合

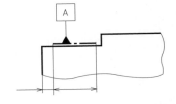

図7.25 データムを限定範囲に指示する例

輪郭度特性を断面外形のすべてに適用する場合，または境界の表面すべてに適用する場合には，全周記号を用いて表す（図7.26）．全周記号は6面全部に適用されるのではなく，指示した面の1周4面だけに適用されることに注意する．

ねじ山に対して指示する幾何公差およびデータム参照（datum deferences）は，たとえば，ねじの外形を表すMD（図7.27および図7.28）のような特別の指示がない限り，ピッチ円筒から導き出される軸線に適用する．歯車（図10.40参照）およびスプライン（参考文献［3］のp.27参照）に対して指示する幾何公差およびデータム参照は，たとえば，ピッチ円直径を表すPD，外形を表すMD，または谷底径を表すLDのような特別の指示がされた，特定の形体に適用する．

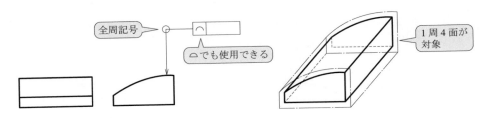

図7.26 全周記号

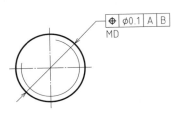

図7.27 公差記入枠の場合

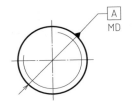

図7.28 データムの場合

7.4　幾何公差の図示例とその解釈

JIS B 0021 に幾何特性ごとの詳細な定義と図示例が記載されている．抜粋して表 7.2 に示す．

表 7.2　幾何公差の公差域の定義および図示例とその解釈（JIS B 0021）

図中の線　太い実線・破線：形体，細い実線・破線：公差域，太い一点鎖線：データム，細い一点鎖線：中心線

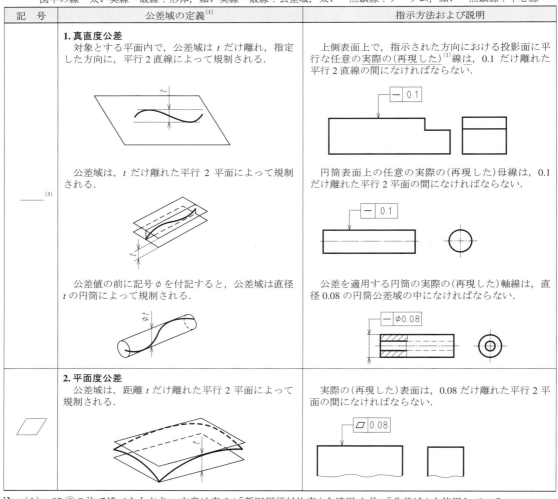

記　号	公差域の定義[1]	指示方法および説明
――――[3]	**1. 真直度公差** 　対象とする平面内で，公差域は t だけ離れ，指定した方向に，平行 2 直線によって規制される． 　公差域は，t だけ離れた平行 2 平面によって規制される． 　公差値の前に記号 ϕ を付記すると，公差域は直径 t の円筒によって規制される．	上側表面上で，指示された方向における投影面に平行な任意の実際の（再現した）[1]線は，0.1 だけ離れた平行 2 直線の間になければならない． 　円筒表面上の任意の実際の（再現した）母線は，0.1 だけ離れた平行 2 平面の間になければならない． 　公差を適用する円筒の実際の（再現した）軸線は，直径 0.08 の円筒公差域の中になければならない．
▱	**2. 平面度公差** 　公差域は，距離 t だけ離れた平行 2 平面によって規制される．	実際の（再現した）表面は，0.08 だけ離れた平行 2 平面の間になければならない．

注　（1）p.95 ②の注で述べたとおり，本章は表 6.4「新旧用語対比表」を適用せず，「公差域」を使用している．
　　（2）説明欄によく出てくる「実際の（再現した）～は」は「指示された～は」と読みかえるとわかりやすい．
　　（3）データム枠，公差記入枠，幾何特性記号は，すべて細線で描く．

表7.2 幾何公差の公差域の定義および図示例とその解釈 (つづき)

記 号	公差域の定義	指示方法および説明
○	**3. 真円度公差** 　対象とする横断面において，公差域は同軸の二つの円によって規制される.	円筒および円すい表面の任意の横断面において，実際の(再現した)半径方向の線は半径距離で 0.03 だけ離れた共通平面上の同軸の二つの円の間になければならない. 　○ 0.03 　円すい表面の任意の横断面内において，実際の(再現した)半径方向の線は半径距離で 0.1 だけ離れた共通平面上の同軸の二つ円の間になければならない. 　○ 0.1
⌀	**4. 円筒度公差** 　公差域は，距離 t だけ離れた同軸の二つの円筒によって規制される.	実際の(再現した)円筒表面は，半径距離で 0.1 だけ離れた同軸の二つの円筒の間になければならない. 　⌀ 0.1
⌒	**5. 線の輪郭度公差** 　公差域は，直径 t の各円の二つの包絡線によって規制され，それらの円の中心は理論的に正確な幾何学形状をもつ線上に位置する. 　ϕt 　公差域は，直径 t の各円の二つの包絡線によって規制され，それらの円の中心はデータム平面 A およびデータム平面 B に関して理論的に正確な幾何学形状をもつ線上に位置する. 　データム A　ϕt 　データム B 　データム A に平行な平面	指示された方向における投影面に平行な各断面において，実際の(再現した)輪郭線は直径 0.04 の，そしてそれらの円の中心は理想的な幾何学形状をもつ線上に位置する円の二つの包絡線の間になければならない. 　2×R　⌒ 0.04 　指示された方向における投影面に平行な各断面において，実際の(再現した)輪郭線は直径 0.2 の，そしてそれらの円の中心はデータム平面 A およびデータム平面 B に関して理想的な幾何学輪郭をもつ線上に位置する円の二つの包絡線の間になければならない. 　⌒ 0.2 A B 　A　R　B

表 7.2 幾何公差の公差域の定義および図示例とその解釈 (つづき)

記 号	公差域の定義	指示方法および説明
	6. 面の輪郭度公差 　公差域は，直径 t の各球の二つの包絡線によって規制され，それらの球の中心は理論的に正確な幾何学形状をもつ線上に位置する. 　公差域は，直径 t の各球の二つの包絡面によって規制され，それらの球の中心はデータム平面 A に関して理論的に正確な幾何学形状をもつ表面上に位置する. 	実際の(再現した)表面は，直径 0.02 の，それらの球の中心が理論的に正確な幾何学形状をもつ表面上に位置する各球の二つの包絡面の間になければならない. 　実際の(再現した)表面は，直径 0.1 の，それらの球の二つの包絡面の間にあり，その球の中心はデータム平面 A に関して理論的な幾何学形状をもつ表面上に位置する.
	7. 平行度公差 　公差域は，距離 t だけ離れ，データム軸直線に平行な平行 2 平面によって規制される. 　公差域は，距離 t だけ離れた平行 2 平面によって規制される. それらの平面は，データムに平行で指示された方向にある. 	実際の(再現した)表面は，0.1 だけ離れ，データム軸直線Cに平行な平行 2 平面の間になければならない. 　実際の(再現した)軸線は，0.1 だけ離れ，データム軸直線 A に平行で，指示された方向にある平行 2 平面の間になければならない. 　実際の(再現した)軸線は，0.1 だけ離れ，データム軸直線 A (データム軸線)に平行で，指示された方向にある平行 2 平面の間になければならない.

表7.2 幾何公差の公差域の定義および図示例とその解釈（つづき）

記　号	公差域の定義	指示方法および説明
//	**7. 平行度公差（つづき）** 　公差域は，距離 *t* だけ離れ，データム平面 A に平行で，データム平面 B に直角な平行 2 直線によって制限される． 	実際の（再現した）表面は，0.02 だけ離れ，データム平面 A に平行で，データム平面 B に直角な平行 2 直線になければならない．
⊥	**8. 直角度公差** 　公差域は，距離 *t* だけ離れ，平行 2 平面によって規制される．この平面は，データムに直角である． 　公差域は，距離 *t* だけ離れ，データムに直角な平行 2 平面によって規制される． 　公差域に φ が付けられた場合，公差域はデータムに直角な直径 *t* の円筒によって規制される． 	円筒の実際の（再現した）軸線は，0.1 だけ離れ，データム平面 A に直角な平行 2 平面の間になければならない． 　実際の（再現した）軸線は，0.06 だけ離れ，データム軸直線 A に直角な平行 2 平面の間になければならない． 　実際の（再現した）軸線は，データム平面 A に直角な直径 0.1 の円筒公差域の中になければならない．

表 7.2　幾何公差の公差域の定義および図示例とその解釈（つづき）

記　号	公差域の定義	指示方法および説明
    ∠	**9. 傾斜度公差** 　公差域は，距離 t だけ離れ，データムに対して指定した角度で傾斜した平行 2 平面によって規制される． 　公差域は，距離 t だけ離れ，データムに対して指定した角度で傾いた平行 2 平面によって規制される． データム A	実際の（再現した）表面は，0.1 だけ離れ，データム軸直線 A に対して理論的に正確に 75° 傾いた平行 2 平面の間になければならない． 　実際の（再現した）表面は，0.08 だけ離れ，データム平面 A に対して理論的に正確に 40° 傾斜した平行 2 平面の間になければならない．
   ⊕	**10. 位置度公差** 　公差域に φ が付けられた場合，公差域は直径 t の円筒の中の領域である．その軸線はデータム C，A および B に関して理論的に正確な寸法によって位置付けられる． ｜データム C　データム A　データム B	実際の（再現した）軸線は，その穴の軸線がデータム平面 C，A および B に関して理論的に正確な位置にある直径 0.08 の円筒公差域の中になければならない． 　個々の穴の実際の（再現した）軸線は，データム平面 C，A および B に関して理論的に正確な位置にある 0.1 の円筒公差域の中になければならない．

表7.2 幾何公差の公差域の定義および図示例とその解釈（つづき）

記 号	公差域の定義	指示方法および説明

10. 位置度公差（つづき）

公差域は，それぞれ距離 t_1 および t_2 だけ離れ，その軸線に関して対称な2対の平行2平面によって規制される．その軸線は，それぞれデータムA，BおよびCに関して理論的に正確な寸法によって位置付けられる．公差は，データムに関して互いに直角な2方向で指示される．

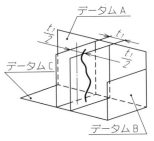

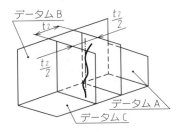

公差値に記号 Sϕ が付いた場合には，その公差域は直径 t の球によって規制される．球形公差域の中心は，データムA，BおよびCに関して理論的に正確な寸法によって位置付けられる．

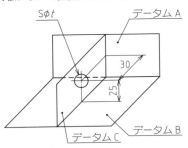

公差域は，距離 t だけ離れ，中心線に対称な平行2直線によって規制される．その中心線は，データムAに関して理論的に正確な寸法によって位置付けられる．公差は，一方向にだけ指示する．

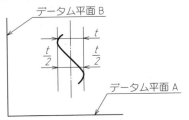

個々の穴の実際の（再現した）軸線は，水平方向に0.05，垂直方向に 0.2 だけ離れ，すなわち，指示した方向で，それぞれ直角な個々の2対の平行2平面の間になければならない．平行2平面の各対は，データム系に関して正しい位置に置かれ，データム平面C，AおよびBに関して対象とする穴の理論的に正確な位置に対して対称に置かれる．

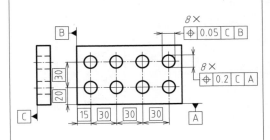

球の実際の（再現した）中心は，直径 0.3 の球形公差域の中になければならない．その球の中心は，データム平面A，BおよびCに関して理論的に正確な位置に一致しなければならない．

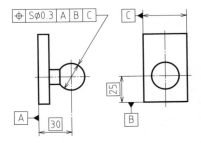

それぞれの実際の（再現した）けがき線は，0.1 だけ離れ，データム平面A および B に関して対象とした線の理論的に正確な位置について対称に置かれた平行2直線の間になければならない．

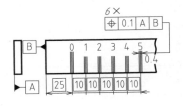

表 7.2　幾何公差の公差域の定義および図示例とその解釈（つづき）

記　号	公差域の定義	指示方法および説明
	10. 位置度公差（つづき） 公差域は，*t* だけ離れ，データム A およびデータム B に関して理論的に正確な寸法によって位置付けられた位置に対称に置かれた平行 2 平面によって規制される． 	実際の（再現した）表面は，0.05 だけ離れ，データム軸直線 B およびデータム平面 A に関して表面の理論的に正確な位置に対して対称に置かれた平行 2 平面の間になければならない． 実際の（再現した）中心平面は，0.05 だけ離れ，データム軸直線 A に対して中心平面の理論的に正確な位置に対して対称に置かれた平行 2 平面の間になければならない．
	11. 点の同心度公差 公差値に記号 φ が付けられた場合には，公差域は，直径 *t* の円によって規制される．円形公差域の中心は，データム点 A に一致する． 	内側の円の実際の（再現した）中心は，データム円 A に同心の直径 0.1 の円の中になければならない．
	12. 軸線の同軸度公差 公差値に記号 φ が付けられた場合には，公差域は，直径 *t* の円筒によって規制される．円筒公差域の軸線は，データムに一致する． 	内側の円筒の実際の（再現した）軸線は，共通データム直線 A–B に同軸の直径 0.08 の円筒公差域の中になければならない．

表7.2 幾何公差の公差域の定義および図示例とその解釈（つづき）

記　号	公差域の定義	指示方法および説明
=	**13. 対称度公差** 　公差域は，t だけ離れ，データムに関して中心平面に対称な平行 2 平面によって規制される．	実際の（再現した）中心平面は，データム中心平面 A に対称な 0.08 だけ離れた平行 2 平面の間になければならない． 　実際の（再現した）中心平面は，共通データム中心平面 A–B に対称で，0.08 だけ離れた平行 2 平面の間になければならない．
↗	**14. 円周振れ公差** **（軸方向）** 　公差域は，その軸線がデータムに一致する円筒断面内にある t だけ離れた二つの円によって任意の半径方向の位置で規制される． **（半径方向）** 　公差域は，半径が t だけ離れ，データム軸直線に一致する同軸の二つの円の軸線に直角な任意の横断面内に規制される． 　通常，振れは軸のまわりに完全回転に適用されるが，1 回転の一部分に適用するために規制することができる．	データム軸直線 D に一致する円筒軸において，軸方向の実際の（再現した）線は 0.1 離れた，二つの円の間になければならない． 　回転方向の実際の（再現した）円周振れは，データム軸直線 A のまわりを，そしてデータム平面 B に同時に接触させて回転する間に，任意の横断面において 0.1 以下でなければならない． 　実際の（再現した）円周振れは，共通データム軸直線 A–B のまわりに 1 回転させる間に，任意の横断面において 0.1 以下でなければならない．

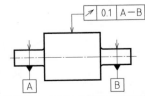

表7.2 幾何公差の公差域の定義および図示例とその解釈（つづき）

記　号	公差域の定義	指示方法および説明
  ↗	**14. 円周振れ公差** （つづき） **（任意の方向）** 　公差域は，*t* だけ離れ，その軸線がデータムに一致する任意の円すいの断面の二つの円の中に規制される．特に指示した場合を除いて，測定方向は表面の形状に垂直である． 公差域 **（指定した方向）** 　公差域は，*t* だけ離れ，その軸線がデータムに一致する二つの円によって，指定した角度の任意の測定円すい内で規制される． 公差域 	回転方向の実際の（再現した）円周振れは，データム軸直線 A のまわりに回転させる間公差を指示した部分を測定するときに，任意の横断面において 0.2 以下でなければならない． 　実際の（再現した）振れは，データム軸直線 C のまわりに 1 回転する間に，任意の円すいの断面内で 0.1 以下でなければならない． 　曲面の実際の（再現した）振れは，データム軸直線 C のまわりに 1 回転する間に，円すいの任意の断面内で 0.1 以下でなければならない． 　指定した方向における実際の（再現した）円周振れは，データム軸直線 C のまわりに 1 回転する間に，円すいの任意の断面内で 0.1 以下でなければならない．
  ⌀	**15. 全振れ公差** 　公差域は，*t* だけ離れ，その軸線はデータムに一致した二つの同軸円筒によって規制される． 	実際の（再現した）表面は，0.1 の半径の差で，その軸線が共通データム軸直線 A−B に一致する同軸の二つの円筒の間になければならない．

✚ 7.5　幾何公差を利用するときに知っておくこと

⬡ 7.5.1　最大実体公差方式と最小実体公差方式（独立の原則から外れる．6.4 節参照）

これらは，はめあいにおいて，サイズ公差と幾何公差との間に特別な関係を要求し，幾何公差の公差分を加味することで現場での効率を上げようとするものである．表 7.3, 7.4 で説明する．

表 7.3　最大実体公差方式と最小実体公差方式

名称	最大実体公差方式	最小実体公差方式
英語（略号）	Maximum Material Reqirement；MMR	Least Material Reqwirement；LMR
記号（呼び方）と例	Ⓜ（マル M）　　例 ⊕ 0.3 Ⓜ	Ⓛ（マル L）　　例 ⊕ 0.3 Ⓛ
適用可能な幾何公差[(1)]	─ // ⊥ ∠ ◎ ≡ ⊕	⊕ ◎

注　（1）中心線が中心平面をもつサイズ形体にのみ適用できる．

表 7.4　MMR と LMR の実例[(1)]　　　　　　　　　　　　　　　　（mm）

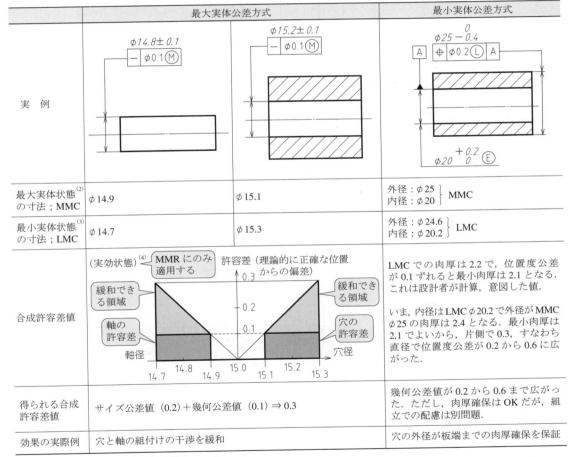

	最大実体公差方式		最小実体公差方式
実　例	$\phi14.8\pm0.1$　─ $\phi0.1$ Ⓜ	$\phi15.2\pm0.1$　─ $\phi0.1$ Ⓜ	$\phi25\,{}^{\,0}_{-0.4}$　A ⊕ $\phi0.2$ Ⓛ A　　$\phi20\,{}^{+0.2}_{\,0}$ Ⓔ
最大実体状態[(2)]の寸法；MMC	$\phi14.9$	$\phi15.1$	外径：$\phi25$｝MMC 内径：$\phi20$
最小実体状態[(3)]の寸法；LMC	$\phi14.7$	$\phi15.3$	外径：$\phi24.6$｝LMC 内径：$\phi20.2$
合成許容差値	（実効状態）[(4)]　MMR にのみ適用する　許容差（理論的に正確な位置からの偏差） 緩和できる領域　緩和できる領域　軸の許容差　穴の許容差　軸径　穴径 14.7　14.8　14.9　15.0　15.1　15.2　15.3　0.1　0.2　0.3		LMC での肉厚は 2.2 で，位置度公差が 0.1 ずれると最小肉厚は 2.1 となる．これは設計者が計算，意図した値． いま，内径は LMC $\phi20.2$ で外径が MMC $\phi25$ の肉厚は 2.4 となる．最小肉厚は 2.1 でよいから，片側で 0.3，すなわち直径で位置度公差が 0.2 から 0.6 に広がった．
得られる合成許容差値	サイズ公差値（0.2）＋幾何公差値（0.1）⇒ 0.3		幾何公差値が 0.2 から 0.6 まで広がった．ただし，肉厚確保は OK だが，組立での配慮は別問題．
効果の実際例	穴と軸の組付けの干渉を緩和		穴の外径が板端までの肉厚確保を保証

注　（1）JIS B 0023 に色々な例が載っている．
　　（2）最大実体状態（maximum material condition：MMC）：形体のどこにおいても，その形体の実体が最大となるような許容限界寸法．たとえば，最小の穴径，最大の軸径をもつ形体の状態．
　　（3）最小実体状態（least material condition：LMC）：形体のどこにおいても，その形体の実体が最小になるような許容限界寸法．たとえば，最大の穴径，最小の軸径をもつ形体の状態．
　　（4）実効状態（virtual condition：VC）：図面指示によってその形体に許容される完全状態の限界であり，この状態は，最大実体寸法と幾何公差の総合効果によって生じる．この状態の寸法を実効寸法という．

● 7.5.2 データの優先順位について（表7.2の「指示方法および説明」欄に関係するので注意）

（1）立体形の6自由度とは

幾何公差に最大3個のデータを付加するのは，測定や組付けの際に，形体を拘束するためである．立体形は，図7.29のようにXYZに対して「回転」「移動」の自由があり，合計6自由度をもつという．すべての場合に6自由度を完全拘束する必要はなく，目的に応じて，最適の拘束をかける．

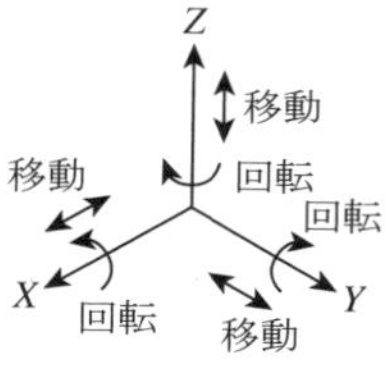

（2）データの優先順位の意味

データが意味する拘束範囲を表7.5に示す．

図7.29 6自由度

表7.5 データの拘束範囲

幾何公差例	図示例	立体図	拘束範囲
A	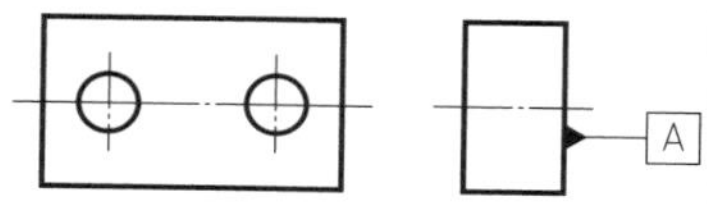	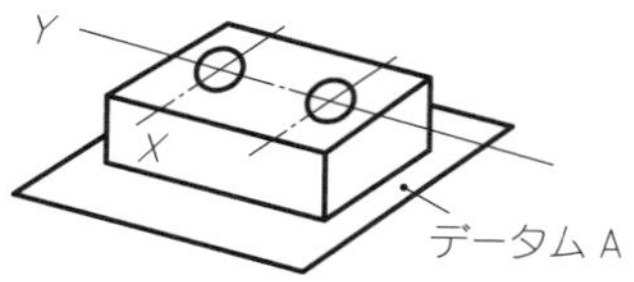	XY軸の回転を拘束（移動は自由）．Z軸の移動を拘束（回転は自由）．
A B	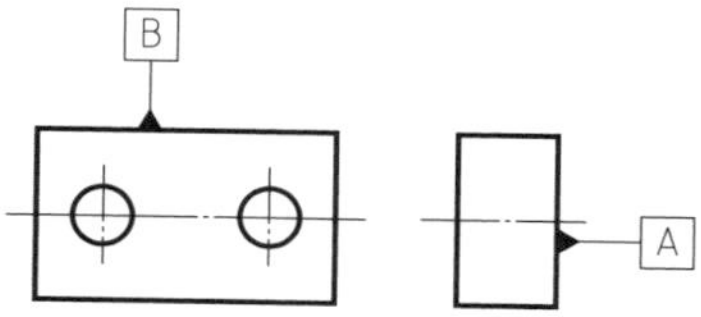	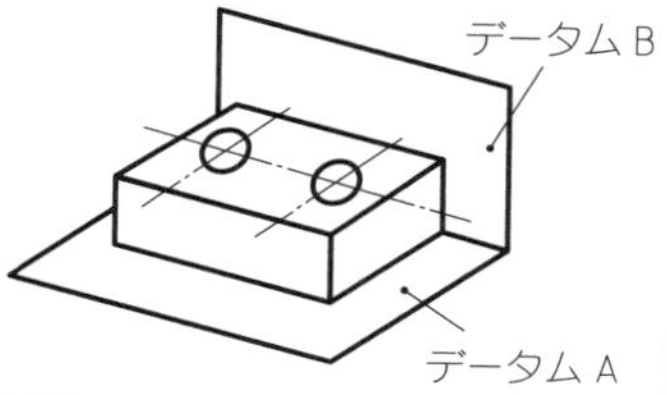	XYZ軸の回転＋XZの移動を拘束．Y軸の移動のみ自由．
A B C	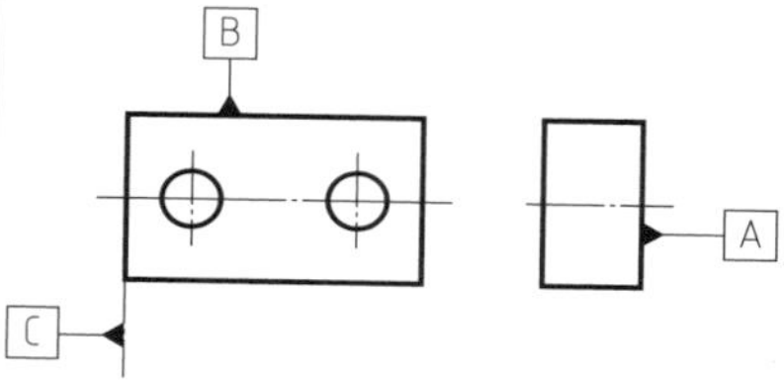	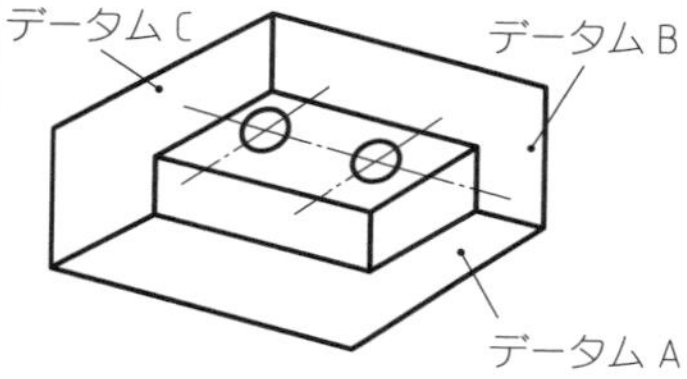	XYZ軸の回転＋移動を拘束（完全拘束）．
A D	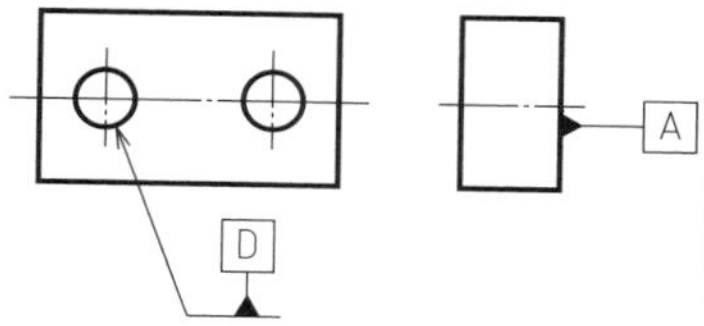	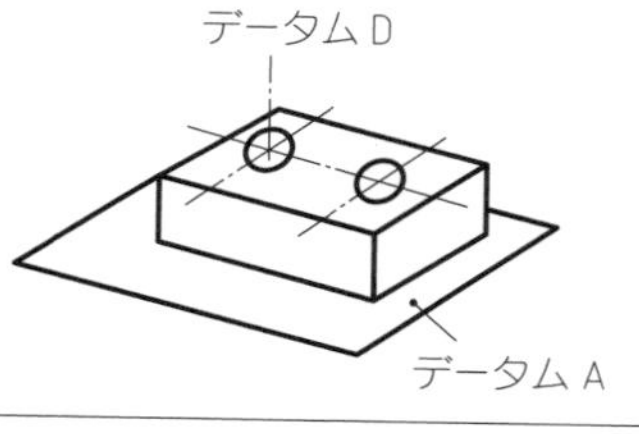	XYZ軸の移動を拘束．データDをZ軸とする回転のみ自由（XY軸の回転は拘束）．
A D E	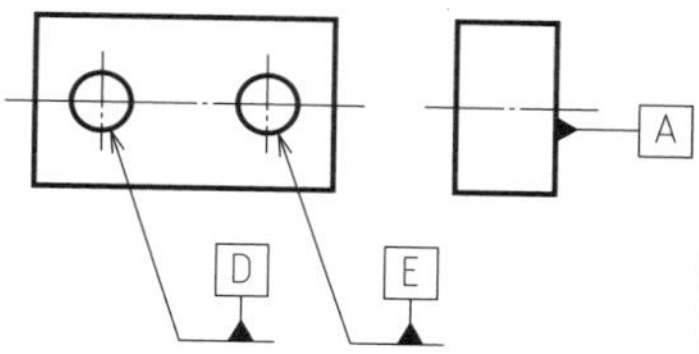	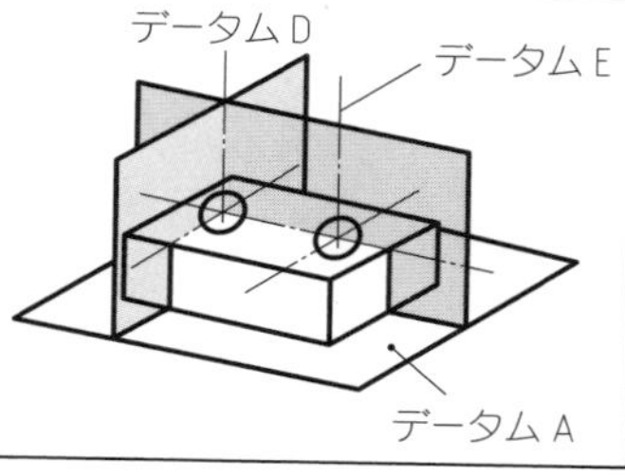	XYZ軸の移動を拘束．データDをZ軸とする回転もデータEで止めて完全拘束．

7.6　普通幾何公差

幾何公差にも，削り加工の普通公差と同様に普通幾何公差が規定されている．

表7.1で説明した幾何公差のうち，真直度および平面度を表7.6に，直角度を表7.7に，対称度を表7.8に，円周振れを表7.9に，おのおのの普通幾何公差を示す．これ以外の普通幾何公差については，真円度の普通幾何公差は直径のサイズ公差の値に等しくとり，平行度の普通幾何公差は平面度公差・直角度公差のいずれか大きいほうの値に等しくとる（JIS B 0419 の附属書を参考にするとよい）．

表7.6　真直度および平面度の普通幾何公差

基本サイズ公差等級	呼び長さの区分（mm）					
	10 以下	10 を超え 30 以下	30 を超え 100 以下	100 を超え 300 以下	300 を超え 1000 以下	1000 を超え 3000 以下
	真直度公差および平面度公差					
H（精級）	0.02	0.05	0.1	0.2	0.3	0.4
K（中級）	0.05	0.1	0.2	0.4	0.6	0.8
L（粗級）	0.1	0.2	0.4	0.8	1.2	1.6

表7.7　直角度の普通幾何公差

基本サイズ公差等級	短いほうの辺の呼び長さの区分（mm）			
	100 以下	100 を超え 300 以下	300 を超え 1000 以下	1000 を超え 3000 以下
	直角度公差			
H	0.2	0.3	0.4	0.5
K	0.4	0.6	0.8	1
L	0.6	1	1.5	2

表7.8　対称度の普通幾何公差

基本サイズ公差等級	呼び長さの区分（mm）			
	100 以下	100 を超え 300 以下	300 を超え 1000 以下	1000 を超え 3000 以下
	対称度公差			
H	0.5			
K	0.6		0.8	1
L	0.6	1	1.5	2

表7.9　円周振れの普通幾何公差

基本サイズ公差等級	円周振れ公差（mm）
H	0.1
K	0.2
L	0.5

7.6.1　普通幾何公差（JIS B 0419）の図面上の指示

この普通幾何公差を，表6.6（p.79）でみた普通公差（JIS B 0405）とともに適用する場合，次の事項を表題欄の近くに，下記の例のように普通幾何公差の等級を一括して指示する方法がとられている（GPS 指定演算子指示欄（図6.12 参照））．その理由は，普通幾何公差の範囲はごく普通の加工で得られる精度であるから，また，普通幾何公差をすべて記入すると図面が煩雑になるからである．

① JIS B 0405 による長さおよび角度の普通公差とともに適用する場合．

例：JIS B 0419−mK

（m：JIS B 0405 による基本サイズ公差等級−中級，K：JIS B 0419 による基本サイズ公差等級−中級）

② 長さおよび角度の普通公差が印刷されている場合．

例：JIS B 0419−K

図7.30 は，普通幾何公差値 K（中級）を GPS 指定演算子指示欄に文章で記入した場合と，直接図面内に直接普通幾何公差値（二点鎖線で示している）を記入した場合の煩雑具合の比較例である．

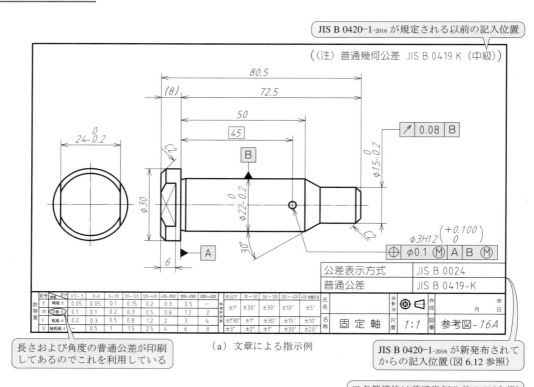

（a）文章による指示例

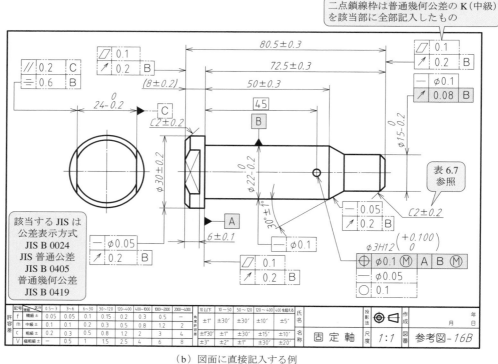

（b）図面に直接記入する例

図 7.30　普通幾何公差の指示例

付　表

　JIS B 0420−1 が発行された 2016 年以前の幾何公差方式に従い，長さまたは角度にかかわる ± 公差
だけを適用すると，図面にあいまいさが生じる．このあいまいさを避けるために，併用する幾何公差
の適用例を示す（「JIS B 0420−2−2020「長さ又は角度に関わるサイズ以外の寸法」より）．なお, 本章リー
ド文（p.93）も読み返してほしい.

付表 7.1　あいまいさを除いた図示例（JIS B 0420−2）

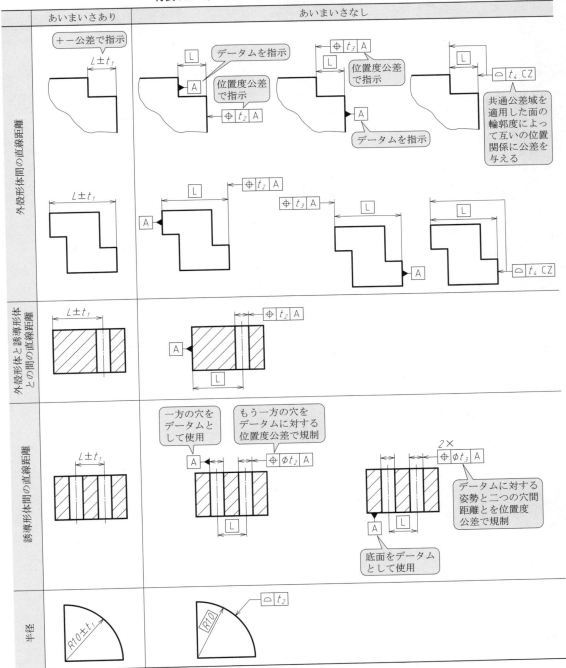

付表7.1 あいまいさを除いた図示例（JIS B 0420-2）（つづき）

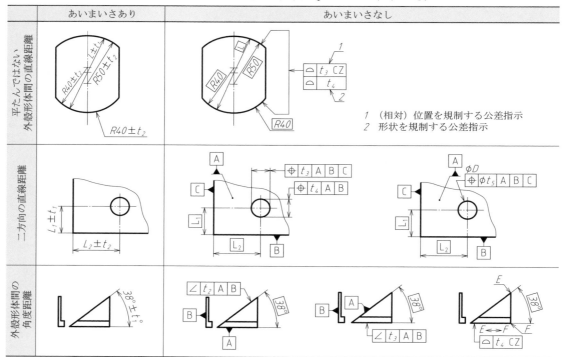

あいまいさあり	あいまいさなし

1 （相対）位置を規制する公差指示
2 形状を規制する公差指示

付表7.2 一つの角度にかかわるサイズ形体による2平面と，二つの単独形体による2平面との違い（JIS B 0420）

図示	角度サイズ形体か，否か
（38°±1°の三角形の図）	角度サイズ形体である． 2平面は，対になってサイズ形体を構成し，その角度は変数と考える．
（∠ t A B，B，A を付した38°の三角形の図）	角度サイズ形体ではない． 2平面は，独立して考慮する．一つの平面は，他方をもとにして姿勢づけられる．理論的に正確な角度で，公差域を規定する．
（B，A，∠ t A B を付した38°の三角形の図）	角度サイズ形体ではない． 2平面は，独立して考慮する．一つの平面は，他方をもとにして姿勢づけられる．理論的に正確な角度で，公差域を規定する．
（▱ t CZ を付した38°の三角形の図）	角度サイズ形体ではない． 2平面は，同時に考慮する．理論的に正確な角度で，共通公差域（CZ）を規定する．

第 8 章　表面性状の表し方

　機械部品の表面は，その加工方法や仕上げ加工の程度により表面の凹凸やうねり，加工模様などが変わる．除去加工の有無，表面粗さ，表面うねり，刃物や砥粒によって付けられる筋目の方向など，表面の幾何学的特性事項を総称して表面性状（surface texture）という．表面性状は，機械の性能，寿命，加工コストなどに大きく影響するので，図面や文書での的確な指示が要求される．

　本章では，製品の幾何特性仕様（GPS）の一つで，GPS 基本規格に属する表面性状関連規格の図面または文書への表し方の要点を説明する（主な関連規格：JIS B 0031，JIS B 0601，JIS B 0633）．

8.1　断面曲線と粗さ曲線

　切削加工品の表面に直角な平面で切断したときの，実表面の断面輪郭の概念図を図 8.1 に示す．この断面輪郭を，断面曲線（primary profile）という．

　表面粗さ測定機で測定した断面曲線と粗さ曲線の例を図 8.2 に示す．断面曲線は不規則な微細凹凸とうねりが合成されて表示される．表面粗さに対応する小さい凹凸成分を低域フィルタを用いて除去して得られたものを，ろ波うねり曲線という．

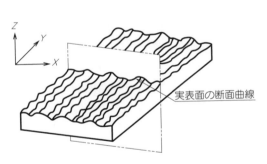

図 8.1　実表面の断面輪郭の概念図

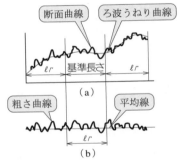

図 8.2　断面曲線（a）と粗さ曲線（b）の例

　部品表面を加工する際，刃物の角部や砥石の砥粒の作用により加工表面に生成される微細な凹凸を表面粗さ（surface roughness）という．また，工作機械や刃物の振動・たわみなどにより生じる粗さに比べて，大きい波長をもつ表面の起伏を表面うねり（surface waviness）といい，ろ波うねり曲線より得る．

　粗さ曲線は，断面曲線からある一定波長（粗さの波長）より大きい波長をカットし，表面うねりを除去したものである．このカットする波長をカットオフ値（λc）という．

　粗さ曲線からカットオフ値の長さを抜き取った部分の長さを基準長さ（ℓr）という．基準長さを一つ以上含む長さを評価長さ（ℓn）という．評価長さは基準長さの 5 倍以上にとられるのが普通である．この評価長さを表面粗さの評価に用いる．

8.2　表面粗さの表し方

　粗さパラメータとして，算術平均粗さ（Ra）と最大高さ粗さ（Rz）が国際的にも最もよく利用されている．ここでは，この二つについて説明する．なお，Ra と Rz は同一図中で混用してもよいと規定

されているが，実際にはどちらかに統一するとよい．一般に，算術平均粗さが多く利用されているので，本書の p.220 〜の参考図の表面粗さの指示は，算術平均粗さ Ra で統一することとした．

なお，JIS では，2001 年まで「Ra」と表記していたが，2001 年以降は「Ra」に変更されている（「Ra」は中心線平均粗さを表す）．

🔘 8.2.1　算術平均粗さ

算術平均粗さ（Ra）の求め方を図 8.3 に示す．粗さ曲線からその平均線の方向に基準長さだけ抜き取り，この抜き取り部分の平均線の方向に x 軸を，縦倍率の方向に z 軸をとり，粗さ曲線を $z = f(x)$ で表したときに，図 8.3 の中に示した式によって求められる値をマイクロメートル（μm）で表したものをいう．

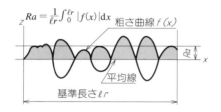

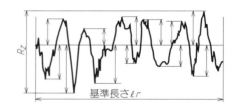

図 8.3　算術平均粗さ（Ra）の求め方　　　　図 8.4　最大高さ粗さ（Rz）の求め方

🔘 8.2.2　最大高さ粗さ

最大高さ粗さ（Rz）の求め方を図 8.4 に示す．粗さ曲線からその平均線の方向に基準長さだけ抜き取り，この抜き取り部分の山頂線と谷底線との間隔を粗さ曲線の縦倍率の方向に測定し，山高さと谷深さそれぞれの最大値の和をマイクロメートル（μm）で表したものをいう．この場合，きずとみなされるような並はずれて高い山および低い谷がない部分から，基準長さだけ抜き取る．

🔘 8.2.3　表面粗さ測定機

表面粗さ測定機の概要を図 8.5 に示す．表面粗さ測定機には，接触方式と非接触方式がある．Ra を求める場合の基準長さ（ℓr）［＝カットオフ値（λc）］と評価長さの標準値，Ra 以外のパラメータを求める場合の基準長さと評価長さ（ℓn）の標準値を表 8.1，8.2 に示す．表 8.2 中の $Rz1max$ は，一つの基準長さから求めた最大高さ粗さの最大許容値である．

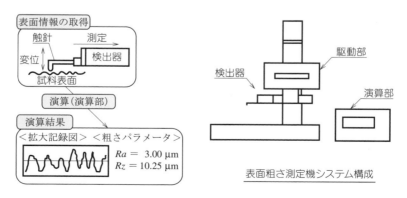

図 8.5　表面粗さ測定機の概要

表8.1 算術平均粗さと基準長さ・評価長さ

粗さパラメータ値の範囲 Ra (μm)	基準長さ ℓr (mm)	評価長さ ℓn (mm)
$(0.006) < Ra \leq 0.02$	0.08	0.4
$0.02 < Ra \leq 0.1$	0.25	1.25
$0.1 < Ra \leq 2$	0.8	4
$2 < Ra \leq 10$	2.5	12.5
$10 < Ra \leq 80$	8	40

備考 ( ) 内の数値は，参考値である．

表8.2 最大高さ粗さと基準長さ・評価長さ

粗さパラメータ値の範囲 Rz (μm)	基準長さ ℓr (mm)	評価長さ ℓn (mm)
$(0.025) < Rz, Rz1max \leq 0.1$	0.08	0.4
$0.1 < Rz, Rz1max \leq 0.5$	0.25	1.25
$0.5 < Rz, Rz1max \leq 10$	0.8	4
$10 < Rz, Rz1max \leq 50$	2.5	12.5
$50 < Rz, Rz1max \leq 200$	8	40

備考 ( ) 内の数値は，参考値である．

8.3 表面性状の要求事項の指示

　表面の滑らかさ（粗さ），うねり，加工による筋目など，表面の幾何学的特性の指示事項を，記号を用いて指示する方法について説明する．

8.3.1 表面性状の図示記号

　除去加工の有無によって，図8.6に示す図示記号を用いる．報告書や契約書などに用いる文書表現では，同図（a）～（c）の下の（ ）内に示した略称を用いる．

　「部品一周の全周面」に同じ表面性状が要求されるときには，図8.7に示すように，その図示記号に丸印を付ける．ただし，その部分一周の表面性状の図示記号によってあいまいさが生じる場合には，個々の表面に表面性状を指示する必要がある．

　上記の図示記号の形と大きさを図8.8に示す．同図（b）の横線の長さは，指示する要求事項の長さに合わせればよい．

　（a）除去加工の有無を問わない場合　　（b）除去加工をする場合　　（c）除去加工をしない場合
　　　（文書表現では，APA[1]）　　　　　（文書表現では，MRR[2]）　　　（文書表現では，NMR[3]）

図8.6 表面性状の図示記号と文書表現

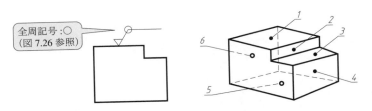

全周記号：○
（図7.26参照）

図8.7 図面に閉じた外形線によって表された部品（外殻形体）1周の全周面に同じ表面性状が要求された場合の例
（注：外殻形体1周の全周面とは，部品の三次元表現（右図）で示されている6面である（正面および背面を除く p.103 図7.26参照）．

---

1) Any Process Allowed の頭文字．
2) Material Removal Required の頭文字．
3) No Material Removed の頭文字．

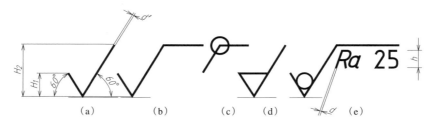

図 8.8　図示記号の形と大きさ（表 8.3 参照）

8.3.2　表面性状の要求事項の記入位置

　表面性状の要求事項に正確を期するために，各要求事項を図 8.9 の示す位置に表 8.3 〜 8.6 に従って記入する．そのときの表面性状の要求事項の配置と大きさを図 8.10 に示す．

　また，一般ルールとして，表面性状パラメータの書体は，図 8.11 のように書く．

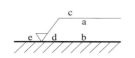

a：通過帯域または基準長さ，パラメータとその値（表面粗さのこと）
b：二つ以上のパラメータが要求されたときの二つ目以上のパラメータ指示
c：加工方法
d：筋目およびその方向（図 8.20 参照）
e：削り代
備考　a 以外は，必要に応じて記入する．

図 8.9　表面性状の要求事項の指示位置

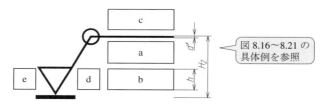

図 8.16〜8.21 の
具体例を参照

図 8.10　表面性状の要求事項の配置と大きさ（表 8.3 参照）

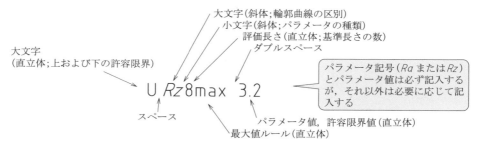

大文字(斜体;輪郭曲線の区別)
小文字(斜体;パラメータの種類)
評価長さ(直立体;基準長さの数)
ダブルスペース

大文字
(直立体;上および下の許容限界)

$U\ Rz8max\ 3.2$

パラメータ記号（*Ra* または *Rz*）とパラメータ値は必ず記入するが，それ以外は必要に応じて記入する

スペース
パラメータ値，許容限界値(直立体)
最大値ルール(直立体)

図 8.11　表面性状パラメータの書体

表 8.3　図示記号および関連事項指示の寸法（図 8.8, 8.10, 8.19 参照）　　　(mm)

数字および文字の高さ，h（JIS Z 8313-1 参照）	2.5	3.5	5	7	10	14	20
記号の線の太さ，d'	0.25	0.35	0.5	0.7	1	1.4	2
文字の線の太さ，d							
高さ，H_1	3.5	5	7	10	14	20	28
高さ，H_2	8	11	15	21	30	42	60

備考　手描きの場合，H_2 は，指示する行数による．通常は a の一行なので，$2.2h$ 程度でよい（$h=5$ なら $H_2=11$）．

表8.4　*Ra* と *Rz* の許容限界値の標準数列　　　　　　　　（μm）

※ 0.025	0.125	0.63	※ 3.2	16.0	80	※ 400
0.032	0.160	※ 0.80	4.0	20	※ 100	
0.040	※ 0.20	1.00	5.0	※ 25	125	
※ 0.050	0.25	1.25	※ 6.3	32	160	
0.063	0.32	※ 1.60	8.0	40	※ 200	
0.080	※ 0.40	2.0	10.0	※ 50	250	
※ 0.100	0.50	2.5	※ 12.5	63	320	

注　※で示す数列を使用することが望ましい.

　以上のように，表面性状記号には多項目の指示ができるが，「表面粗さ」のみの指示の使用が大部分であるのが実情である（参考文献［3］参照）.

8.3.3　表面粗さ測定値と許容限界値との比較ルール

　図面や製品技術情報に指示された表面粗さの合否判定には，「16％ルール」か「最大値ルール」かを適用する. ただし，**特に指示しない場合には，「16％ルール」を適用する**.

　なお，要求値がパラメータの上限値（または下限値）によって指示されている場合には，パラメータ値が最大（または最小）とみられる表面を測定しなければならない.

（1）16％ルール

　16％ルールとは，図8.12 に示すように，測定した粗さパラメータ値が正規分布するとすれば，指示された要求値（$\mu \pm \sigma$）を超えるものまたは下回るものがあっても，ハッチングを施した部分のパラメータ値の総数（ハッチング面積）が16％以下であれば合格とするルールである.

　なお，粗さパラメータ値は，特別な指示（下限：L）がなければ，標準ルールとして許容される上限を指す（次項参照）.

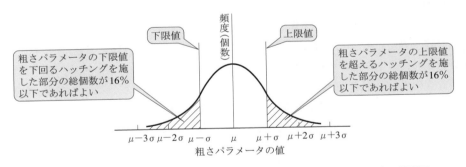

図8.12　粗さパラメータ要求値が上限値（下限値）によって指示された場合の説明図
（正規分布図，μ：平均値，σ：標準偏差）

（2）最大値ルール

　最大値ルールは，対象表面全域で求めた粗さパラメータ値のうち，一つでも図面または製品技術情報に指示された要求値を超えると不合格とするルールである. 粗さパラメータの最大許容値を指示するためには，パラメータ記号に "max" を付ける. これを「16％ルール」と「最大値ルール」に適用したときのパラメータ記号を，それぞれ図8.13，8.14 に例示する.

（3）表面粗さ評価の簡易手順（JIS B 0633 附属書 A より）

　「16％ルール」，「最大値ルール」ともに対象面上の測定数が多いほど，合否判定の信頼性が向上する.

（a）文書表現　　　（b）図面指示　　　　　　　　　（a）文書表現　　　（b）図面指示

図8.13 16%ルールを適用した場合のパラメータ記号　　　**図8.14** 最大値ルールを適用した場合のパラメータ記号

しかし，測定数を増やすことは，手間と時間がかかり実用的でない．この簡易手順は，基準長さの数が少ない場合の合否判定法である．

① **16%ルール適用の場合**　　パラメータの上限値が指示された場合の16%は，パラメータの平均値から"ばらつき"を表す標準偏差分離れた位置より大きくなる確率である．この確率を要求値の上限を超えても許される個数（許容数とよぶ）に置き換えて判定する方法が簡易手順である．許容数は，［0.16×（測定基準長さ総数）］によって与えられる．

次の条件が満たされれば，その表面は合格である．

（a）最初に測定した値が，指示された値（図面指示値）の70%を超えない．

（b）最初の3個の測定値が，指示された値を超えない．

（c）最初の6個の測定値のうちの2個以上が，指示された値を超えない．

（d）最初の12個の測定値のうち3個以上が，指示された値を超えない．

② **最大値ルール適用の場合**　　通常は，少なくとも3個の測定値を用いることが推奨されている．これらは，最悪の値をとると予想される表面部分（たとえば，特に深い溝が観察される部分）から測定するか，または表面が均質と見られる場合には，等間隔に測定する．

③ 視覚による評価も行うが，それが困難なときには，比較用表面粗さ標準片を用いて，触覚と視覚による比較方式で表面粗さを評価してもよい．

● 8.3.4　許容限界値の指示（片側または両側許容限界値の指示）

必要な場合は片側または両側許容限界値を，表面性状の要求事項として指示する．

① **片側許容限界値の指示**　　特に指示しない場合は，片側許容限界の上限値を表す．下限値を表す場合は，パラメータ記号の前にLを付ける（例：L　*Ra*　3.2）．

② **両側許容限界値の指示**　　上限値および下限値が，同じパラメータによって指示されている場合，上限値・下限値であることが明確に理解できれば，記号UおよびLを省略してもよい．しかし，指示することが望ましい．また，上限値・下限値は，同じパラメータ記号である必要はない．その指示例を図8.15に示す．特に指示がない場合には，片側許容限界の上限値を指す．

（a）文書表現　　　　　　　　　（b）図面指示

図8.15 両側許容限界値の指示

● 8.3.5　加工方法または加工関連事項の指示

加工方法は，図8.16，8.17に示すように，表面性状の図示記号に付けたり，文書表現にして指示することができる．各加工方法と略記号ならびにその加工によって生成される表面粗さの範囲を表8.5にまとめて示す．

（a）文書表現　　　（b）図面指示

図 8.16 加工方法および加工後の表面性状の
要求事項の指示

（a）文書表現　　　（b）図面指示

図 8.17 表面処理および表面性状の要求事項の指示

表 8.5 各種加工方法と表面粗さの範囲（ISO 1456 の記号による指示例）

加工		表面粗さ												
加工方法	加工記号	Ra	0.025	0.05	0.1	0.2	0.4	0.8	1.6	3.2	6.3	12.5	25	50	100
		Rz	0.1	0.2	0.4	0.8	1.6	3.2	6.3	12.5	25	50	100	200	400
		（三角記号）		▽▽▽▽				▽▽▽			▽▽		▽		～
鍛造	F									←精　密→					
鋳造	C									←精　密→					
ダイカスト	CD														
平削り	P														
フライス削り	M							←精　密→							
転造	RL														
穴あけ	D														
中ぐり	B							←精　密→							
旋削	L					←精　密→						荒			
形削り	SH														
ブローチ削り	BR							←精　密→							
研削	G				→精密←						荒				
ペーパ仕上げ	FCA				←精　密→										
ヤスリ仕上げ	FF							←精　密→							
ラップ仕上げ	FL			←精　密→											
リーマ仕上げ	FR						←精　密→								
液体ホーニング	SPLH				←精　密→										
化学研磨	SPC						←精　密→								
電解研磨	SPE			→精　密←											

注　1. 一般に，$Ra/Rz ≒ 1/4$ とされているが，加工方法により異なることがある.
　　2. ←→：一般に得られる粗さの範囲. その他の加工程度の表記範囲（精密・荒）は，特別な条件下で得られる粗さ範囲.
　　3. 加工記号は，JIS B 0122 より抜粋.
　　4. 三角記号は旧記号.

● 8.3.6　筋目の指示

　加工によって表面に生じる筋目とその方向（例：工具の刃先により生じる筋目）は，表 8.6 に示す筋目方向記号とその説明図・解釈にもとづいて，たとえば図 8.18 のように，表面性状の図示記号の所定位置に指示する. 筋目方向の記号とその大きさを，図 8.19 にまとめて示す. ここで，筋目方向とは，加工によって生じる主要な（際立った）筋目模様の方向である. なお，記号による筋目の指示は，文書表現には適用しない. 加工方法別による筋目の方向は，図 8.20 参照.

表8.6 筋目方向記号とその説明図および解釈

記号	=	⊥	×
説明図	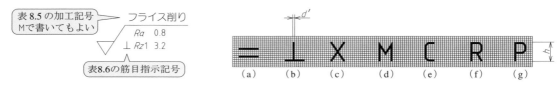		
解釈	筋目の方向が，記号を指示した図の投影面に平行 (例)形削り面，旋削面，研削面	筋目の方向が，記号を指示した図の投影面に直角 (例)形削り面，旋削面，研削面	筋目の方向が，記号を指示した図の投影面に斜めで2方向に交差 (例)ホーニング面
記号	M	C	R	P
説明図				
解釈	筋目の方向が，多方向に交差 (例)正面フライス削り面 エンドミル削り面	筋目の方向が，記号を指示した面の中心に対してほぼ同心円状 (例)正面旋削面	筋目の方向が，記号を指示した面の中心に対してほぼ放射状 (例)端面研削面	筋目が，粒子状のくぼみ 無方向または粒子状の突起 (例)放電加工面，超仕上げ面，ブラスチング面

備考 これらの記号によって明確に表すことのできない筋目模様が必要な場合には，図面に"注記"としてそれを指示する．

表8.5の加工記号 Mで書いてもよい
フライス削り
Ra 0.8
⊥ Rz1 3.2
表8.6の筋目指示記号

図8.18 投影面に直角な筋目の方向

= ⊥ × M C R P
(a) (b) (c) (d) (e) (f) (g)

図8.19 筋目方向の記号の大きさ（表8.3 参照）

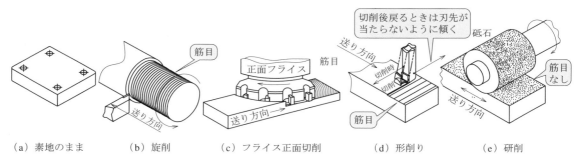

切削後戻るときは刃先が当たらないように傾く
砥石
送り方向
正面フライス 筋目
送り方向
筋目
筋目 切削時
筋目なし

（a）素地のまま　　（b）旋削　　（c）フライス正面切削　　（d）形削り　　（e）研削

注 加工される部品の表面は，加工法・素材の材質・加工の速度・加工工具などで表面性状が異なってくるので，何らかの基準で図面に指示する必要がある．筋目方向とは，加工する方法により現れてくる加工表面の筋目をいう．

図8.20 加工方法による筋目方向

🟢 8.3.7 削り代の指示

　一般に，削り代は同一図面に後加工の状態が指示されている場合にだけ指示し，図8.21 の図例のように，鋳造品・鍛造品などの素材形状に最終形状が表されている図面に用いる（鋳放し鋳造品の削り代については，JIS B 0403 に規定されている）．図示記号に付けた削り代の指示は，文書表現には適用しない．削り代の指示は，表面性状の図示記号だけに付けられる要求事項である．

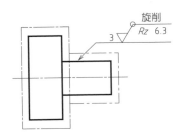

図 8.21 全表面に削り代 3 mm を要求する部品の最終形状
における表面性状の要求事項の指示

8.4 図面への表面性状の要求事項の指示法

本節では，表面性状の要求事項の付いた図示記号を対象面に指示する方法について説明する．特別
な指示がなければ，機械加工，表面処理などを施したあとの表面に適用する．

8.4.1 図示記号の指示位置および向き

一般ルールとして，寸法記入方法の規定（JIS Z 8317）に従い，図 8.22 に示すように，表面性状の
要求事項の付いた図示記号は，図面の下側または右側から読めるように指示する．

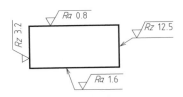

図 8.22 図示記号の向き

8.4.2 外形線または引出線・引出補助線に指示する場合

表面性状の要求事項の付いた図示記号は，次のように指示する．

① 対象面に直接接する．

② 対象面に矢印で接する引出線につながった参照線に接する．

③ または参照線が適当でない場合には引出線に接する（たとえば，図 8.27，8.29 ～ 8.31 などを参
照）．

一般ルールとして，図示記号または矢印（またはほかの端末記号）付きの引出線は，部品の実体の外
側から表面を表す外形線または外形線の延長線に接するように指示する．その例を，図 8.23，8.24 に
示す．

8.4.3 寸法と併せて指示する場合

誤った解釈がされるおそれのない場合には，表面性状の要求記号は，図 8.25 のように寸法に並べ
て指示してもよい．同図（a）の対象面は，明らかに軸と穴の円筒面であることがわかる．円筒面以
外でも，設計者の意図とは異なった解釈がされないように記入すること（同図（b））．

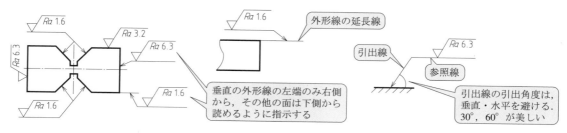

図 8.23 外形線または引出線・参照線に指示した図示記号

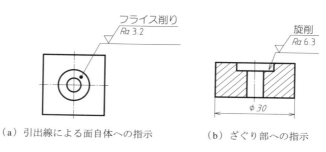

（a）引出線による面自体への指示　　　（b）ざぐり部への指示

図 8.24 参照線に指示した図示記号の例

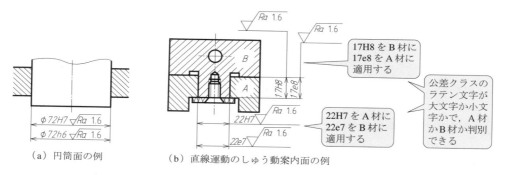

（a）円筒面の例　　　（b）直線運動のしゅう動案内面の例

図 8.25 寸法と併記した図示記号

8.4.4　公差記入枠に指示する場合

　誤った解釈をされるおそれがない場合には，図8.26 のように，幾何公差の公差記入枠の上側に付けてもよい．同図では，対象面の幾何公差を管理する事項に接するように指示されており，明らかに指示された平面を規制する図示記号であることがわかる．

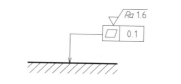

図 8.26 幾何公差記入枠に付けた図示記号

8.4.5　寸法補助線に指示する場合

　表面性状の要求事項は，図 8.23，8.27 のように，寸法補助線に接するか，寸法補助線に矢印で接する引出線につながった引出補助線，または引出補助線が適用できない場合には参照線に接するように指示する．

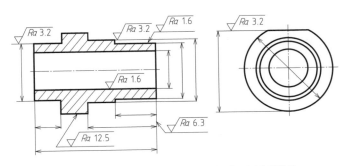

図 8.27 円筒形体の寸法補助線に指示した図示記号

8.4.6 円筒表面および角柱表面に指示する場合

中心線によって表された円筒表面および角柱表面（角柱の表面が同じ表面性状の場合）では，表面性状の要求事項を，図 8.27 のように，1 面だけ指示する（直径の両側で同じ面を指示してはいけない）.

角柱の各表面に異なった表面性状が要求される場合には，図 8.28 のように，角柱の各表面に対して個々に指示する必要がある.

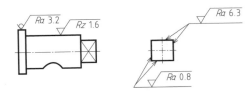

図 8.28 円筒および角柱の表面の図示記号

8.4.7 面取り部・丸み部などに指示する場合

面取り部・丸み部およびキー溝側面の表面性状の要求事項の指示例を，図 8.29 に示す．同図（a）のキー溝には，同じ寸法線上に表面性状の要求事項と寸法とを合わせて指示した例である（図中の注記を参照）．同図（b）の面取り部・丸み部などへの指示を省略するときには，図面に「注記」するとよい（旧規格では，隣接面の粗いほうの表面性状に合わせていた）.

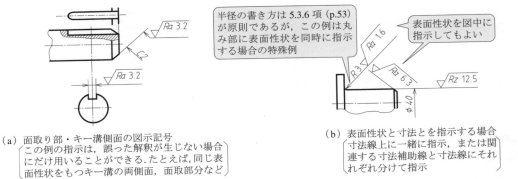

（a）面取り部・キー溝側面の図示記号
　この例の指示は，誤った解釈が生じない場合にだけ用いることができる．たとえば，同じ表面性状をもつキー溝の両側面，面取部分など

（b）表面性状と寸法とを指示する場合
　寸法線上に一緒に指示，または関連する寸法補助線と寸法線にそれぞれ分けて指示

図 8.29 丸み・面取り・キー溝への表面性状の図示例

⬢ 8.4.8　丸穴に指示する場合

丸穴に指示する図示例を，図 8.30 に示す．丸穴の直径寸法のあとに指示する．

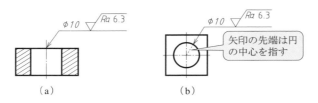

図 8.30　丸穴への指示例

✚ 8.5　表面性状の要求事項の簡略図示

⬢ 8.5.1　大部分の表面が同じ表面性状の要求事項をもつ場合

部品の大部分に同じ表面性状が要求される場合には，表面性状の要求事項を次のいずれかのように示す．

△① 図面の表題欄のかたわらにおく．

△② 主投影図のかたわらにおく．

○③ 照合（部品）番号（部番ともいう）のかたわらにおく（図 8.31）．この場合が一般的である（参考図 p.220 ～参照）．

なお，図 8.8（a）に該当する「基本図示記号（表面性状の要求事項がない）：√」は，図 8.31（a）と次項の図 8.32（b）中にあるように，簡略図示に用いてもよい．

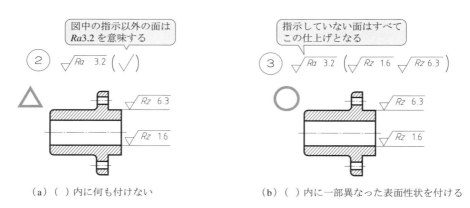

図 8.31　大部分が同じ表面性状である場合の簡略図示
（通常は図（b）を用いる）

⬢ 8.5.2　繰り返し指示または限られたスペースに対応する場合

表面性状の要求事項を繰り返し指示することを避けたい場合，指示スペースが限られている場合，または表面性状の要求事項が部品の大部分で用いられている場合には，図 8.32 のように，図面中に簡略参照図示であることを示して，該当する図示記号を対象面に適用してもよい．同図（a）の右側の簡略参照図示は，対象部品のかたわら，表題欄のかたわらまたは一般事項を指示するスペースに示すことによって簡略図示を対象面に適用する（通常は右肩に注記する（参考図 7 参照））．

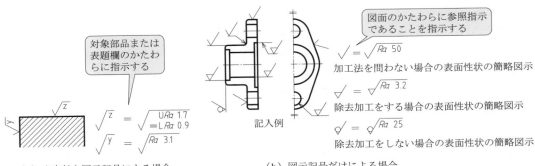

（a）文字付き図示記号による場合　　　　　（b）図示記号だけによる場合

図8.32 繰り返し指示または限られたスペースに対応する簡略図示

8.6 表面処理前後の表面性状の指示

　表面処理前後の表面性状を指示する必要があるときの指示方法は，図面中に表面性状の要求事項を「注記」するか，あるいは図8.33に例示するように順次施される加工ごとに加工面の表面性状を指示する．

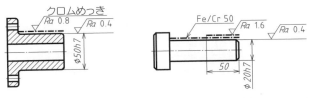

（注　Fe/Cr50は，鉄素地に膜厚50 μmクロムめっき）

（a）断面での指示　　　　　　　（b）外観での指示

図8.33 表面処理前後の表面性状の要求事項の図示例

8.7 表面性状の表し方の参考資料

（1）IT公差と表面粗さ

　厳格なサイズ公差を必要とする箇所には，微細な表面粗さが必要な場合が多い．たとえば，回転軸とすべり軸受では，すきまのサイズ公差とともに表面性状が要求される．それは，表面の粗さが摩擦・摩耗ならびに潤滑などに深く関係するからである．キーとキー溝でも，サイズ公差とともに表面粗さに配慮を払う必要がある．表面粗さが大きいと打ち込まれたキーの固着力の低下につながるからである．IT公差と表面粗さの関係の一例を表8.7に示す．一般には，企業ごとに，独自の設計技術資料を準備している．

表8.7 はめあい公差と表面粗さ（Ra）の経験的対比表

図示サイズ（mm）		IT7		IT8		IT9	
〜を超え	〜以下	固定面	しゅう動面	固定面	しゅう動面	固定面	しゅう動面
6	30	1.6	1.6	3.2	1.6	3.2	3.2
30	120	3.2	1.6	3.2	3.2	3.2	3.2
120	315	6.3	3.2	6.3	3.2	12.5	3.2

備考　軽機械に適用．固定面・摺動面（しゅうどうめん）の値は，Raを示す．ITについては，表6.10（p.84）を参照．

（2）表面粗さ選定の参考事例

表面粗さの仕上げ程度は，製品の商品性・信頼性・寿命・製作コストなどに直接かかわる重要な要素であり，その選定は高度な判断力と豊富な経験が要求される．表面粗さの選定基準の参考事例を表8.8に示す．

表8.8　表面粗さ選定の参考事例

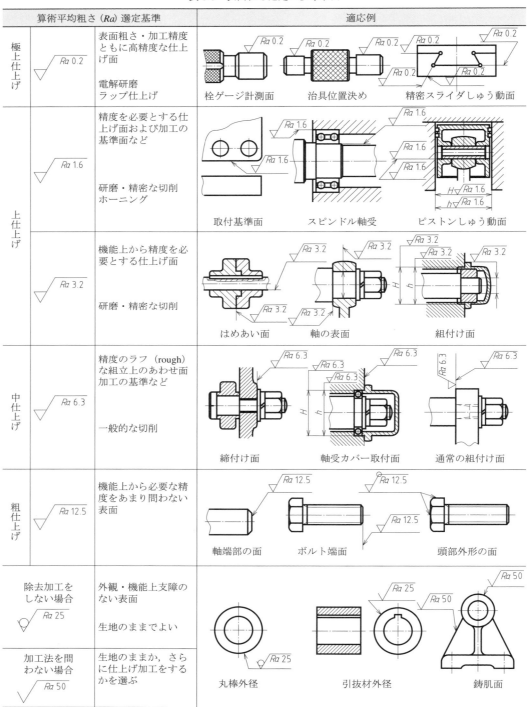

算術平均粗さ（*Ra*）選定基準		適応例
極上仕上げ	$\sqrt{}$ *Ra* 0.2 表面粗さ・加工精度ともに高精度な仕上げ面 電解研磨 ラップ仕上げ	*Ra* 0.2　*Ra* 0.2　*Ra* 0.2　*Ra* 0.2　*Ra* 0.2　*Ra* 0.2 栓ゲージ計測面　治具位置決め　精密スライダしゅう動面
上仕上げ	$\sqrt{}$ *Ra* 1.6 精度を必要とする仕上げ面および加工の基準面など 研磨・精密な切削 ホーニング	*Ra* 1.6 取付基準面　スピンドル軸受　ピストンしゅう動面
	$\sqrt{}$ *Ra* 3.2 機能上から精度を必要とする仕上げ面 研磨・精密な切削	*Ra* 3.2 はめあい面　軸の表面　組付け面
中仕上げ	$\sqrt{}$ *Ra* 6.3 精度のラフ（rough）な組立上のあわせ面加工の基準など 一般的な切削	*Ra* 6.3 締付け面　軸受カバー取付面　通常の組付け面
粗仕上げ	$\sqrt{}$ *Ra* 12.5 機能上から必要な精度をあまり問わない表面	*Ra* 12.5 軸端部の面　ボルト端面　頭部外形の面
除去加工をしない場合 $\sqrt{}$ *Ra* 25	外観・機能上支障のない表面 生地のままでよい	*Ra* 25　*Ra* 50 丸棒外径　引抜材外径　鋳肌面
加工法を問わない場合 $\sqrt{}$ *Ra* 50	生地のままか，さらに仕上げ加工をするかを選ぶ	

第 **9** 章　材料記号

本章では，一般機械の製造に用いられる材料を中心に，材料記号について説明する．

9.1　材料記号とは

材料記号とは，JIS で規定されているいろいろな材料の材質,品質,形状を文字ではなく記号で表す方式で,図面の表題欄あるいは部品欄の中にある材質欄にこの記号を記入して,製作する材料を特定する.

9.2　JIS による鉄鋼材料の分類

　一般機械の材料の大半である鉄鋼材料[1]の規格では，まず鉄と鋼に大別し，鉄はさらに銑鉄，合金鉄および鋳鉄に，鋼は普通鋼，特殊鋼および鋳鍛鋼に分類している．なお，普通鋼は棒鋼，形鋼，厚板，薄板，線材および線のように形状別，用途別に，特殊鋼は強じん鋼，工具鋼，特殊用途鋼のように性状別に，鋼管は鋼種，用途別に，ステンレス鋼は形状別にそれぞれ細分類している．用語の定義は，「材料学」の参考書を参照のこと.

9.3　鉄鋼材料の表し方

　鉄鋼記号は，上述の規格分類に従って，原則として次の三つの部分から構成されている．

| (a) 材質を表す記号 | (b) 規格名または製品名を表す記号 | (c) 種類を表す数字 |

例：　　S　S　400　　　　　　　S　UP　6
　　　　(a)　(b)　(c)　　　　　　(a)　(b)　(c)

　(a) は，英語またはラテン文字の頭文字，もしくは元素記号を用いて材質を表しているので，鉄鋼材料は, S (Steel：鋼) または F (Ferrum：鉄) の記号ではじまるものが大部分である．例外としては，SiMn (シリコンマンガン)，MCr (金属クロム) などの合金鉄類がある.

　(b) は，英語またはラテン文字の頭文字を使って板・棒・管・線・鋳造品などの製品の形状別の種類や用途を表した記号を組み合わせて製品名を表しているので，S または F の次にくる記号は，次のようにグループを表す記号が付くものが多い.

　　P : Plate (薄板)　　　U : Use (特殊用途)　　W : Wire (線材，線)　　　　　　B : Bar (棒材)
　　T : Tube (管)　　　　C : Casting (鋳物)　　S　: Structure (一般構造用圧延材)
　　K : Kogu (工具)　　　F : Forging (鍛造)　　UP : Use Spring (特殊用途ばね)

例外としては，次の場合がある.

1. 構造用合金鋼のグループ (たとえば，ニッケルクロム鋼) は，SNC のように添加元素の符号を付ける.
2. 普通鋼鋼材のうち棒鋼，厚板 (たとえば，ボイラ用鋼材) は，SB のように用途を表す英語の頭文字を付ける.

　(c) は，材料の種類番号の数字，最低引張強さまたは耐力 (通常 3 けた数字) を表す．ただし，機械構造用鋼の場合は，主要合金元素量コードと炭素量との組合せで表す.

---

1) 機械や構造部材は，鉄鋼の他にアルミやプラスチック材が増えてきた.

例：1：1種　　　A：A種またはA号　　　430：コード4，炭素量の代表値30

2A：2種Aグレード　　　400：引張強さまたは耐力

これらの表し方には例外もあり，詳細については，たとえばJISハンドブック鉄鋼（1）の「参考」に記述されている.

9.4　非鉄金属の表し方

　鉄鋼以外ではアルミニウムか銅を利用するのがほとんどである．材料記号の配列の第1位は材質を示し，アルミニウム展伸材はAと4けたの数字，伸銅品はCと4けたの数字で表す（図9.1）．それ以外は，材質と2けたの数字で表すものが多い．表し方については，たとえばJISハンドブック非鉄（2）の「参考」に詳述されている.

　表9.1に，一般機械の製作に用いられる鉄鋼および非鉄金属材料と素材寸法の一部を示す.

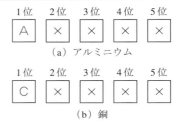

図9.1　アルミニウム，銅の場合

表9.1　一般機械に常用される材料の記号と市販品寸法（鉄鋼および非鉄金属）

区分	材料記号	名　称	JIS規格	寸　法（mm）
鉄鋼棒材（丸棒）	SS400B	一般構造用圧延鋼材	G 3101	50, 55, 60, 65, 70, 75, 80, 85～300
	SGD400-D9	みがき棒鋼（径の許容差h9）	G 3123	5, 6, 8, 10, 12, 14, 15, 16, 18～70
	SGD400-D8	みがき棒鋼（径の許容差h8）	G 3123	12, 16, 20, 22, 25, 30, 40
	S45C	機械構造用炭素鋼鋼材	G 4051	22, 25, 28, 32, 36, 38, 42, 44～330
	S45C-D9	みがき棒鋼（径の許容差h9）	G 4051	6, 8, 10, 12, 14, 16, 18, 20, 25～50
	SK95-D	炭素工具鋼鋼材（およそh8）	G 4401	4, 5, 6, 8, 10, 12
	SK85	炭素工具鋼鋼材	G 4401	14, 16, 19, 22, 25, 28, 30, 32～70
	SNC415	ニッケルクロム鋼鋼材	G 4053	13, 16, 20, 22, 25, 28, 30, 32～90
	SCM440	クロムモリブデン鋼鋼材	G 4053	16, 19, 22, 25, 30, 38, 46, 55～110
	SUS303-B[1]	ステンレス鋼棒（18-8鋼）	G 4303	13, 16, 25, 28, 32, 36, 38, 40, 42
	SUS304-B	ステンレス鋼棒（18-8鋼）	G 4303	13, 16, 25, 28, 32, 36, 38, 40, 42
	SUS430	ステンレス鋼棒（18Cr鋼）	G 4303	13, 16, 25, 28, 32, 36, 38, 40, 42
	SUS420J2-B	ステンレス鋼棒（中C-13Cr鋼）	G 4303	13, 16, 22, 25, 36
鉄鋼棒材（四・六角）	SGD400-6D12[2]	みがき棒鋼（六角材対辺h12）	G 3123	6, 8, 10, 12, 13, 17, 19, 22, 24～32
	SGD400-4D10	みがき棒鋼	G 3123	6, 8, 10, 12, 14, 16, 19, 22, 25～50
	S45C-6D12	みがき棒鋼	G 3123	13, 17, 22, 24, 26
鉄鋼線材	SWM-B	普通鉄線	G 3532	2, 3, 4
	SW-B	硬鋼線B種	G 3521	3, 3.2, 4, 5, 6
	SWP-A	ピアノ線A種	G 3522	0.2, 0.4, 0.5, 0.6, 0.7, 0.8, 0.9, 1～4
	SUS304-W1/2	ステンレス鋼線（18-8鋼）	G 4309	4, 6
	SUS403-W1/2	ステンレス鋼線（中C-13Cr）	G 4309	3, 5, 6, 8.2, 10
鋼板	SPCC	冷間圧延鋼板	G 3141	0.6, 0.8, 1, 1.2, 1.6, 2, 2.3, 2.6, 3.2
	SPHC-P	熱間圧延酸洗鋼板	G 3131	1.6, 2.3, 3.2, 4, 4.5, 5, 6
	SS400P	熱間圧延鋼板	G 3193	4.5, 5, 6, 9, 12, 16, 20, 22, 25, 28～40
	SK95M	みがき特殊帯鋼	G 3311	0.1, 0.2, 0.3, 0.4, 0.5, 0.6, 0.8, 1～8
	SK85M	みがき特殊帯鋼	G 3311	0.4×19, 0.6×19
	SUS304-HP	熱間圧延ステンレス鋼板	G 4304	4, 5, 6
	SUS304-CP	冷間圧延ステンレス鋼板	G 4305	0.1, 0.2, 0.3, 0.4, 0.6, 1, 1.2, 1.5～3
	SUS430-CP	冷間圧延ステンレス鋼板	G 4305	0.3, 0.5, 0.8, 1, 1.2, 1.5, 2, 2.5, 3
平鋼	SS400F	熱間圧延平鋼	G 3194	3×19, 3×25, 4.5×19, ～25×50
	SS400F-D12	みがき平鋼（厚さh12）	—	3×12, 3×16, 3×19, ～12×65
	S45CF-D12	みがき平鋼（厚さh12）	—	10×35, 15×20, 25×35, 30×50

注　本表は，業界カタログより抜粋したものである.

（1）Bは棒材を示す.

（2）-とD（Drawing）の間に示す6は六角材，4は角材で，4角材は市販されているがJIS規格品ではない.

表9.1　一般機械に常用される材料の記号と市販品寸法（つづき）

区分	材料記号	名　称		JIS 規格	寸　法（mm）
形鋼	SS400A（L）	熱間圧延形鋼		G 3192	25×3，30×3，40×5，50×4
	SS400A（C）	熱間圧延形鋼		G 3192	75×40×5，100×50×5 〜 200×90×8
	SS400A（H）	熱間圧延形鋼		G 3192	100×50×5/7 〜 250×250×9/14
	SSC400（C）	一般構造用軽量形鋼		G 3350	60×30×10×1.6 〜 200×75×20×3.2
鋼管	STK400-E-H	一般構造用炭素鋼鋼管		G 3444	φ21.7×2t，27.2×2 〜 267.4×9
	STKM13A-E-C	機械構造用炭素鋼鋼管		G 3445	8.2×1.6，10×1，10×2.3 〜 34×2.3
	STKM13A-S-C	機械構造用炭素鋼鋼管		G 3445	16×3.5，17.3×3.2，20.2×4 〜 132×9
	STKM13A-S-H	機械構造用炭素鋼鋼管		G 3445	30×5，34×5.5，38.1×7 〜 127×7
	SGP	配管用炭素鋼鋼管		G 3452	13.8×2.3（8A）〜 60.5×3.8（50A）
	STPG370	圧力配管用炭素鋼鋼管		G 3454	27.2×2.9，27.2×3.9 〜 114.3×8.6
	STKR400	一般構造用角形鋼管		G 3466	13×13×1.2 〜 150×150×4.5
	SUS304TP-S-C	配管用ステンレス鋼鋼管		G 3459	12×1.5，15×1.15，16×1
非鉄	A1100P-H24	アルミニウムおよびアルミニウム合金	板	H 4000	1，1.5，2，3
	A2017P-T4			H 4000	1，1.5，2，3
	A5052P-H34			H 4000	0.5，1，1.5，2，3
	A1050BD-F		棒	H 4040	φ22，55
	A2017BE-T4			H 4040	φ6，12，16，20，28，35，42，50 〜 100
	A5052BD-F			H 4040	φ28，50，70
	A5052BE-H112			H 4040	φ100
	A1100TD-H18		継目無管	H 4080	φ2×1.8t
	A2017TE-T4			H 4080	φ14×2.5t
	A5052TD-H18			H 4080	φ28×2t，30×4
	C1020T-1/2H	無酸素銅継目無管		H 3300	φ5×1t，6×1，8×0.8，8×0.8 〜 12×1
	C2801P-1/2H	黄銅板		H 3100	0.3，0.4，0.5，0.8，1，1.5，2，3，5
	C1100BB-H	銅ブスバー		H 3140	6t×12
	C3604BD	快削黄銅棒		H 3250	φ8，10，15，18，22，25，30，36 〜 50
	C3604BD（6角）			H 3250	14，17，19，32
	C3604BD-F（矩形）			H 3250	25×40
	C2600W-1/2H	黄銅線		H 3260	φ2，3，4，5，6，8
鋳鉄鋳物	FC150	ネズミ鋳鉄品		G 5501	
	FC200			G 5501	
	FC250			G 5501	
	FCD450	球状黒鉛鋳鉄品		G 5502	
非鉄・鋳造	CAC406	青銅鋳物		H 5120	
	CAC502A	リン青銅鋳物		H 5120	
	AC2B-F	アルミニウム合金鋳物		H 5202	
	ADC12	アルミニウム合金ダイカスト		H 5302	
	ZDC1	亜鉛合金ダイカスト		H 5301	

✚ 9.5　プラスチック材料の表し方

　プラスチック材料の記号については，JIS K 6899 に説明されている．通常，プラスチック材料の入手はメーカや商社を通じて行うので，ポリアミド樹脂がナイロンとよばれるように，一般総称名（商品名）のほうが有名なものも多い．

　一般機械の製作に使用する加工用プラスチック材料を，表9.2に示す．なお，プラスチックに関するJISはほとんどが試験方法を規定しており，金属および非鉄金属の材料記号に相当するものはメーカのカタログを参照することが必要となる．

表9.2　一般機械に使用する主なプラスチック材料（成形用ではなく機械加工用として使うもの）

樹脂の種類	一般総称名	記　号	JIS に示す材料	参　考
ポリアミド樹脂 （ナイロン樹脂）	ナイロン 6	PA6	ポリアミド	板，棒
	ナイロン 66	PA66		
スチレン樹脂	ABS	ABS	アクリロニトリル／ ブタジエン／スチレン	板，棒
エポキシ樹脂	紙エポキシ	EP−F 例(EP1F)	エポキシ基材	積層板
	ガラスエポキシ	GE−F 例(GE4F)	エポキシ基材	積層板
フェノール樹脂(布入) 　　　　　(チップ入) 　　　　　(積層板)	ベークライト※	PF	フェノールホルムアルデヒド	棒，管，板 (PF−N) 成形材 (PF−G) 紙基材積層板 (PF−P)
ポリアセタール樹脂	ジュラコン デルリン	POM	ポリアセタール	板，棒
ポリカーボネイト樹脂		PC	ポリカーボネイト	板，棒
塩化ビニル樹脂	軟質塩化ビニル※	S−PVC	ポリ塩化ビニル	板，棒
	硬質塩化ビニル※	H−PVC		板，棒
アクリル樹脂	アクリル メタクリル樹脂	PMMA	ポリメタクリル酸メチル	板，棒
フッ化樹脂	テフロン 4 フッ化エチレン	PTFE	ポリテトラフルオロエチレン	板，棒
不飽和ポリエステル （繊維入）	繊維強化プラスチック	FRP		任意形状製作可能
ウレタン樹脂 （スパンデックスポリウレタン）	ポリウレタン	PUR	ポリウレタン	塗料・接着剤・断熱材 緩衝材・膜・板・棒
ケイ素樹脂	シリコン（シリコーン）	SI	シリカケトン	任意形状製作可能

備考　参考の板，棒，管はその形状で入手可の意味.
　　　　　※印のものは，環境負荷物質として全廃の方向にあることに注意.

第10章　主な機械要素の図示法

　ねじ，歯車，軸などのように，そのはたらきや形状が共通で，多くの機械に同じ目的で用いられる部品を総称して機械要素（machine element）という．本章では，代表的な機械要素として，ねじおよびねじ部品，軸および軸関連部品，転がり軸受，歯車，ばね，リニアガイドウェイおよびボールねじの製図法について説明する．

　機械要素の多くは，JISにより形状，寸法，材料などが規格化され，互換性のある部品が専門メーカから大量，安価に供給される．一般には，これら標準化された部品を購入して使用することが多い．このため，設計や製図には機械要素のJISが必要不可欠である．さらに詳細な設計を行うためには，メーカのカタログや製品情報が必要になる．特に，製品の改廃や新製品情報，常備在庫品を確かめる必要がある．

　いま，部品メーカ各社の製品や技術情報は，電子カタログとしてインターネットを通じてオンラインで入手できる．検索機能にすぐれ，必要部品の図面をそのまま作業中のCAD画面に取り込むことも可能である．

10.1　ねじの製図

　「ねじ」には，「ねじの形の種類（表10.1）」と「締結するねじ部品の形（表10.3）」の二つの意味があるので混同しないこと．

10.1.1　ねじの原理

　ねじは，斜面の応用であるとよくいわれている．重いものを持ち上げる際に，垂直に持ち上げるよりも，斜面を利用して押し上げるほうが小さい力で動かせることができる理屈を利用したものが，ねじの原理である．要するに，二つの目的，一つは回転運動を直線運動に変える動きを得ること，もう一つは締め付けのためにおねじとめねじの間の摩擦抵抗を利用して，容易に緩んでこないのを利用していることである．

（1）ねじの基本

　図10.1に示すように，半径 r の円筒に尖頭角 β の直角三角形の紙片を巻きつけると螺旋ができる．これをつる巻線（helix）といい，この螺旋に沿って円筒面に溝を彫ったものがねじ（screw）である．円筒の表面または内面にコイル状につくられた同一の突起をねじ山（screw thread）といい，ねじ山をもった円筒を総称してねじという．

（2）ねじの用語とはたらき

① ねじ山　　円筒の表面に，コイル状につくられた断面が一様な突起をいう．

② リード（lead）　　ねじのつる巻線に沿って，軸を一周するとき，軸方向に進む距離をいう（図10.1）．

③ リード角　　ねじ山のつる巻曲線と軸に直角な平面がつくる角度をいう（図10.1）．

④ ピッチ（pich）　　ねじの軸線を含む断面で，隣り合うねじ山の相対する2点を軸線に平行に測定した距離をいう（図10.2（a））．

⑤ ねじれ角（helix angle of thread）　　ねじ山のつる巻曲線と軸に平行な平面がつくる角度をいう（図10.1）．

⑥　おねじ（bolt thread）・めねじ（nut thread）　　円筒（または円錐）の外面に切られたねじをおねじ，内面に切られたものをめねじという（図10.2（b），（c））．

⑦　右ねじ（right-hand thread）・左ねじ（left-hand thread）　　ねじの軸線方向に見たときに，時計回り（右回り）に回すと進むねじをねじ山を右ねじといい，反時計回り（左回り）に回すと進むねじを左ねじという．普通一般に用いるのは右ねじである（図10.3）．

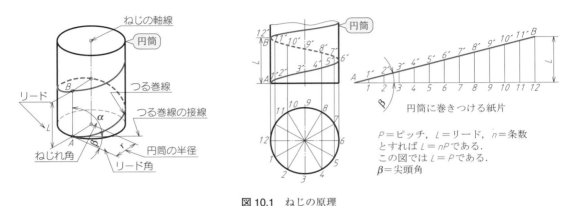

図10.1　ねじの原理

（3）ねじの各部の名称

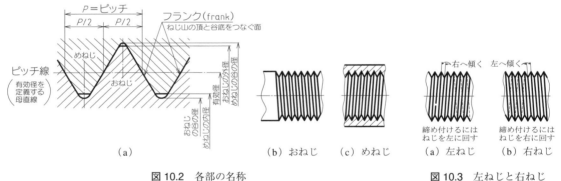

図10.2　各部の名称

図10.3　左ねじと右ねじ（おねじ）

（4）ねじの条数

①　一条ねじ（single thread）　　1本のねじ山で螺旋を形成するものを一条ねじという．

②　多条ねじ（multiple thread）　　2本以上のねじ山の束で螺旋を形成するものを多条ねじといい，条数により二条ねじ，三条ねじなどがある（2車線や3車線道路が巻きついているのを想像するとよい）．

図10.4（a），（b）に例を示す．$P=$ピッチ，$L=$リード，$n=$条数とすれば，$L=nP$である．

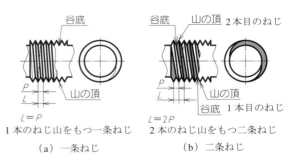

図10.4　条数とピッチとリード

（5）　ねじの種類と用途

ねじの種類と用途・特徴について，表 10.1 に示す．

表 10.1　ねじの種類と用途

ねじ山の種類[3]		ねじの種類	記号と例（寸法表）	用途・特徴	JIS 規格
三角ねじ[1]	メートルねじ　60°　P	メートル並目ねじ	M8　(p.176)	最も広く用いられるねじ．締結用．	JIS B 0205
		メートル細目ねじ	M8×1　(p.177) ピッチ指示必要	ピッチ小さく，ゆるみにくい．薄物の締結によく使われる．	JIS B 0205
	管用ねじ　55°　55°　P　P	管用平行ねじ	G1/2　(p.178)	管や配管部品の締結用．	JIS B 0202
		管用テーパねじ テーパ 1:16	R1/4　(p.179)	気密を要する配管や配管部品の接続用．	JIS B 0203
台形ねじ	台形断面　0.5P　P　0.5P	メートル台形ねじ	Tr30×6　(p.180)	旋盤親ねじ，ジャッキ，大型弁の開閉などの運動用ねじ用．角ねじに比べて加工容易．	JIS B 0216
角ねじ	正方形断面　0.5P　P　0.5P	角ねじ （JIS にないが，慣例として図の寸法が用いられる）	—	摩擦が小さく，力の伝達に適するが，加工が難しく用途が限られる．	—
ボールねじ		ボールねじ	—	摩擦が小さく伝達効率がよい．バックラッシ[2] が小さく，正確な位置決めを必要とするところに用いられる（図 10.69 参照）．	JIS B 1192

注　(1)　三角ねじの P は理解しやすく表示する．正式には図 10.2 (a) 参照．
　　(2)　バックラッシ（backlash）：一対の歯車間やねじを組み合わせたときの面間のあそび．
　　(3)　航空機などは，ユニファイねじが用いられる（JIS B 0206, 0208）．

10.1.2　ねじの図示法

（1）　ねじの表し方（JIS B 0002）

　カタログや取扱説明書には，実際の形状に近い実形図示法（図 10.2）がよく用いられる．JIS では実形を描いてもかまわないと規定されているが，時間がかかるので作図は図 10.5，10.6 に従って表すのが一般的である．

（2）　ねじの描き方（図 10.5，10.6 参照）

①　ねじの山の頂（おねじの外径，めねじの内径）は，太い実線で表す．

②　ねじの谷底（おねじの谷の径，めねじの谷の径）は，細い実線で表す．

③　ねじの山の頂と谷底を表す線の間隔は，山の高さとできるだけ等しくする．

④　端面から見た図で，ねじの谷底は，細い実線で描いた円周の 3/4 にほぼ等しい円の一部で表す．できれば，右上方に四分円をあけるのが望ましい．

⑤　端末の面取り円を表す太い実線は，端面から見た図では省略する．

⑥　かくれたねじを示す必要がある場合，山の頂および谷底はともに細い破線で表す．

⑦　ねじ部品の断面図のハッチングは，ねじの山の頂を示す線まで延ばして描く．

⑧　ねじ部長さの境界は，見える境界は太い実線で表し，かくれている場合には，細い破線で示す．

⑨　不完全ねじ部は傾斜した 30° の細い実線で表す．植込みボルトのように機能上不完全ねじ部が必要な場合（図 10.7），または寸法指示をするために不完全ねじ部の表示が必要な場合も，傾斜

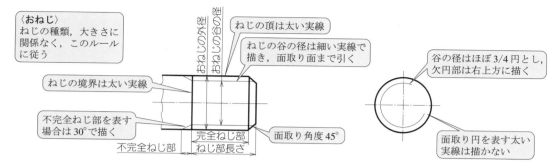

〈おねじ〉
ねじの種類，大きさに
関係なく，このルール
に従う

ねじの境界は太い実線

不完全ねじ部を表す
場合は30°で描く

おねじの外径
おねじの谷の径

ねじの頂は太い実線

ねじの谷の径は細い実線で
描き，面取り面まで引く

完全ねじ部
不完全ねじ部　ねじ部長さ

面取り角度45°

谷の径はほぼ3/4円とし，
欠円部は右上方に描く

面取り円を表す太い
実線は描かない

図10.5　おねじの表し方と線の使い方

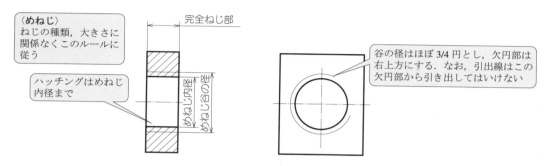

〈めねじ〉
ねじの種類，大きさに
関係なくこのルールに
従う

ハッチングはめねじ
内径まで

完全ねじ部

めねじ内径
めねじ谷の径

谷の径はほぼ3/4円とし，欠円部は
右上方にする．なお，引出線はこの
欠円部から引き出してはいけない

図10.6　めねじの表し方と線の使い方

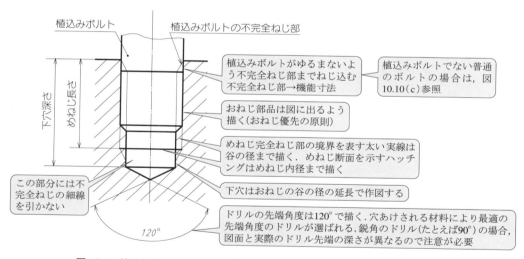

植込みボルト　　植込みボルトの不完全ねじ部

下穴深さ
めねじ長さ

植込みボルトがゆるまないよ
う不完全ねじ部までねじ込む
不完全ねじ部→機能寸法

植込みボルトでない普通
のボルトの場合は，図
10.10（c）参照

おねじ部品は図に出るよう
描く（おねじ優先の原則）

めねじ完全ねじ部の境界を表す太い実線は
谷の径まで描く．めねじ断面を示すハッチ
ングはめねじ内径まで描く

この部分には不
完全ねじの細線
を引かない

下穴はおねじの谷の径の延長で作図する

120°

ドリルの先端角度は120°で描く．穴あけされる材料により最適の
先端角度のドリルが選ばれる．鋭角のドリル（たとえば90°）の場合，
図面と実際のドリル先端の深さが異なるので注意が必要

図10.7　植込みボルト（p.184）を構造物にねじ留めしたおねじとめねじの組立図

した30°の細い実線で表す．

⑩　組み立てられたおねじ部品は，図10.7，10.8，10.9に示すように，つねにめねじ部品をかくした状態で示し，めねじ部品でおねじ部品をかくさない（おねじ優先）．組み立てられためねじの完全ねじ部の境界を表す太い線は，めねじの谷底まで描く．図10.10にめねじの加工順序と六角ボルト（p.181）で板を締結するおねじとめねじの組合せ状態を示す．**締結される側の板にはねじではなく穴が加工されていることに注意する（同図（c））**．ねじの組立図では，特に線の太さを使い分けることに注意する．

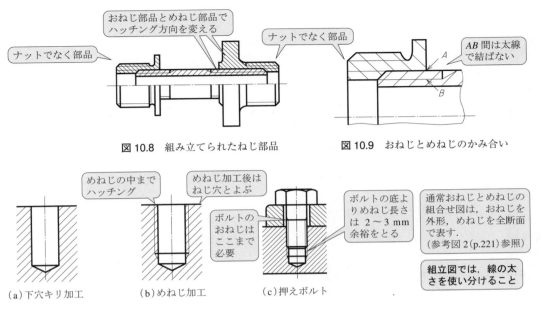

図 10.8　組み立てられたねじ部品　　　　図 10.9　おねじとめねじのかみ合い

（a）下穴キリ加工　　　（b）めねじ加工　　　（c）押えボルト

図 10.10　めねじの加工と六角ボルトで板を締結した組立図

（3）　ねじの寸法記入法（ねじの寸法 d は，p.176 〜 180 の「ねじの呼び」を記入する）

① 　ねじの呼び径は，つねにおねじの山の頂，またはめねじの谷底に対して記入する．

② 　ねじ長さの寸法は，図 10.11（a）に示すとおりねじ部長さ b に対して記入する．

③ 　不完全ねじ部が機能上必要な場合のみ，寸法記入は同図（a）に従う．通常は寸法を記入しない．

④ 　ねじを端面から見た図にねじ寸法を指定するときは，同図（b），（d）のように中心を通る斜めの直径線で表記する．または引出線を使って表記する（同図（e））．ただし，細線の 1/4 欠けた部分から引き出してはいけない．また，X 軸や Y 軸に平行に引き出して表記してはいけない．また，直径線の端末を水平にして表記してはいけない（同図（e））．CAD 製図の場合はソフトに従う．

⑤ 　ねじ下穴が貫通していない場合，図 10.12 に示すように描き，穴の深さ寸法を省略することもある．穴の深さを省略する場合，穴の深さをねじ長さの 1.25 倍程度に描く．表 10.2 に下穴径の一例を示す（（注）に注意）．貫通しているめねじは，ねじの呼び径だけ書く．正面から見ためねじに「ねじの呼び径」だけが記入してあれば，貫通ねじと判断される（図 10.13 参照）．

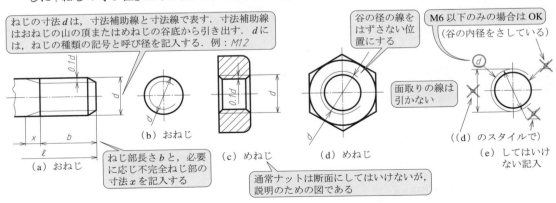

（a）おねじ　　　（b）おねじ　　　（c）めねじ　　　（d）めねじ　　　（e）してはいけない記入

図 10.11　ねじ寸法の記入法（ねじ 1 個の場合．複数個のときは図 10.13，10.14 参照）

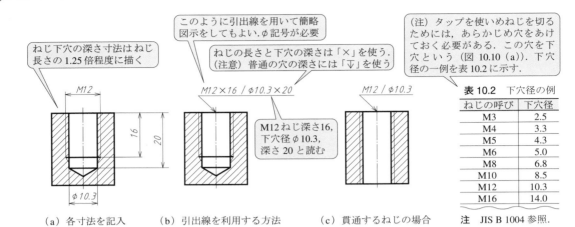

図 10.12　貫通しないねじの寸法記入法（貫通するねじの場合は *M12/φ10.3* でよい）

（4）　ねじの種類や大きさを特定する表示法

ねじは，次のように表す．

$$\boxed{\text{ねじの呼び}}-\boxed{\text{ねじの等級}}-\boxed{\text{ねじ山の巻き方向}}$$

それぞれの表記は次のように表す．

①　ねじの呼び　　ねじの種類を表す記号，直径または呼び径を表す数字およびピッチを用いて，次のいずれかで表す．

・ピッチをミリメートルで表すねじの場合

$$\boxed{\text{ねじの種類を表す記号}}\boxed{\text{ねじの呼び径を表す数字}}\times P\,\boxed{\text{ピッチ}}$$

ただし，メートル並目ねじのように，同一呼び径に対してピッチが一つだけ規定されているねじでは，ピッチを省略する．

　　　例：M8　　　　呼び径 8 のメートル並目ねじ

　　　　　M8×1　　　呼び径 8，ピッチ 1 のメートル細目ねじ

・多条メートルねじの場合

$$\boxed{\text{ねじの種類を表す記号}}\boxed{\text{ねじの呼び径を表す数字}}\times L\,\boxed{\text{リード}}\,P\,\boxed{\text{ピッチ}}$$

　　　例：M24×L6P3　　　呼び径 24，リード 6，ピッチ 3 のメートル二条ねじ

・多条メートル台形ねじ

$$\boxed{\text{ねじの種類を表す記号}}\boxed{\text{ねじの呼び径表す数字}}\times\boxed{\text{リード}}\,(P\,\boxed{\text{ピッチ}})$$

　　　例：Tr24×16（P8）　　　呼び径 24，リード 16，ピッチ 8 のメートル台形二条ねじ

・管用ねじの場合

$$\boxed{\text{ねじの種類を表す記号}}\boxed{\text{ねじの直径を表す数字}}$$

　　　例：G1/2　　　呼び径 1/2 インチの管用平行ねじ

②　ねじの等級　　必要がない場合省略してもよい．

　　　例：M12−6H　　　呼び径 12，等級 6H のメートル並目のめねじ

③　ねじ山の巻き方向　　左ねじの場合は "LH" とし，右ねじの場合には指示しない．

　　　例：M12−6H−LH

（5）　小径ねじの簡略図示法

直径 6 mm 以下の小径ねじや，規則的に並ぶ同じ形および寸法の穴またはねじの場合，図 10.13 に

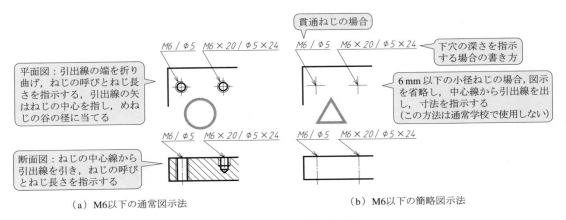

（a）M6以下の通常図示法　　　　　（b）M6以下の簡略図示法

図 10.13　小径ねじの簡略図示法

示すように簡略化してもよい．

（6）多数の同じ大きさのねじの図示法

複数の同じ大きさのねじに対して，図 10.14 に示すとおり必ず引出線を使用して，個数とねじの呼び（ねじの種類を表す記号と呼び径）を指示することで，ねじの図面指示を簡略できる．多数のねじの場合，位置度公差の指示とともに正面図で示すことがほとんどである（参考図 7 参照）．

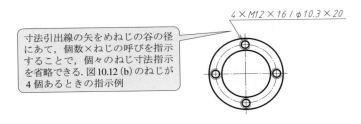

図 10.14　多数の同一ねじの図示法

🛑 10.1.3　ねじ部品の製図法（組立図で描くことが多い）

ねじ部品は，種類（名称），ねじの呼び×呼び長さ（付表 10.6 ～ 10.15 の ℓ 寸法）で表す（これを部品欄に記入すればよい（図 13.2））．

（1）ねじ部品の簡略図示法

ボルト（p.181，183，184）やナット（p.182，184）などのねじ部品は，規格部品を購入して使用するため，製作図の必要はなく，ねじ部品の仕様（呼び方）を部品欄に書くだけでよい．組立図にねじ部品を描く場合は，表 10.3 に示す簡略図示法を用いる．この図示法は，ねじ部品の必要最小限の特徴を示すもので，ナットやボルト頭部の面取りや，ねじ先の形状，不完全ねじ部，逃げ溝などを描かない．製図作業効率化のために，簡略図示法が使用されている．ただし，六角ボルトは M6 以下の場合に限る（縮尺図の直径で 6 mm 以下も含む）．

（2）略図によるボルト頭部の描き方

M8 以上のボルトの頭部やナットの面取り部の形状を示す必要があるときは，図 10.15 に示す略図法を用いる．この方法は，呼び径 d を基準にとり，各部を d の比例寸法によって作図するもので，実体に近い図を簡単に描くことができる（参考図 2（p.221）参照）．この比例寸法で描いたボルト頭部は，実物（付表 10.6 参照）の寸法より大きく表される．各部の寸法割合を図 10.15 に示す．

表 10.3　ねじ部品の簡略図示法（JIS B 0002-3）

No.	名　称	簡略図示	No.	名　称	簡略図示
1	六角ボルト（M6 以下）		9	十字穴付き皿小ねじ	
2	四角ボルト		10	すりわり付き止めねじ	
3	六角穴付きボルト		11	すりわり付き木ねじおよびタッピンねじ	
4	すりわり付き平小ねじ（なべ頭形状）		12	ちょうボルト	
5	十字穴付き平小ねじ		13	六角ナット（M6 以下）	
6	すりわり付き丸皿小ねじ		14	溝付き六角ナット	
7	十字穴付き丸皿小ねじ		15	四角ナット	
8	すりわり付き皿小ねじ		16	ちょうナット	

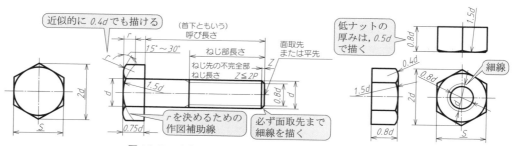

図 10.15　六角ボルト・六角ナットの略図法（M8 以上）

（3）　小ねじ，止めねじ，平座金，ばね座金

　小ねじや止めねじ（p.187, 188）は，いろいろな機械や部品に使用される．頭部の形状，締付工具に適合した溝や穴，用途に対応したねじ先形状など部品の指定を間違わないよう注意が必要である．製図に関連するねじおよびねじ部品の規格を，付表 10.1 ～ 10.15 にまとめたので，活用するとよい．また，これらの図示方法は表 10.3 に示した簡略図示法に従う．

　ばね座金（p.186）は，ゆるみ止めとしてボルト，小ねじや平座金（p.185）とともに使われる（参考図 2（p.221）参照）．ばね座金は図 10.16 に示すように締め付けられた状態で表す（付表 10.11（p.186）参照）．図 10.17 に止めねじの使用例を示す．

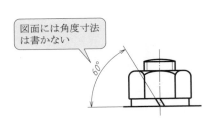

図 10.16　ばね座金組付け時の略画法

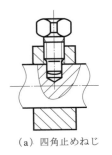

（a）四角止めねじ

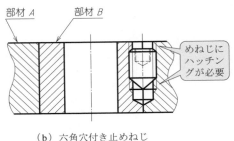

（b）六角穴付き止めねじ

図 10.17　止めねじの使用例

10.2　軸関係の製図

10.2.1　軸の直径

　軸径は，構造計算，市販材料の寸法のほか，軸受（p.152）の寸法などを総合して決められ，決して構造計算値をそのまま軸径にするわけではない．詳しくは JIS B 0901 を参考にすること．

　軸端の形には，図 10.18 に示すように，円筒形（cylindrical end）と円すい形（conical end）がある．段付き軸の場合，図 10.19 に示すように，応力集中を防ぐためすみに丸みを付ける（同図（a））．一方，軸端は軸受や歯車が組み込まれるので，研磨仕上げをすることが多い．このとき，すみに丸みがあると研磨がしにくいため，逃げ溝を設ける（同図（b））．この逃げ溝は，軸方向に研磨の部分が離れているときにも応用される（同図（c））．なお，止まり穴の場合の逃げ溝は，0.2 ～ 0.5 mm 程度の深さにすることが多い（同図（d））．ねじ部品で不完全ねじ部をつくらない場合の逃げ溝径は，谷径より少し深くするとよい（同図（e））．また，軸のかど部には必ず面取りが必要である（R, C の大きさは JIS B 0701 を参考にする）．

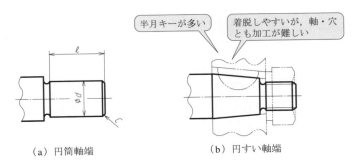

（a）円筒軸端　　　　　　　　　（b）円すい軸端

図 10.18　軸端の形の一例

10.2.2　軸の製図

　軸の製図では，以下の点に注意する（図 10.20 参照）．

①　寸法の基準面（基準線）より寸法を入れる．端から順に入れるわけではなく，機能を考えて大事な寸法をまず入れる．

②　段付部の丸み，かど部の面取りは必ず入れる．ねじがあればねじ端面にも面取りを入れる．

③　全長寸法を必ず入れる．

④　二重寸法にならないようにする．公差の記入のない寸法だけのところも普通公差に従うため，重要でない 1 箇所の数値に（　）を付け，許容差どうしで矛盾が起こらないようにする．

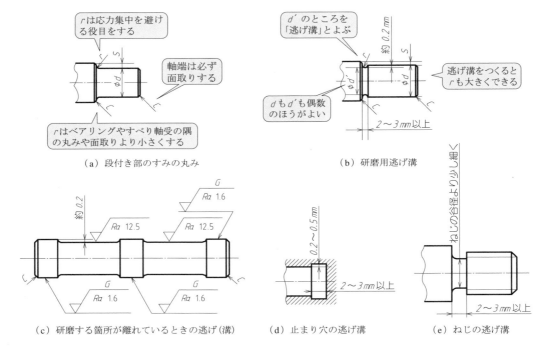

（a）段付き部のすみの丸み　　（b）研磨用逃げ溝

（c）研磨する箇所が離れているときの逃げ（溝）　　（d）止まり穴の逃げ溝　　（e）ねじの逃げ溝

図 10.19　段付き部分の丸みやいろいろな逃げ溝（**注**　図は正寸にしていない）

⑤　キー溝（p.149），止め輪溝（p.190，191），転がり軸受用座金溝などの情報を入れる．規格表より数値を選び，自分で創作してはいけない．

⑥　表面性状，熱処理（p.69），研磨の範囲（p.125，126）などをよくわかる位置に描く．

⑦　幾何公差，サイズ公差や表面性状は，機能をよく理解して「最もゆるいもの」を選択記入する（コストアップに直結し，過剰品質になるため）．

10.2.3　センタ穴と簡略図示法について

軸のような長い丸棒を旋盤で加工するときは，あらかじめ両端面にセンタ穴を加工し，旋盤のチャックと図 10.33 に示す「センタ」で保持して仕上げられることが多い．あるいは，製品検査では，この両センタ穴で保持し，必要な検査が行われる．このセンタ穴の形は，用途によって表 10.4 に示す R 形，A 形，B 形の 3 種があり，また，

①　センタ穴を製品に必ず残す

②　残しても残さなくてもどちらでもよい

③　残してはならない

の三つの要求の選択により，表 10.5 に示す記号と書き方（位置）を選ぶ．図示記号は 60° の開き角度で，線の太さと大きさは数字のほぼ 1.5 倍で書けばよい．

センタ穴の呼び方と書き方の順番は，表 10.4，10.5 に示すように，

①　規格記号

②　センタ穴の種類の記号（R，A または B）

③　表 10.6 に示す呼び径（パイロット穴径）d

④　表 10.6 に示すざぐり穴径 D（$D_1 \sim D_3$）

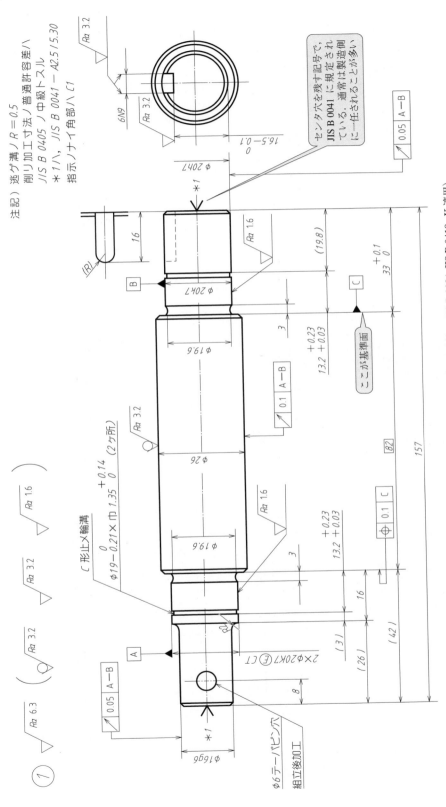

図 10.20　軸図面の一例（紙面の都合で図枠様式は省略。ただし、JIS B 0024, JIS B 0419-K 適用）

表 10.4　センタ穴の種類　(mm)

センタ穴の種類	呼び方(例)	呼び方の説明
R形 円弧形状をもつもの（JIS B 4304 によるセンタ穴ドリル）	*JIS B 0041-R3.15/6.7*	$d = 3.15$ $D_1 = 6.7$
A形 面取りをもたないもの（JIS B 4304 によるセンタ穴ドリル）	*JIS B 0041-A4/8.5*	最大60° $d = 4$ $D_2 = 8.5$
B形 面取りをもつもの（JIS B 4304 によるセンタ穴ドリル）	*JIS B 0041-B2.5/8*	最大60°　120° $d = 2.5$ $D_3 = 8$

注　（1）寸法 ℓ は，センタ穴ドリルの長さにもとづくが，t よりも短くてはならない．
　　（2）ℓ, t の寸法は「JIS B 0041」参照．

表 10.5　センタ穴の記号および呼び方の図示方法　(mm)

要求事項	記号	呼び方
センタ穴を最終仕上がり部品に残す場合		*JIS B 0041-B2.5/8*
センタ穴を最終仕上がり部品に残してもよい場合		*JIS B 0041-B2.5/8*
センタ穴を最終仕上がり部品に残してはならない場合		*JIS B 0041-B2.5/8*

表 10.6 R 形，A 形および B 形の推奨するセンタ穴の寸法 （mm）

d 呼び	種　類				
	R 形 JIS B 4304 による	A 形 JIS B 4304 による		B 形 JIS B 4304 による	
	D_1 呼び	D_2 呼び	t 参考	D_3 呼び	t 参考
(0.5)		1.06	0.5		
(0.63)		1.32	0.6		
(0.8)		1.70	0.7		
1.0	2.12	2.12	0.9	3.15	0.9
(1.25)	2.65	2.65	1.1	4	1.1
1.6	3.35	3.35	1.4	5	1.4
2.0	4.25	4.25	1.8	6.3	1.8
2.5	5.3	5.30	2.2	8	2.2
3.15	6.7	6.70	2.8	10	2.8
4.0	8.5	8.50	3.5	12.5	3.5
(5.0)	10.6	10.60	4.4	16	4.4
6.3	13.2	13.20	5.5	18	5.5
(8.0)	17.0	17.00	7.0	22.4	7.0
10.0	21.2	21.20	8.7	28	8.7

備考 （　）を付けて示した呼びのものは，なるべく用いない．

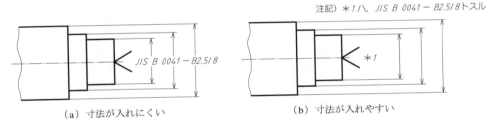

注記）＊1ハ，JIS B 0041 − B2.5/8 トスル

（a）寸法が入れにくい　　　　（b）寸法が入れやすい

図 10.21　センタ穴の図示方法

とし，③と④（d と D）の途中を斜線で区切る．現実には，図 10.21 に示すように，寸法線をまたぐことになるので，同図（b）に示す記号＊を用いて注記をすればよい（図 10.20 も参照）．

● 10.2.4　軸に使用する小物類

　本項で述べる小物類は，JIS で規格が決められていて，通常は市販品を使用する．したがって，各人が図面を描いて製作する必要はない（図面への取扱いについては第 13 章を参照のこと）．

（1）キーおよびキー溝（JIS B 1301, keys and their corresponding keyways）

　キーは，軸と相手部品との間にそれぞれ溝をつくり，そこにはめ込むことでトルクを伝えるもので，沈みキー，滑りキー，半月キーなどがあるが，ここでは最もよく使われる沈みキーのうち，平行キーについて説明する．

　平行キーは，断面が長方形あるいは正方形で，上下左右の面が平行である．端部は図 10.22（a）〜（c）の形をしている．

　キーは市販品を購入して使用するが，キー溝は軸径に応じて図面上で指示をして加工する． 表 10.7 は，平行キーの寸法および溝寸法を示したもので，表中の記号は表の上の図に示されている．断面方向の溝寸法の入れ方を図 10.23 に示す．表中の t_1 および t_2 の許容差は，軸と穴によって ± の入れ方が異なることに注意する．なお，キー本体は購入品なので図面を描かなくてもよい．図 10.24 にキー溝

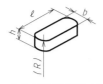  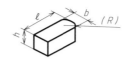

（a）両丸形（記号A）　（b）両角形（記号B）　（c）片丸形（記号C）　（d）こう配キー　（e）半月キー

図10.22　平行キーとこう配キー，半月キー

表10.7　平行キーおよびキー溝の寸法の一部（JIS B 1301）[4]

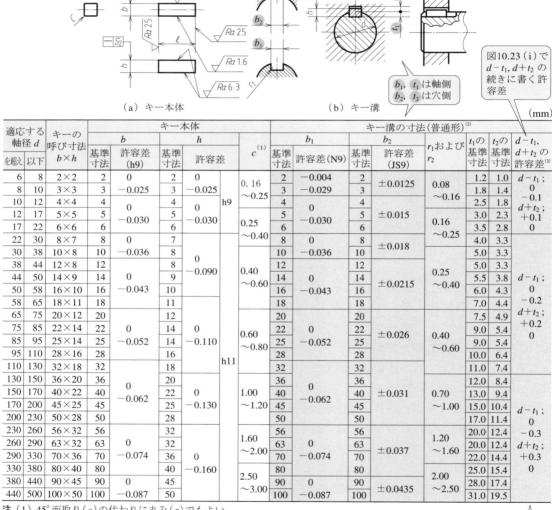

（a）キー本体　　　　　　　　　　　（b）キー溝

b_1，t_1 は軸側
b_2，t_2 は穴側

図10.23（i）で
$d-t_1$，$d+t_2$ の
続きに書く許
容差

（mm）

適応する軸径 d		キーの呼び寸法 $b×h$	キー本体						キー溝の寸法（普通形）[2]							
を超え	以下		b		h		c [1]	b_1		b_2		r_1およびr_2	t_1の基準寸法	t_2の基準寸法	$d-t_1$，$d+t_2$の許容差 [3]
			基準寸法	許容差（h9）	基準寸法	許容差		基準寸法	許容差（N9）	基準寸法	許容差（JS9）				
6	8	2×2	2		2	0	0.16〜0.25	2	−0.004	2	±0.0125	0.08〜0.16	1.2	1.0	$d-t_1$；0 −0.1 $d+t_2$；+0.1 0
8	10	3×3	3	−0.025	3	−0.025		3	−0.029	3			1.8	1.4	
10	12	4×4	4	0 −0.030	4	0 −0.030		4	0 −0.030	4	±0.015	0.16〜0.25	2.5	1.8	
12	17	5×5	5		5		0.25〜0.40	5		5			3.0	2.3	
17	22	6×6	6		6			6		6			3.5	2.8	
22	30	8×7	8	0 −0.036	7		0.40〜0.60	8	0 −0.036	8	±0.018		4.0	3.3	
30	38	10×8	10		8	0 −0.090		10		10			5.0	3.3	
38	44	12×8	12		8			12		12		0.25〜0.40	5.0	3.3	
44	50	14×9	14	0 −0.043	9			14	0 −0.043	14	±0.0215		5.5	3.8	$d-t_1$；0 −0.2 $d+t_2$；+0.2 0
50	58	16×10	16		10			16		16			6.0	4.3	
58	65	18×11	18		11			18		18			7.0	4.4	
65	75	20×12	20		12		0.60〜0.80	20		20		0.40〜0.60	7.5	4.9	
75	85	22×14	22	0 −0.052	14	0 −0.110		22	0 −0.052	22	±0.026		9.0	5.4	
85	95	25×14	25		14			25		25			9.0	5.4	
95	110	28×16	28		16			28		28			10.0	6.4	
110	130	32×18	32		18			32		32			11.0	7.4	
130	150	36×20	36		20		1.00〜1.20	36		36		0.70〜1.00	12.0	8.4	$d-t_1$；0 −0.3 $d+t_2$；+0.3 0
150	170	40×22	40	0 −0.062	22	0 −0.130		40	0 −0.062	40	±0.031		13.0	9.4	
170	200	45×25	45		25			45		45			15.0	10.4	
200	230	50×28	50		28			50		50			17.0	11.4	
230	260	56×32	56		32		1.60〜2.00	56		56		1.20〜1.60	20.0	12.4	
260	290	63×32	63	0 −0.074	32			63	0 −0.074	63	±0.037		20.0	12.4	
290	330	70×36	70		36	0 −0.160		70		70			22.0	14.4	
330	380	80×40	80		40		2.50〜3.00	80		80		2.00〜2.50	25.0	15.4	
380	440	90×45	90	0 −0.087	45			90	0 −0.087	90	±0.0435		28.0	17.4	
440	500	100×50	100		50			100		100			31.0	19.5	

図10.23（i）の場合

注（1）45°面取り（c）の代わりに丸み（r）でもよい.
　（2）普通形は滑動形，締込み形に対応する用語.
　（3）図10.23（i）の描き方のときに使用する.
　（4）こう配キー，半月キーのキーおよびキー溝の寸法は別表に規定されている.

備考　1.　ℓ の寸法許容差はh12とし，長さは6, 8, 10, 12, 14, 16, 18, 20, 22, 25, 28, 32, 36, 40, 45, 50, …, 400より選ぶ.
　　　2.　適応する軸径 d は，キーの強さに対応するトルクから求められるものであって，一般用途の目安として示す. 6〜8は「6を超え8以下」と読めばよい.

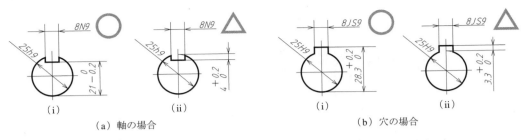

（a）軸の場合　　　　　　　（b）穴の場合

図 10.23　寸法の入れ方（実測しやすいので図（ii）より図（i）の描き方をする）

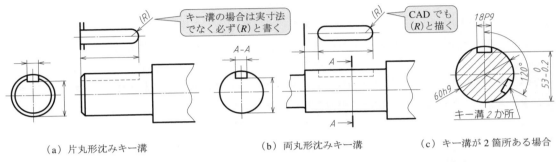

（a）片丸形沈みキー溝　　　（b）両丸形沈みキー溝　　　（c）キー溝が 2 箇所ある場合

図 10.24　キー溝の寸法の指示例（参考図 4（p.223）も参照．図 10.26 と対比参照）

の寸法の指示例を示す．キー溝端の丸みは（R）と描くこと（JIS の指示，すなわち，図 5.26 のように（R 実寸）の形にしない）．同図（c）は同一寸法のキー溝が 2 個ある場合を示す．側面図が描けないときは参考図 4（p.223）のように描く．テーパ軸とテーパ穴のキー溝の指示例を図 10.25 に示す．部品欄あるいはリスト中で指示するときは，表 10.8 の例 1 〜 3 に示すような呼び方をする．キー溝の加工法の例を図 10.26 に示す．

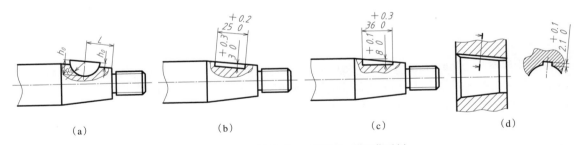

（a）　　　　　（b）　　　　　（c）　　　　　（d）

図 10.25　テーパ軸とテーパ穴のキー溝の指示例

表 10.8　キーの種類および記号と製品の呼び方

形　状		記号
平行キー	ねじ用穴なし	P *
	ねじ用穴付き	PS
こう配キー	頭なし	T
	頭付き	TG *
半月キー	丸底	WA *
	平底	WB

備考　図 10.22 のものは * を示す（大部分がこの形）．

例 1.　JIS B 1301 ねじ用穴なし平行キー
　　　　両丸形　25×14×90（b×h×ℓ の順）
　　　　または，JIS B 1301 P-A　25×14×90

例 2.　JIS B 1301 頭付きこう配キー　20×12×70
　　　　または，JIS B 1301　TG　20×12×70

例 3.　JIS B 1301　丸底半月キー　3×16
　　　　または，JIS B 1301　WA　3×16

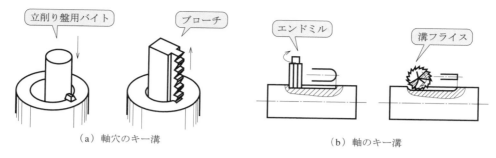

（a）軸穴のキー溝   （b）軸のキー溝

図 10.26 キー溝の加工法の例

（2）ピン（pins）

　ピンは，軸に部品を固定するのに用いられる．図 10.27 に示す平行ピン，溝付スプリングピン，テーパピンなどがある．あらかじめ，取付部品および軸部にピン用の貫通穴を加工すると，双方の穴が合わないことが多いので，取付部品と軸を組立現場で組み合わせたあと，ピン穴加工を行い，すぐさまピンを打ち込む（現場合わせ，または現物合わせ，通称「現合」という）．この場合，両図面にはピン穴を描き，たとえば「φ6 テーパピン穴組立後加工」と引出線を出して書けばよい（図 10.20 参照）．付表 10.16，10.17（p.190）に，スプリングピンとテーパピンの寸法の一部を示す．

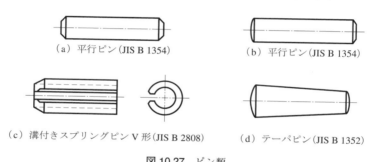

（a）平行ピン（JIS B 1354）   （b）平行ピン（JIS B 1354）

（c）溝付きスプリングピン V 形（JIS B 2808）   （d）テーパピン（JIS B 1352）

図 10.27 ピン類

（3）止め輪（retaining rings）

　止め輪（JIS B 2804）は，軸や円筒内に組み合わされる部品の軸方向位置の固定に用いられる．C 形と E 形があり，C 形には穴用と軸用がある．それぞれ専用のペンチで着脱する．E 形は，軸用のみで C 形に比べて細い軸に用いられる．これら止め輪を取り付けるために，専用の止め輪溝を図面上に指示する．C 形止め輪溝の図示例は図 10.20 に示した．溝径と軸径が近いため，引出線で表示するほうがわかりやすい．

　付表 10.18（p.190）に E 形止め輪，付表 10.19，10.20（p.191）に C 形偏心止め輪の寸法表と専用工具を示す．

➕ 10.3 軸受の製図

　荷重を受けながら回転する軸を支持する部品を軸受という．軸と軸受が接触している部分をジャーナル（journal）といい，軸受はジャーナルと軸受との相対運動によって，転がり軸受（rolling bearing：軸受の外輪と内輪の間に「玉」や「ころ」が転がり接触する．通称「ベアリング」）とすべり軸受（sliding bearing：軸受とジャーナルが潤滑油を介してすべり接触する）に分けられる．

　また，軸受に作用する荷重によって，ラジアル軸受（radial bearing：軸の中心から放射状の方向に

はたらく荷重を支える軸受）とスラスト軸受（thrust bearing：軸に平行にはたらく荷重を支える軸受）に分類される．ここでは，主に転がり軸受の製図に必要な項目について説明する．

10.3.1　軸受の種類

転がり軸受の中で最も広く使われている単列深溝玉軸受の構造とすべり軸受の構造を，図 10.28 に示す．転がり軸受は，軌道輪（外輪，内輪），転動体（玉，またはころ），保持器から成り立っている．主な転がり軸受の種類と特性の比較を，図 10.29 に示す．

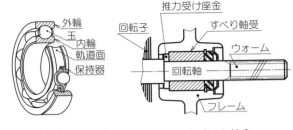

（a）転がり軸受　　　　（b）すべり軸受
[NSK 転がり軸受カタログより]　（家庭用扇風機軸受け部）

図 10.28　軸受の構造

10.3.2　転がり軸受の呼び番号

転がり軸受は，呼び番号でその構成がわかるように規定されている．その配列は，図 10.30 に示すように，基本番号（軸受系列記号，内径番号，および接触角記号）と補助記号からなり，軸受一つひとつに呼び番号が付けられ，その構成がわかる．軸受の設計や選定に必要なものである．転がり軸受の接触角記号を表 10.9 に，補助記号を表 10.10 に示す．

単列深溝玉軸受の呼び番号と主要寸法を表 10.11（JIS B 1521）に示す．軸受の製図に必要な寸法はこの表から得ることができる．

軸受の呼び番号の一例を図 10.31 に示す．組立図に描かれた軸受も，呼び番号の記入で仕様が明確になる．たとえば，巻末の参考図 9（p.228）の品番 7，スラスト玉軸受の摘要欄に 51105 の記載がある．図 10.30 より，最初の 5 がスラスト玉軸受を示す．次の 11 は寸法記号で，幅と直径がわかる．最後の 05 は内径番号を表す（図 10.30 の注（2）と（3）より内径は 25 mm（25÷5＝0.5）である）．

参考までに，寸法記号の違いによる軸受の大きさの比較を図 10.32 に示す．通常，軸の設計に合わせて軸受内径が決まり，軸受に加わる荷重の種類と大きさ，回転数などから軸受の設計が行われ，規格品の中から最適の軸受が選ばれる．そのため，実際の設計や製図では軸受メーカのカタログが必要になる．

10.3.3　転がり軸受のはめあい

JIS で一般に推奨されている転がり軸受のはめあいの例を，表 10.12 に示す．

10.3.4　転がり軸受の図示法

転がり軸受は，専門メーカから供給される JIS 規格に適合した標準品を選択して使用される．したがって，軸受を製作するための製作図を描く必要がない．ここでは，組立図に使用される転がり軸受の簡略図示法について説明する．

転がり軸受を使った回転センタの組立図を，図 10.33 に示す．一つの図面の上半分を簡略図示，下半分を詳細図で示したものである．詳細図は技術説明やカタログなどの用途に限定して使用されている．機械製図では，簡略図示法が用いられる．

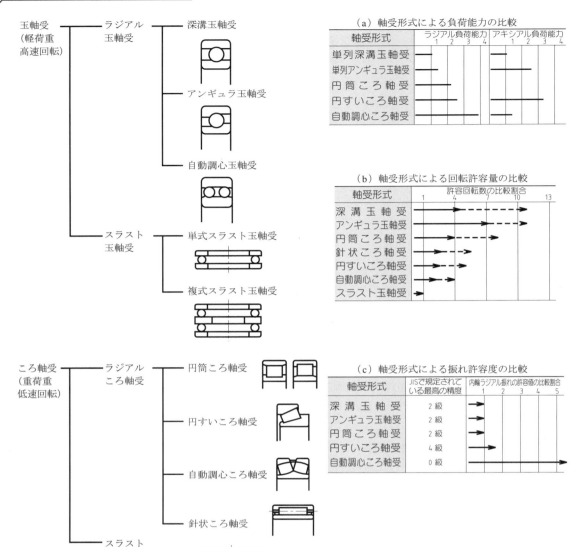

図 10.29　主な転がり軸受の種類と特性
〔NSK 転がり軸受カタログより〕

（→注参照）
（→表10.9）
（→表10.10）

（注）（1）内径寸法 9 mm 以下では，内径寸法を内径番号とする．
　　　（2）内径寸法 10 mm は 00, 12 mm は 01, 15 mm は 02, 17 mm は 03, 20 mm は 04, 25 mm は 05, 30 mm は 06 と表示する．
　　　（3）内径寸法 20 〜 480 mm は，内径寸法を 5 で割った数字を内径番号とし，2 けたで表示する．
　　　（4）内径寸法 500 mm 以上は，数字の前に / を付けて「/500」，「/2000」のように表示する．

図 10.30　転がり軸受の呼び

表 10.9 接触角記号

軸受の形式	呼び接触角	接触角記号
単列アンギュラ玉軸受	10° を超え 22° 以下	C
	22° を超え 32° 以下	A[1]
	32° を超え 45° 以下	B
円すいころ軸受	17° を超え 24° 以下	C
	24° を超え 32° 以下	D

注 (1) 省略することができる.

表 10.10 補助記号

仕　様	内容または区分	補助記号
内部寸法	主要寸法およびサブユニットの寸法が ISO 355 に一致するもの	J3
シール・シールド（シールド記号）	両シール付き	UU
	片シール付き	U
	両シールド付き	ZZ
	片シールド付き	Z
軌道輪形状	内輪円筒穴	なし
	フランジ付き	F
	内輪テーパ穴（基準テーパ比 1/12）	K
	内輪テーパ穴（基準テーパ比 1/20）	K30
	輪溝付き	N
	止め輪付き	NR
軸受の組合せ	背面組合せ	DB
	正面組合せ	DF
	並列組合せ	DT
ラジアル内部すきま[1]	C2 すきま	C2
	CN すきま	CN
	C3 すきま	C3
	C4 すきま	C4
	C5 すきま	C5
精度等級[2]	0 級	なし
	6X 級	P6X
	6 級	P6
	5 級	P5
	4 級	P4
	2 級	P2

注 (1) JIS B 1520 参照.
　　(2) JIS B 1514 参照.

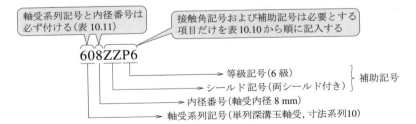

軸受系列記号と内径番号は必ず付ける（表 10.11）

接触角記号および補助記号は必要とする項目だけを表 10.10 から順に記入する

608ZZP6

→ 等級記号（6 級）　｝補助記号
→ シールド記号（両シールド付き）
→ 内径番号（軸受内径 8 mm）
→ 軸受系列記号（単列深溝玉軸受, 寸法系列10）

図 10.31 軸受の呼び番号の一例

表 10.11 単列深溝玉軸受の呼び番号と主要寸法 (JIS B 1521-2012)

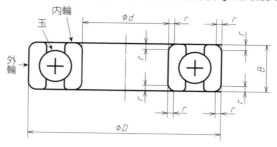

(mm)

軸受系列60 (寸法系列10)					軸受系列62 (寸法系列02)					軸受系列63 (寸法系列03)				
呼び番号	主要寸法				呼び番号	主要寸法				呼び番号	主要寸法			
	d	D	B	$r^{(1)}$		d	D	B	$r^{(1)}$		d	D	B	$r^{(1)}$
603	3	9	3	0.15	623	3	10	4	0.15	633	3	13	5	0.2
604	4	12	4	0.2	624	4	13	5	0.2	634	4	16	5	0.3
605	5	14	5	0.2	625	5	16	5	0.3	635	5	19	6	0.3
606	6	17	6	0.3	626	6	19	6	0.3	636	6	22	7	0.3
607	7	19	6	0.3	627	7	22	7	0.3	637	7	26	9	0.3
608	8	22	7	0.3	628	8	24	8	0.3	638	8	28	9	0.3
609	9	24	7	0.3	629	9	26	8	0.3	639	9	30	10	0.6
6000	10	26	8	0.3	6200	10	30	9	0.6	6300	10	35	11	0.6
6001	12	28	8	0.3	6201	12	32	10	0.6	6301	12	37	12	1
6002	15	32	9	0.3	6202	15	35	11	0.6	6302	15	42	13	1
6003	17	35	10	0.3	6203	17	40	12	0.6	6303	17	47	14	1
6004	20	42	12	0.6	6204	20	47	14	1	6304	20	52	15	1.1
−	−	−	−	−	62/22	22	50	14	1	63/22	22	56	16	1.1
6005	25	47	12	0.6	6205	25	52	15	1	6305	25	62	17	1.1
−	−	−	−	−	62/28	28	58	16	1	63/28	28	68	18	1.1
6006	30	55	13	1	6206	30	62	16	1	6306	30	72	19	1.1
−	−	−	−	−	62/32	32	65	17	1	63/32	32	75	20	1.1
6007	35	62	14	1	6207	35	72	17	1.1	6307	35	80	21	1.5
6008	40	68	15	1	6208	40	80	18	1.1	6308	40	90	23	1.5
6009	45	75	16	1	6209	45	85	19	1.1	6309	45	100	25	1.5
6010	50	80	16	1	6210	50	90	20	1.1	6310	50	110	27	2
6011	55	90	18	1.1	6211	55	100	21	1.5	6311	55	120	29	2
6012	60	95	18	1.1	6212	60	110	22	1.5	6312	60	130	31	2.1
6013	65	100	18	1.1	6213	65	120	23	1.5	6313	65	140	33	2.1
6014	70	110	20	1.1	6214	70	125	24	1.5	6314	70	150	35	2.1

注 (1) 内輪・外輪の最小許容面取り寸法である.

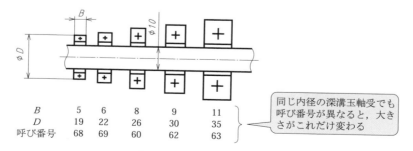

同じ内径の深溝玉軸受でも呼び番号が異なると, 大きさがこれだけ変わる

B	5	6	8	9	11
D	19	22	26	30	35
呼び番号	68	69	60	62	63

図 10.32 軸受の大きさ比較

表10.12　ラジアル軸受はめあい（JIS B 1566-2015 抜粋）

内輪[(1)]の 軸受の等級	内輪回転荷重または方向不定荷重							内輪静止荷重		
	軸の公差クラス[(3)]									
0級，6X級，6級	r6	p6	n6	m6 m5	k6 k5	js6 js5	h5	h6 h5	g6 g5	f6
5級	—	—	—	m5	k4	js4	h4	h5	—	—

外輪[(2)]の 軸受の等級	外輪静止荷重				方向不定荷重または外輪回転荷重					
	穴の公差クラス[(3)]									
0級，6X級，6級	G7	H7 H6	JS7 JS6	—	JS7 JS6	K7 K6	M7 M6	N7 N6	P7	
5級	—	H5	JS5	K5	—	K5	M5	—	—	

注　(1)　軸受内径の許容差は，JIS B 1514（転がり軸受の公差）による．
　　(2)　軸受外径の許容差は，JIS B 1514-1 による．
　　(3)　公差クラスの記号は，JIS B 0401-1 および 0401-2 による．

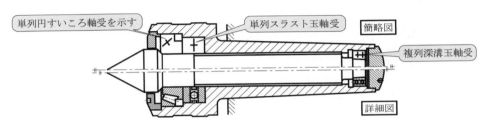

図10.33　転がり軸受の図示例（回転センタ）

（1）　基本簡略図示法

　基本簡略図示法は，単に転がり軸受であることがわかればよい場合に用いる．その図示法を図10.34に示す．転がり軸受は，外形を表す四角形と四角形の中央に転動体を表す直立した十字で示す．この十字は外形線に接してはいけない．転がり軸受の正確な外形を示す必要があるとき，その断面は実際に近い形状で図示する．この図示法で用いる線の太さは図面に用いられる外形線と同じとし，尺度はその図面に用いられる尺度と同じとする．

（a）　四角と十字で軸受を表す　　　　（b）　軸受の構造を示す例（円すいころ軸受）

図10.34　基本簡略図示法

（2）　個別簡略図示法

　個別簡略図示法は，基本簡略図示法の十字に代わって軸受の荷重特性（荷重を受ける方向および軸受の調心性の有無）や軸受形体（ころや玉の列数）を図示記号で表す方法である．
　転がり軸受を表す要素は，次の三つである．
①　調心できない転動体（玉，ころなど）は，長い実線の直線で表す．
②　調心できる転動体の軸線は，長い実線の円弧で表す．
③　転動体の列数と位置は，短い実線の直線で表す．この短い実線は，①，②の実線に直交し，各転動体のラジアル中心線と一致させる．

軸受の形式によっては①，②は傾いて示してもよい．この方法で表した個別簡略図示法の例を，詳細図と対比させて図10.35に示す．

　転がり軸受は種類が多く，用いられ方もさまざまである．個々の軸受の特性寸法，精度，はめあい，取付けや取外し方法，潤滑方法などは，関連JISやメーカの技術資料を参照のこと．

✚ 10.4　歯車の製図

　歯車は，一つの軸からほかの軸にトルクを確実に伝達する重要な機械要素である．歯車の歯数の組合せを変えることにより，回転速度比を変えることもできる．また，二つの軸が平行でなくとも，回転を伝達できるものもある．ここでは，歯車の種類と歯車製図（主な関連規格 JIS B 0003，JIS B 0102）について説明する．歯車の材質には，鉄，鋼，非鉄金属，プラスチックがあり，製造方法には，機械加工，鋳造，溶接，焼結，射出成形などがある．歯車は，歯，リム，アーム，ボス，ウェブなどを組み合わせた構造である．また，歯車の部品図には図とともに要目表が必要である．

⬡ 10.4.1　歯車の種類

　歯車は，二つの軸の位置関係，使用目的，回転方向により多くの種類がある．これらを図10.36〜10.38に示す．

①　平歯車（spur gear）　　平行な二つの軸に取り付けられて，互いに逆方向に回転する．外歯車（external gear）ともよばれる．

②　内歯車（internal gear）　　平行な二つの軸に取り付けられて使用されるが，内歯車の内側に小径の歯車（pinion gear）が配置され，双方とも同じ方向に回転する．

③　ラックとピニオン（rack and pinion）　　ラックは，歯車の半径を無限大に広げたものである．ピニオンを回転させると，ラックは直線運動をする．

④　やまば歯車（double helical gear）　　傾斜角が等しく，傾斜の方向が逆な山形状の歯を付けた歯車．なめらかな回転の伝達ができる．軸方向の力が発生しない．

⑤　すぐばかさ歯車（straight bevel gear）　　交差する2軸間にトルクを伝える円すい型の歯車．歯がまっすぐなものは，すぐばかさ歯車，傾斜したものは，はすばかさ歯車（helical bevel gear）という．

⑥　はすば歯車（helical gear）　　平行な二つの軸に取り付けられ，互いに反対方向に回転する歯車であるが，歯と軸はある角度傾いていて，なめらかな回転の伝達ができる．騒音が小さい．

⑦　まがりばかさ歯車（spiral bevel gear）　　交差する2軸間にトルクを伝える円すい型の歯車．曲がった歯が設けられた形であるところから，まがりばかさ歯車という．

⑧　冠歯車（crown gear）　　円すいの頂角が180°となり，平板に歯形を付けた形のかさ歯車．また，歯形の代わりにピンを植え付けたものには，ピン歯車（pin gear）がある．

⑨　ねじ歯車（crossed helical gear）　　ねじれ角の異なるはすば歯車を，くい違う2軸間の伝動に用いるもので，いろいろな軸角度のものがある．

⑩　ハイポイド歯車（hypoid gear）　　まがりばかさ歯車に似た形のもので，自動車用として広く使われている．

⑪　ウォームとウォーム歯車（worm and worm wheel）　　ウォームはねじの回す側，ウォームホイールは，それにかみ合って回される側の歯車をいい，両者を一対としてウォーム歯車という．2軸は直角だが交差せず，1段で高い減速比が得られるのが特長である．なお，回す側の形が鼓形の円弧回転体として，互いの接触面を多くした鼓形ウォーム（hindley worm）といわれるものもある．

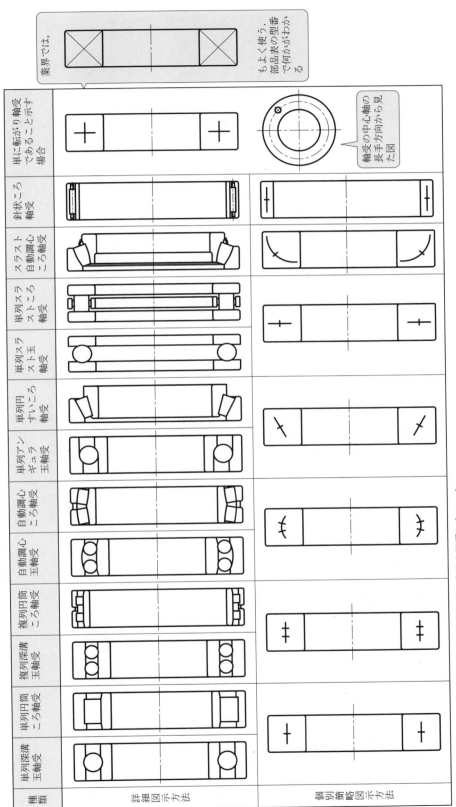

業界では、

もよく使う。
部品表の型番
で何かがわかる

軸受の中心軸の
長手方向から見
た図

軸受の中心軸
であることを示す

種類	詳細図示方法	個別簡略図示方法
単列深溝玉軸受		
単列円筒ころ軸受		
複列深溝玉軸受		
複列円筒ころ軸受		
自動調心玉軸受		
自動調心ころ軸受		
単列アンギュラ玉軸受		
単列円すいころ軸受		
単列スラスト玉軸受		
単列スラストころ軸受		
スラスト自動調心ころ軸受		
針状ころ軸受		
単に転がり軸受である場合		

注 一つの図面中で、詳細図示方法と個別簡略図示方法と混用しないこと。

図 10.35 個別簡略図示方法（JIS B 0005-2-1999）

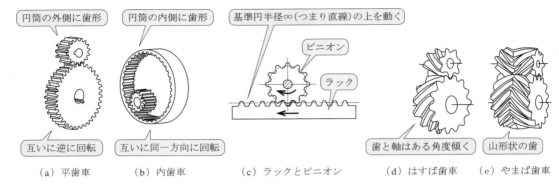

図 10.36　二つの軸が平行な歯車の種類

図 10.37　二つの軸が交差する歯車の種類

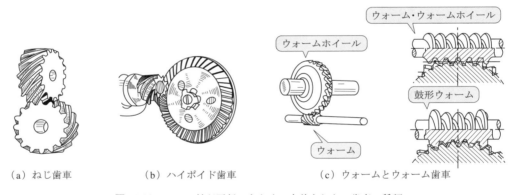

図 10.38　二つの軸が平行でもなく，交差もしない歯車の種類

⬡ 10.4.2　歯車の歯形曲線と各部の名称

（1）歯車の歯形曲線

歯車には，加工性・互換性・かみ合う歯車の軸間距離が多少変化しても回転比にくるいがないなどの特長から，JIS B 1701 で規定されているインボリュート歯形（involute tooth）が使用されている．一般に，歯形はインボリュート歯形のことであり，そのインボリュート曲線を，図 10.39 に示す．

（2）歯車各部の名称

平歯車を例とした各部の名称を，図 10.40 に示す．なお，歯形曲線と基準円の交点をピッチ点といい，ピッチ点における歯形曲線の接線と半径線とのなす角度を圧力角という．JIS では，平歯車とはすば歯車について，この角度を 20° と定めている．その他，平歯車，はすば歯車，ラックの精度などは，JIS B 1702−1 および −2 で規定されている．

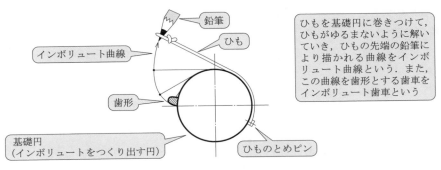

鉛筆

インボリュート曲線

ひも

歯形

基礎円
（インボリュートをつくり出す円）

ひものとめピン

ひもを基礎円に巻きつけて，ひもがゆるまないように解いていき，ひもの先端の鉛筆により描かれる曲線をインボリュート曲線という．また，この曲線を歯形とする歯車をインボリュート歯車という

図 10.39　インボリュート曲線

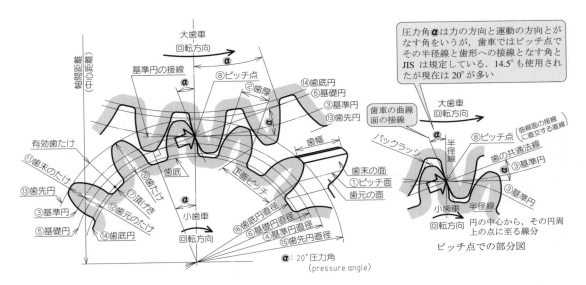

圧力角 **α** は力の方向と運動の方向とがなす角をいうが，歯車ではピッチ点でその半径線と歯形への接線となる角と JIS は規定している．14.5° も使用されたが現在は 20° が多い

大歯車
回転方向

基準円の接線

⑧ピッチ点
②歯厚
⑭歯底円
⑤基礎円
③基準円
⑬歯先円

歯車の曲線面の接線

大歯車
回転方向

ピッチ点

（曲線面の接線に直交する直線）

半径線

バックラッシ

歯の共通法線

③基礎円

有効歯たけ

⑪歯末のたけ

歯幅

歯底

歯たけ

⑦頂げき

歯末の面
①ピッチ面

歯元の面

正面ピッチ

③基準円

⑤基礎円

⑫歯元のたけ

⑭歯底円

小歯車
回転方向

⑯歯底円直径
⑥基礎円直径
④基準円直径
⑮歯先円直径

小歯車
回転方向

半径線

③基礎円

円の中心から，その円周上の点に至る線分

ピッチ点での部分図

α：20° 圧力角
（pressure angle）

① ピッチ面（pitch surface）：歯車のかみ合う転がり面
② 歯厚（tooth thickness）：基準面で測った歯の厚み
③ 基準円（reference circle）：歯車の大きさの基準となる円
④ 基準円直径（reference diameter）：基準円の直径
⑤ 基礎円（base circle）：インボリュート曲線を生成するための基礎になる円
⑥ 基礎円直径（base diameter）：基礎円の直径
⑦ 頂げき（clearance）：歯車の先端面と相手歯車の歯底面との距離
⑧ ピッチ点（pitch point）：二つのピッチ円の接点
⑨ （かみ合い）ピッチ円（operating pitch circle）：転位歯車のかみ合い部のピッチ円直径（図 10.60（d），（f）（p.169）参照）
　（※ JIS では単にピッチ円（pitch circle）と称す（図 10.60（p.169）参照））
⑩ 歯たけ（tooth depth）：歯先円と歯底円の半径方向の距離
⑪ 歯末のたけ（addendum）：歯先円と基準円との半径方向の距離
⑫ 歯元のたけ（dedendum）：歯底円と基準円との半径方向の距離
⑬ 歯先円（tip circle）：歯の頂を通る線
⑭ 歯底円（root circle）：歯の底を通る線
⑮ 歯先円直径（tip diameter）：歯先円の直径
⑯ 歯底円直径（root diameter）：歯底円の直径

（標準基準ラック歯形について）
JIS では，歯数に影響を受けず単純な形のラックの歯形を規定して，これとかみ合うすべての平歯車の歯形を規定している．これを標準ラックという．下の図は，JIS B 1701-1 に規定された基準ラックを示す．歯の傾斜角度（圧力角）は 20° と定められている

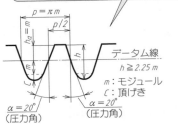

$p = \pi m$

$p/2$

データム線

$h \geqq 2.25\ m$

m：モジュール
c：頂げき

$\alpha = 20°$
（圧力角）

$\alpha = 20°$
（圧力角）

図 10.40　平歯車の各部の名称

● 10.4.3 歯形の大きさ

（1）歯車の寸法

歯の大きさを表すには，（正面）モジュール m（mm），正面ピッチ t（mm），ダイヤメトラルピッチ P（inch）があり，それぞれ次式で示される．

① （正面）モジュール（module，メートル系の歯車）：

$$m = \frac{基準円直径}{歯数} = \frac{d}{z} \quad (mm)$$

② 正面ピッチ（transverse pitch）：

$$t = \frac{基準円円周}{歯数} = \frac{\pi d}{z} \quad (mm)$$

③ ダイヤメトラルピッチ（diametral pitch，インチ系の歯車）：

$$P = \frac{歯数}{基準円直径 (inch)} = \frac{z}{d(inch)} = \frac{25.4z}{d(mm)} \quad (inch)$$

ただし，z は歯数である．また，$m = t/\pi$，$P = 25.4/m$ の関係がある．

（2）モジュールの標準値（JIS B 1701-2）

JIS では，インボリュート歯車の大きさは，モジュールによるとし，モジュールは次の標準値を用いる．第Ⅰ列を優先的に，必要に応じて第Ⅱ列を選択する．JIS B 1701-2 に規定された標準値を表 10.13 に示す．

表 10.13　モジュールの標準値（JIS B 1701-2）

Ⅰ	Ⅱ	Ⅰ	Ⅱ	Ⅰ	Ⅱ	Ⅰ	Ⅱ
0.1		0.8		4		16	
	0.15		0.9		4.5		18
0.2		1		5		20	
	0.25		1.125		5.5		22
0.3		1.25		6		25	
	0.35		1.375		(6.5)		28
0.4		1.5				32	
	0.45		1.75		7		36
0.5		2		8		40	
	0.55		2.25		9		45
0.6		2.5		10		50	
	0.7		2.75		11		
		3		12			
	0.75		3.5		14		

備考　この規格は，一般機械および重機械用のインボリュート平歯車およびはすば歯車のモジュールの値について規定し，自動車には適用しない．なお，Ⅰ列のモジュールの値を用いるのがのぞましい．モジュール(6.5)については，使用はできる限り避けること．

● 10.4.4 歯車の製図法

① 歯車の製図は，軸に直角な方向から見た図を主投影図（正面図）とする（図4.12 参照）．

② 正面図，側面図とも外形は太い実線で示す．

③ 基準円，基準面は細い一点鎖線で示す．

④ 歯底円は細い実線で示す．

⑤ 投影図を断面図で図示するときは，歯は断面にせず，歯底の線を太い実線で表す．

⑥ 断面を図示しないときは，歯底の線は細い実線で表す．

⑦ 通常，図面は横長なので，要目表は歯車の図の右側に記載する（図 10.55 参照）．

平歯車の図示例を，図 10.41 に示す．

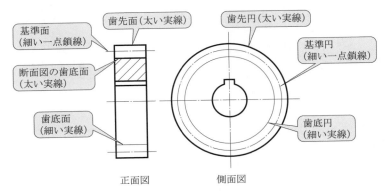

図 10.41　平歯車の図示例

（1）　平歯車

① 平歯車の作図手順　　10.4.4 項①〜⑥の手順の具体例を図 10.42 に示す．また，歯先およびボスや軸穴部分の面取りを同下図に示す．

② 標準平歯車の計算式（モジュール m）　　計算式を図 10.43 に示す．

③ 平歯車の応用例　　実際の応用例を図 10.44 に示す．

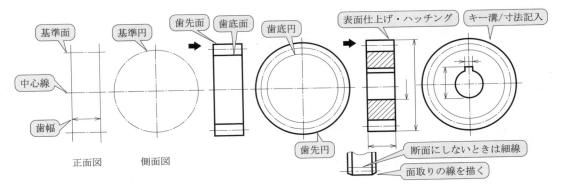

図 10.42　平歯車の作図

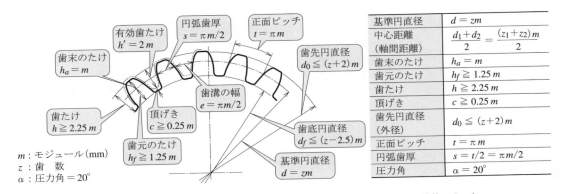

基準円直径	$d = zm$
中心距離（軸間距離）	$\dfrac{d_1 + d_2}{2} = \dfrac{(z_1 + z_2)\,m}{2}$
歯末のたけ	$h_a = m$
歯元のたけ	$h_f \geqq 1.25\,m$
歯たけ	$h \geqq 2.25\,m$
頂げき	$c \geqq 0.25\,m$
歯先円直径（外径）	$d_0 \leqq (z + 2)\,m$
正面ピッチ	$t = \pi m$
円弧歯厚	$s = t/2 = \pi m/2$
圧力角	$\alpha = 20°$

m：モジュール（mm）
z：歯　数
α：圧力角 $= 20°$

図 10.43　標準平歯車の寸法配分と計算式（学校では≦および≧は＝の計算でよい）

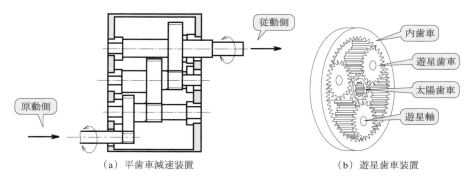

（a）平歯車減速装置　　　　　　　　　　（b）遊星歯車装置

図 10.44　実際の応用例

（2）はすば歯車・やまば歯車（平歯車より消音にすぐれている）

歯車の歯筋をねじった形のものをはすば歯車，山形になっているものをやまば歯車という．歯車の図面は平歯車とほぼ同じであるが，ねじれ方向やねじれ角度を示す必要がある．作図例を図 10.45，10.46 に示す．はすば歯車，やまば歯車であることを明示するためには，歯車の軸線より見て左上がりの場合，ねじれ方向は "左" といい，右上がりの場合は，ねじれ方向を "右" という．これらは 3 本の細い実線を歯車のねじれ方向とほぼ同じ傾きで描く．

はすば歯車・やまば歯車・すぐば歯車の応用例を図 10.47 に示す．

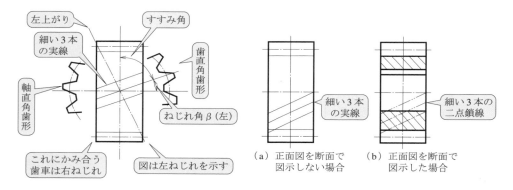

（a）正面図を断面で図示しない場合　　（b）正面図を断面で図示した場合

図 10.45　はすば歯車の歯筋（原理上，軸方向の力が発生する）

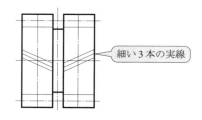

図 10.46　やまば歯車の歯筋（軸方向の力を打ち消し合う）

（3）かさ歯車

かさ歯車は，正面図では歯先面と歯底面は太い実線とし，基準面は細い一点鎖線で描く．側面図の歯先円は，外端部・内端部ともに太い実線，基準円は外端だけを細い一点鎖線で描く．はすばかさ歯車の場合は，歯筋の線を 3 本の細い直線で描き，まがりばかさ歯車の場合は 3 本の細い曲線を描き，

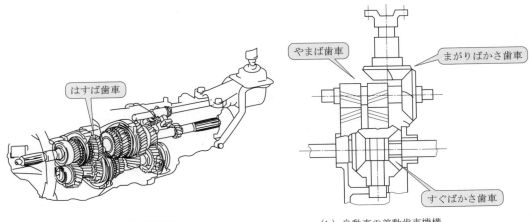

（a）手動変速機構　　　　　　　　　　　　（b）自動車の差動歯車機構

図 10.47　はすば歯車・やまば歯車・すぐば歯車の応用実例

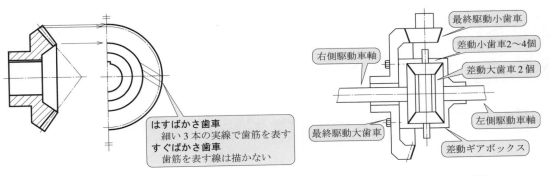

図 10.48　かさ歯車の図示　　　　　　　　　　**図 10.49**　かさ歯車の応用例

ねじれ角とその方向は要目表に記入する．それらの図示について，図 10.48，10.49 に示す．なお，か
さ歯車の歯数比が 1 で，交わる二つの軸の角度（軸角ともいう）が 90° のものを通称「マイタ」とよん
でいる．

（4）ねじ歯車

ねじ歯車は，はすば歯車と同じように歯筋は 3 本の細い実線で描く．図示について図 10.50 に示す．

（5）ハイポイド歯車

ハイポイド歯車は，自動車のデファレンシャルギヤ（差動歯車）機構として広く用いられている．
歯筋は 3 本の細い曲線で表す．省略図法を図 10.51，応用例を図 10.52 に示す．

（6）ウォーム歯車

ウォーム歯車は，JIS B 1723（円筒ウォームギヤの寸法）で規定されている．歯形は 1 ～ 4 形があり，
一段で大きな減速比が得られる特長がある．

ウォームの歯筋の方向は，3 本の細い実線で表す．歯筋の両端の鋭角をなす歯部の面取りは，一般
の面取りか，歯の面取りに準じて指示する．ウォームホイールは，図 10.53 に示すように側面図の歯
車の外形を太い実線，基準円を細い一点鎖線で表し，歯底円およびのど直径円は図示しない．ウォー
ム歯車の応用例を図 10.54 に示す（図（b）のホイールは細かいので細線で描いている）．

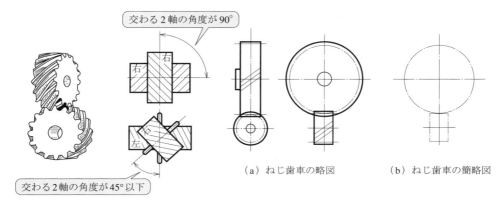

図 10.50 ねじ歯車

（a）ねじ歯車の略図　　（b）ねじ歯車の簡略図

図 10.51 ハイポイド歯車　　図 10.52 車の最終駆動機構　　図 10.53 ウォーム歯車

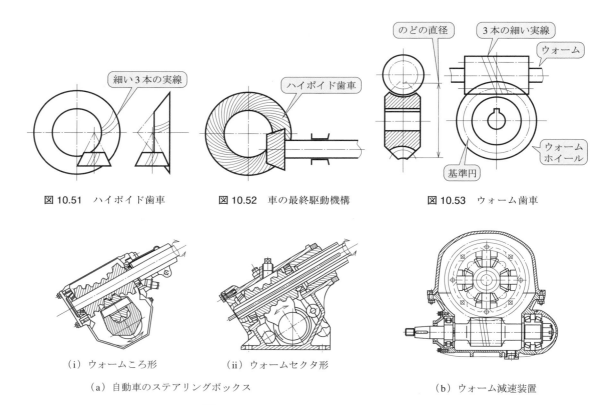

（i）ウォームころ形　　（ii）ウォームセクタ形

（a）自動車のステアリングボックス　　（b）ウォーム減速装置

図 10.54 ウォームとホイール歯車の応用例

10.4.5 歯車の要目表

① 要目表　　ばね図面と同様に歯車部品図には必要である．場所は決まっていないが，横長の図面では図の右側が慣習である．図枠を利用せずに表をつくる（10.4.4 項⑦および参考図 3（p.222）参照）．

② 歯車歯形欄　　標準または，転位の区別を記入する（転位については図 10.60（d）参照）．

③ 基準歯形欄　　並歯，低歯，高歯の区別を記入する．

④ モジュール欄　　モジュールの標準表より選択する．

⑤ 圧力角欄　　インボリュート歯車は 20° とする．

⑥ 基準円直径欄　モジュール×歯数の数値を記入する.

⑦ 歯たけ欄　平歯車ではモジュールの 2.25 倍となる.

⑧ 仕上げ方法欄　加工法や使用機械.

⑨ 精度欄　JIS B 1702 に規定された等級から選択する.

要目表の例を, 図 10.55 に示す.

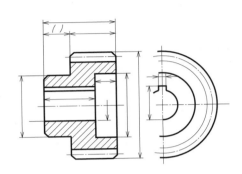

> 太い線で囲んだところの要目を決めると, 歯車の製作ができる. その他は必要に応じて記入する

要目表　平歯車				
歯車歯形		標準	仕上方法	研削加工
基準ラック	歯形	並歯	精度	JIS B 1702
	モジュール		備考	
	圧力角	20°	相手歯車転位量	
歯数			相手歯車数	
基準円直径			中心距離	
歯たけ			材料	
歯オーバピン			表面硬度	
転位量			表面硬化深さ	
厚（玉）寸法			バックラッシ	

図 10.55　要目表（平歯車の例）

10.4.6　主な歯車の要目表

はすば歯車, やまば歯車, すぐばかさ歯車, ウォームの要目表を, 図 10.56 ～ 10.59 に示す.

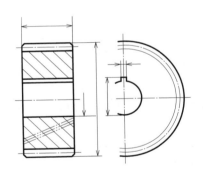

要目表　はすば歯車			歯厚	オーバピン（玉）寸法	玉径＝
歯車歯形		標準			
歯形基準平面		歯直角			
基準ラック	歯形	並歯	仕上方法	研削仕上	
	モジュール		精度	JIS B 1702	
	圧力角	20°	備考		
歯数			相手歯車数		
ねじれ角			中心距離		
ねじれ方向			基礎円直径		
リード			材料		
基準円直径			表面硬度 HRC		
リード			有効硬化深さ		
歯たけ			バックラッシ		

図 10.56　はすば歯車

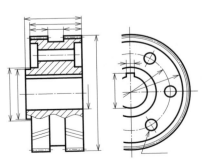

要目表　やまば歯車			仕上方法	ホブ加工
歯車歯形		標準	精度	JIS B 1702
歯形基平面		歯直角	備考	
基準ラック	歯形	並歯	弦歯厚	
	モジュール		相手歯車数	
	圧力角	20°	中心距離	
歯数			材料	
ねじれ角			表面硬度	
ねじれ方向			有効硬化深さ	
基準円直径			バックラッシ	
リード				
歯たけ				

角突合せ　丸突合せ

千鳥　中溝突合せ

中溝千鳥

図 10.57　やまば歯車

要目表　すぐばかさ歯車

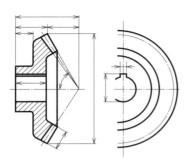

区別	大歯車	(小歯車)		区別	大歯車	(小歯車)
歯形	グリーソン式			測定位置		
モジュール			歯厚	弦歯厚		
圧力角	20°			(軸直角) 弦歯たけ		
歯数			仕上げ方法			
軸角			精度			
基準円直径			備考			
歯末のたけ			バックラッシ			
歯元のたけ			歯当たり JGMA 1002-01 区分 B			
円すい距離			材料			
基準円すい角			熱処理			
歯底円すい角			有効硬化深さ			
歯先円すい角			表面硬度			
歯たけ						

図 10.58　すぐばかさ歯車

要目表　ウォーム

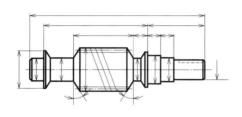

歯形	K 形		バックラッシ
軸方向モジュール			中心距離
条数			歯当たり
ねじれ方向	右		JGMA 1002-01
進み角		備	区分 B
基準円直径			材料
直径係数		考	熱処理
仕上方法	研削仕上		表面硬化深さ
歯厚	弦歯厚（歯直角）	弦歯たけ	表面硬度
	オーバピン直径		

図 10.59　ウォーム

🔵 10.4.7　かみ合う歯車の図示法（これらは組立図で使用する）

かみ合う平歯車について，図 10.60 に 6 例を示す．

① 一対の歯車のかみ合い部分は，相互の歯車の基準円でかみ合う．一方，転位歯車はかみ合いピッチ円でかみ合う．

② 側面図でのかみ合い部分は，歯先円は太い実線，基準円は細い一点鎖線，歯底円は細い実線で描く．

③ 一連の平歯車の簡略作図例を，図 10.61 に示す．同図（a）は同図（c）を正しく投影したものであるが，実際の軸間距離が現れていない．このような場合，同図（b）のように各歯車の中心を一直線上にして回転投影図で表す．また，かみ合う歯車では歯底面，歯底円を省略してもよい．

歯車の種類ごとの簡略図例を，図 10.62 に示す．

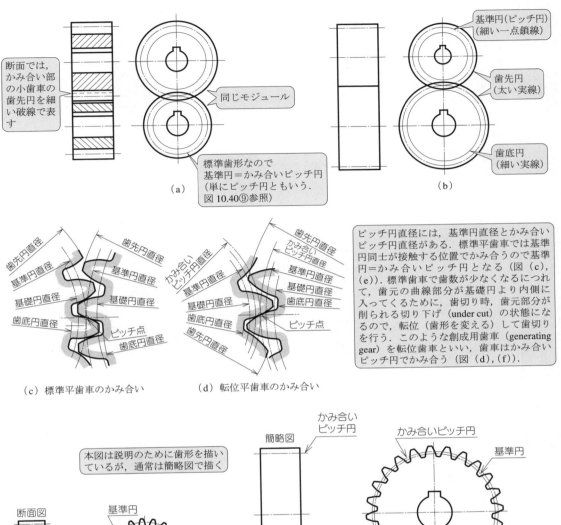

断面では，かみ合い部の小歯車の歯先円を細い破線で表す

同じモジュール

標準歯形なので
基準円＝かみ合いピッチ円
（単にピッチ円ともいう．
図 10.40⑨参照）

（a）

基準円（ピッチ円）
（細い一点鎖線）

歯先円
（太い実線）

歯底円
（細い実線）

（b）

歯先円直径
基準円直径
基礎円直径
歯底円直径
ピッチ点

（c）標準平歯車のかみ合い

かみ合いピッチ円直径
歯先円直径
かみ合いピッチ円直径
基準円直径
基礎円直径
歯底円直径
ピッチ点
歯先円直径

（d）転位平歯車のかみ合い

ピッチ円直径には，基準円直径とかみ合いピッチ円直径がある．標準平歯車では基準円同士が接触する位置でかみ合うので基準円＝かみ合いピッチ円となる（図（c），（e））．標準歯車で歯数が少なくなるにつれて，歯元の曲線部分が基礎円より内側に入ってくるために，歯切り時，歯元部分が削られる切り下げ（under cut）の状態になるので，転位（歯形を変える）して歯切りを行う．このような創成用歯車（generating gear）を転位歯車といい，歯車はかみ合いピッチ円でかみ合う（図（d），（f））．

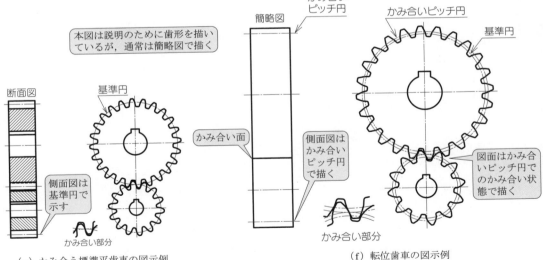

本図は説明のために歯形を描いているが，通常は簡略図で描く

簡略図

かみ合いピッチ円

かみ合いピッチ円

基準円

断面図

基準円

側面図は基準円で示す

かみ合い部分

かみ合い面

側面図はかみ合いピッチ円で描く

図面はかみ合いピッチ円でのかみ合い状態で描く

かみ合い部分

（e）かみ合う標準平歯車の図示例

（f）転位歯車の図示例

図 10.60　かみ合う平歯車の図示（6 例）

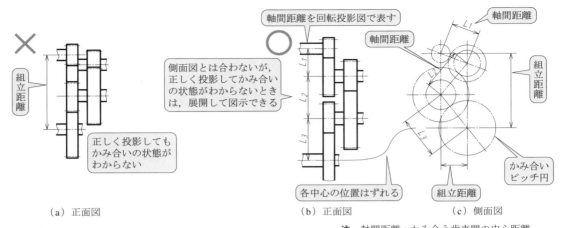

（a）正面図　　　　　（b）正面図　　　　　（c）側面図

注　軸間距離：かみ合う歯車間の中心距離
　　組立距離：機能上の基本となる軸間距離

図 10.61　かみ合った一連の平歯車の簡略図

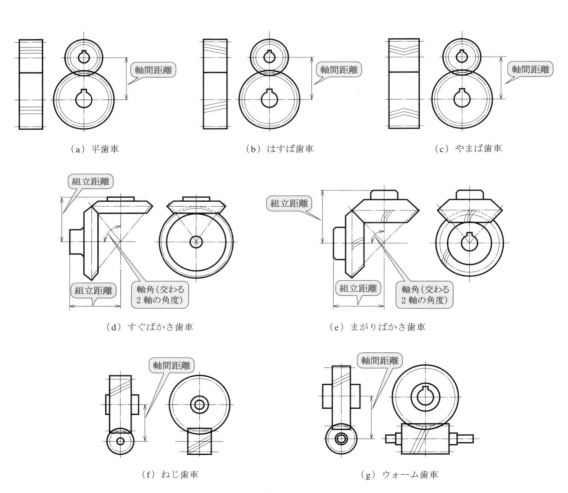

（a）平歯車　　　　　（b）はすば歯車　　　　　（c）やまば歯車

（d）すぐばかさ歯車　　　　　（e）まがりばかさ歯車

（f）ねじ歯車　　　　　（g）ウォーム歯車

図 10.62　種類ごとの簡略図例

10.5 ばねの製図 (歯車と同じく, 図と要目表が必要 (図 10.64 参照))

多くの機械や部品は, 外部から力がはたらいたとき弾性変形が少ないことが要求される. これに対し, ばねは弾性変形をうまく利用する機械要素である. 金属, ゴム, 液体, 空気などを使用したいろいろのばねがあるが, ここでは主として金属ばねについて説明する.

10.5.1 ばねのはたらき

ばねのはたらきには, 次のようなものがある.

① 振動衝撃をやわらげる.　　　　　例：機械の防振ばね, 自動車の懸架用ばね

② エネルギを蓄えて動力源とする.　例：時計のうず巻ばね (ぜんまい), 玩具のぜんまい

③ 荷重の測定や設定をする.　　　　例：ばねばかり, 安全弁

④ 復元性を利用する.　　　　　　　例：皿ばね, ばね座金 (ゆるみ止め)

10.5.2 ばねの種類

① 圧縮ばね　　圧縮コイルばね (compression helical spring), 竹の子ばね (volute spring), 皿ばね (coned disc spring)

② 引張ばね　　引張コイルばね (extension helical spring)

③ 回転・ねじりばね　　ねじりコイルばね (torsion coil spring), うず巻ばね (spiral spring), トーションバー (torsion bar)

主なばねの種類を, 図 10.63 に示す. これらのばねはほとんどが専門メーカで製作され, 多くが既成のばねとして規格化されている. これらの既成ばねの規格は JIS で制定されていないため, メーカの資料をもとに設計し, 調達する. 最近では, ばねの電子カタログで部品を選択し, オンラインで発注することも日常化しつつある.

10.5.3 ばねの製図

ばねは, 仕様書により専門メーカに注文して製作される. したがって, ばねをつくるための正確な図面を描く必要はなく, 略図と要目表とで図示する. 注意すべき点は以下のとおりである.

① コイルばね, 竹の子ばね, うず巻ばねおよび皿ばねは, 原則として無荷重の状態で描く.

② コイルばねおよび竹の子ばねは, 図に断りのない限り右巻きとする. 左巻きの場合は巻き方向 "左" と注記する.

③ 冷間成形圧縮コイルばねの図と要目表を, 図 10.64 に示す. 要目表には, ばねに必要な寸法や特性を記入する (太線枠内は必ず指定する).

④ 重ね板ばねは, 荷重がはたらいてばね板が水平になる状態で描き, ばねが水平時であることを明示する. また, 無負荷の状態を想像線で描く. ばね板寸法は規格化されていて, 部品図を描く必要はなく, 組立図と要目表で表す (図 10.65).

⑤ ばねの製図は, 使用目的に応じて省図や簡略図を用いる. ばねの図示法の一例として, 冷間成形圧縮コイルばねの外形図と断面図を図 10.66 に, 中間部分を省略した一部省略図を図 10.67 に示す. これらのばねの図示法は, つる巻線を正確な投影法で描いたものでなく, 同一傾きの直線で表したものである. ばねの線材の中心線を太い実線で表した簡略図を, 図 10.68 に示す. 注記欄に「熱処理のこと」を明示する. 記入しないと熱処理されず, ばねが疲労に耐えられない.

⑥ ばねの図示は, JIS B 0004 ばね製図, ばねの専門書, 専門メーカのカタログなどを参考にする.

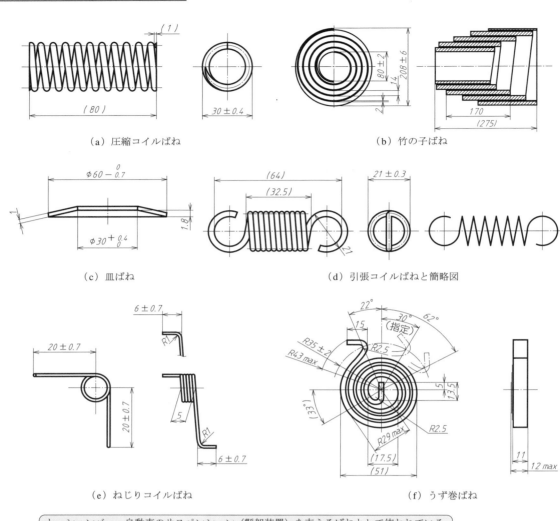

（a）圧縮コイルばね

（b）竹の子ばね

（c）皿ばね

（d）引張コイルばねと簡略図

（e）ねじりコイルばね

（f）うず巻ばね

トーションバー：自動車のサスペンション（懸架装置）を支えるばねとして使われている．棒（バー）の一端に，ねじり力がはたらき，その復元力をばねとして利用している．

セレーションを示す記号

同じ歯形の軸と筒をセレーションとよぶ．トルクの伝達に強い．JIS B 0006 参照

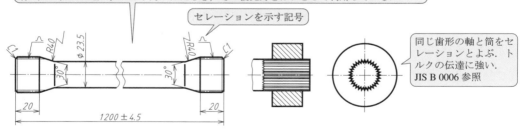

（g）トーションバーとセレーション

図 10.63　ばねの種類

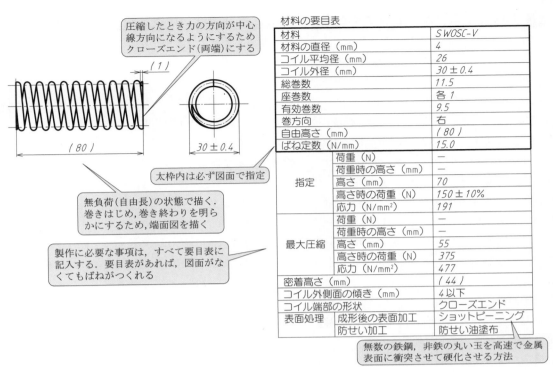

図 10.64　圧縮コイルばねの表し方

材料の要目表

材料		SWOSC-V
材料の直径（mm）		4
コイル平均径（mm）		26
コイル外径（mm）		30 ± 0.4
総巻数		11.5
座巻数		各 1
有効巻数		9.5
巻方向		右
自由高さ（mm）		(80)
ばね定数（N/mm）		15.0
指定	荷重（N）	―
	荷重時の高さ（mm）	―
	高さ（mm）	70
	高さ時の荷重（N）	150 ± 10%
	応力（N/mm²）	191
最大圧縮	荷重（N）	―
	荷重時の高さ（mm）	―
	高さ（mm）	55
	高さ時の荷重（N）	375
	応力（N/mm²）	477
密着高さ（mm）		(44)
コイル外側面の傾き（mm）		4 以下
コイル端部の形状		クローズエンド
表面処理	成形後の表面加工	ショットピーニング
	防せい加工	防せい油塗布

圧縮したとき力の方向が中心線方向になるようにするためクローズエンド（両端）にする

太枠内は必ず図面で指定

無負荷（自由長）の状態で描く．巻きはじめ，巻き終わりを明らかにするため，端面図を描く

製作に必要な事項は，すべて要目表に記入する．要目表があれば，図面がなくてもばねがつくれる

無数の鉄鋼，非鉄の丸い玉を高速で金属表面に衝突させて硬化させる方法

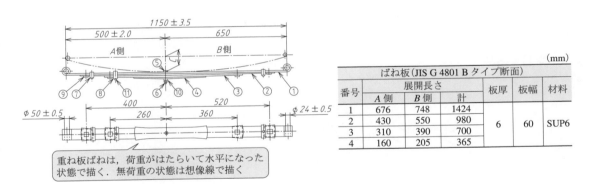

重ね板ばねは，荷重がはたらいて水平になった状態で描く．無荷重の状態は想像線で描く

ばね板（JIS G 4801 B タイプ断面）						(mm)
番号	展開長さ			板厚	板幅	材料
	A 側	B 側	計			
1	676	748	1424	6	60	SUP6
2	430	550	980			
3	310	390	700			
4	160	205	365			

図 10.65　重ね板ばねの表し方

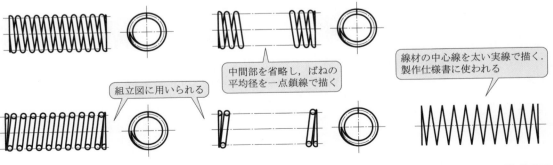

組立図に用いられる

中間部を省略し，ばねの平均径を一点鎖線で描く

線材の中心線を太い実線で描く．製作仕様書に使われる

図 10.66　コイルばね外形図と断面図　　図 10.67　コイルばね一部省略図　　図 10.68　コイルばね簡略図

🔩 10.6　リニアガイドウェイとボールねじおよび構造が複雑な購入品の描き方

　リニアガイドウェイとボールねじは，サーボモータ，ステッピングモータ，リニアモータなど制御系のモータによる高応答作動，精密位置決め，高速移動，短距離往復運動，いわゆる「メカトロ機構」に不可欠なものとして多くの機械に採用されている．

　従来の「すべり案内」に対して，多数のボールによる「転がり案内」であるために，摩擦係数 μ が非常に小さく（μ は前者が 0.2 〜 0.3 程度に対し，後者は 0.002 〜 0.003 程度），すべり移動にともなって生じるこじれ，びびり，早期摩耗やバックラッシの問題が飛躍的に減少した．図 10.69 は，リニアガイドウェイとブロック，ボールねじとナットの関係を示す構造図である．図 10.70 は，これらを使用した図例を示す．

　同図の動作を説明すると，本図外に設置されたステッピングモータ（回転する角度〔ステップ角という〕1° 程度で正逆回転を制御できるモータ）でコントロールされた回転が⑦歯付プーリへ歯付ベルト（図には想像線で表示）で伝えられ，⑧のリニアガイドと 4 個の⑨リニアガイドブロックにガイドされた①移動ブラケットが，⑤⑥サポートユニットに支持された②ボールねじの正逆回転運動が直線運動に変えられた③ボールねじナットと締結されているから，計算された正確な何回／秒の往復運動が移動距離内でできる．

　なお，⑩ベースは架台に固定され，①移動ブラケットの上には，ユーザ仕様別の作業ロボット（図には省略されている）が設置される．

　構造が複雑な購入品（本図では②③，⑤⑥，⑧⑨でセットになって使用）の描き方は，

① 　外形だけを描き，部品欄に型番と（メーカ名）を書けばよい．

② 　メーカの Web サイトより，CAD ではその型番の外形を複写できる．

③ 　なお，本図には破線を一部のみに描き，また購入品の一部の断面を描いているが，部品図がないから読者の理解をよくするためで，本来は描かないのが一般的である（図内の注意事項および第 13 章参照）．

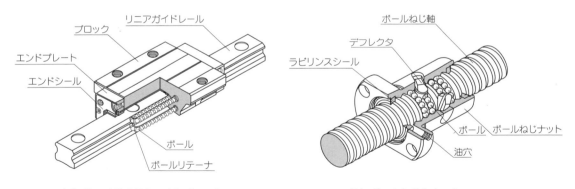

（a）リニアガイドウェイとブロック　　　　　（b）ボールねじとナット

図 10.69　ボールねじとリニアガイドウェイ
（THK 直道システムカタログより）

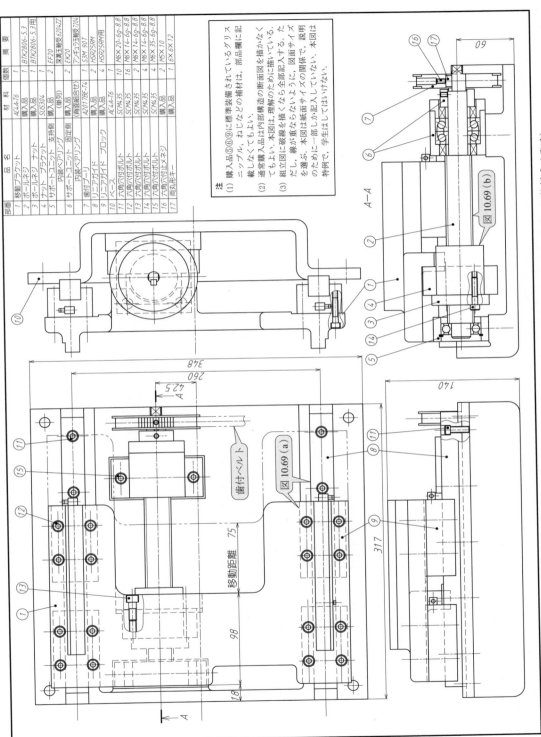

部番	品名	材料	個数	摘要
1	移動ブラケット	AC44-T6	1	
2	ボールネジ	購入品	1	BTK2806-5.3
3	ボールネジ ナット	購入品	1	BTK2806-5.3用
4	ナット ブラケット	SUS304	1	
5	サポートユニット 支持側	購入品（単列）	2	EF20
6	サポートベアリング	購入品（単列）	2	深溝玉軸受 6204ZZ
7	サポートユニット 固定側	購入品（歯面直接合せ）	2	アンギュラ玉軸受 7204
8	歯付プーリ	A2017BE-T4	2	S3M 90T
9	リニアガイド	購入品	2	HSR25RM
10	リニアガイド ブロック	購入品	2	HSR25RM用
10	ベース	AC44-T6	1	
11	六角穴付ボルト	SCM4.35	10	M6× 20-6g-8.8
12	六角穴付ボルト	SCM4.35	16	M6× 14-6g-8.8
13	六角穴付ボルト	SCM4.35	2	M6× 14-6g-8.8
14	六角穴付ボルト	SCM4.35	4	M6× 14-6g-8.8
15	六角穴付ボルト	SCM4.35	4	M6× 35-6g-8.8
16	六角穴付止メネジ	購入品	2	M5× 10
17	両角形キー	購入品	1	6×6×12

注
(1) 購入品⑤⑥⑨に標準装備されているグリス
ニップル，ねじなどの補材は，部品欄に記
載しなくてもよい。

(2) 通常購入品は内部構造の断面図を描かなく
てもよい。本図は，理解のために断面を描いている。
ただし，本図に破線を描くと線が重なってサイズ
を置ぶ。本図は紙面サイズの関係で，説明
のために一部しか記入していない。本図は
特例で，学生はしてはいけない。

(3) 組立図に破線を描くように，図面サイズ
を置ぶ。本図は紙面サイズの関係で，説明
のために一部しか記入していない。本図は
特例で，学生はしてはいけない。

A-A

図 10.69 (b)

歯付ベルト

図 10.69 (a)

移動距離

A

図 10.70 リニアガイドウェイとボールねじを使った例（無人搬送車の一部。紙面の都合で図枠様式は省略）

付　表

付表10.1 　一般用メートルねじの図示サイズ（その1：並目ねじ（JIS B 0205-2001））

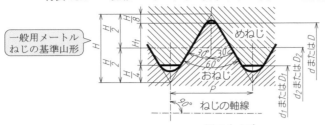

太い実線は，基準山形を示す.

$H = 0.866\,025P$ 　　　$D = d$
$H_1 = 0.541\,266P$ 　　$D_2 = d_2$
$d_2 = d - 0.649\,519P$ 　$D_1 = d_1$
$d_1 = d - 1.082\,532P$

図示サイズ　　　　　　　　　　　　　　　　　　　　　（mm）

ねじの呼び[1]			ピッチP	ひっかかりの高さH_1	めねじ		
1欄	2欄	3欄			谷の径 D	有効径 D_2	内径 D_1
第1選択	第2選択	第3選択			おねじ		
					外径 d	有効径 d_2	谷の径 d_1
M1			0.25	0.135	1.000	0.838	0.729
	M1.1		0.25	0.135	1.100	0.938	0.829
M1.2			0.25	0.135	1.200	1.038	0.929
	M1.4		0.3	0.162	1.400	1.205	1.075
M1.6			0.35	0.189	1.600	1.373	1.221
	M1.8		0.35	0.189	1.800	1.573	1.421
M2			0.4	0.217	2.000	1.740	1.567
	M2.2		0.45	0.244	2.200	1.908	1.713
M2.5			0.45	0.244	2.500	2.208	2.013
M3			0.5	0.271	3.000	2.675	2.459
	M3.5		0.6	0.325	3.500	3.110	2.850
M4			0.7	0.379	4.000	3.545	3.242
	M4.5		0.75	0.406	4.500	4.013	3.688
M5			0.8	0.433	5.000	4.480	4.134
M6			1	0.541	6.000	5.350	4.917
	M7		1	0.541	7.000	6.350	5.917
M8			1.25	0.677	8.000	7.188	6.647
		M9	1.25	0.677	9.000	8.188	7.647
M10			1.5	0.812	10.000	9.026	8.376
		M11	1.5	0.812	11.000	10.026	9.376
M12			1.75	0.947	12.000	10.863	10.106
	M14		2	1.083	14.000	12.701	11.835
M16			2	1.083	16.000	14.701	13.835
	M18		2.5	1.353	18.000	16.376	15.294
M20			2.5	1.353	20.000	18.376	17.294
	M22		2.5	1.353	22.000	20.376	19.294
M24			3	1.624	24.000	22.051	20.752
	M27		3	1.624	27.000	25.051	23.752
M30			3.5	1.894	30.000	27.727	26.211
	M33		3.5	1.894	33.000	30.727	29.211
M36			4	2.165	36.000	33.402	31.670
	M39		4	2.165	39.000	36.402	34.670
M42			4.5	2.436	42.000	39.077	37.129
	M45		4.5	2.436	45.000	42.077	40.129
M48			5	2.706	48.000	44.752	42.587
	M52		5	2.706	52.000	48.752	46.587
M56			5.5	2.977	56.000	52.428	50.046
	M60		5.5	2.977	60.000	56.428	54.046
M64			6	3.248	64.000	60.103	57.505
	M68		6	3.248	68.000	64.103	61.505

注 　(1)のねじの呼びについては，1欄を使う. 2,3欄は市販されていないので通常使用しない.
備考 　一般用メートルねじの図示サイズについて
　　1. 2001年メートルねじのJISが改正され，メートル細目ねじ（JIS B 0207）は廃止され，JIS B 0205（一般用メートルねじ）として，並目ねじと細目ねじが一つの体系に統合された.
　　2. 細目ねじの使用は，特定の分野に限られるが，設定上の必要性や保守部分として必要なものであり，読者の便を図るためにJIS B 0205から抜粋し，次のように別々にまとめた.
　　　　付表10.1：一般用メートルねじの図示サイズ（その1：並目ねじ）
　　　　付表10.2：一般用メートルねじの図示サイズ（その2：細目ねじ）

付表 10.2　一般用メートルねじの図示サイズ（その 2：**細目ねじ**（JIS B 0205-2001））

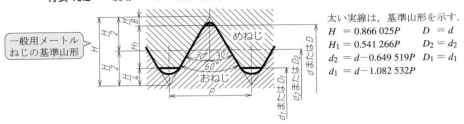

太い実線は，基準山形を示す.

$$H = 0.866\,025P \qquad D = d$$
$$H_1 = 0.541\,266P \qquad D_2 = d_2$$
$$d_2 = d - 0.649\,519P \qquad D_1 = d_1$$
$$d_1 = d - 1.082\,532P$$

図示サイズ　　　　　　　　　　　　　　　　(mm)

ねじの呼び	ピッチP	ひっかかりの高さH_1	めねじ 谷の径D / おねじ 外径d	有効径D_2 / 有効径d_2	内径D_1 / 谷の径d_1
M1　×0.2	0.2	0.108	1.000	0.870	0.783
M1.1 ×0.2	0.2	0.108	1.100	0.970	0.883
M1.2 ×0.2	0.2	0.108	1.200	1.070	0.983
M1.4 ×0.2	0.2	0.108	1.400	1.270	1.183
M1.6 ×0.2	0.2	0.108	1.600	1.470	1.383
M1.8 ×0.2	0.2	0.108	1.800	1.670	1.583
M2　×0.25	0.25	0.135	2.000	1.838	1.729
M2.2 ×0.25	0.25	0.135	2.200	2.038	1.929
M2.5 ×0.35	0.35	0.189	2.500	2.273	2.121
M3　×0.35	0.35	0.189	3.000	2.773	2.621
M3.5 ×0.35	0.35	0.189	3.500	3.273	3.121
M4　×0.5	0.5	0.271	4.000	3.675	3.459
M4.5 ×0.5	0.5	0.271	4.500	4.175	3.959
M5　×0.5	0.5	0.271	5.000	4.675	4.459
M5.5 ×0.5	0.5	0.271	5.500	5.175	4.959
M6　×0.75	0.75	0.406	6.000	5.513	5.188
M7　×0.75	0.75	0.406	7.000	6.513	6.188
M8　×1	1	0.541	8.000	7.350	6.917
M8　×0.75	0.75	0.406	8.000	7.513	7.188
M9　×1	1	0.541	9.000	8.350	7.917
M9　×0.75	0.75	0.406	9.000	8.513	8.188
M10 ×1.25	1.25	0.677	10.000	9.188	8.647
M10 ×1	1	0.541	10.000	9.350	8.917
M10 ×0.75	0.75	0.406	10.000	9.513	9.188
M11 ×1	1	0.541	11.000	10.350	9.917
M11 ×0.75	0.75	0.406	11.000	10.513	10.188
M12 ×1.5	1.5	0.812	12.000	11.026	10.376
M12 ×1.25	1.25	0.677	12.000	11.188	10.647
M12 ×1	1	0.541	12.000	11.350	10.917
M14 ×1.5	1.5	0.812	14.000	13.026	12.376
M14 ×1.25	1.25	0.677	14.000	13.188	12.647
M14 ×1	1	0.541	14.000	13.350	12.917
M15 ×1.5	1.5	0.812	15.000	14.026	13.376
M15 ×1	1	0.541	15.000	14.350	13.917
M16 ×1.5	1.5	0.812	16.000	15.026	14.376
M16 ×1	1	0.541	16.000	15.350	14.917
M17 ×1.5	1.5	0.812	17.000	16.026	15.376
M17 ×1	1	0.541	17.000	16.350	15.917

ねじの呼び	ピッチP	ひっかかりの高さH_1	めねじ 谷の径D / おねじ 外径d	有効径D_2 / 有効径d_2	内径D_1 / 谷の径d_1
M18 ×2	2	1.083	18.000	16.701	15.835
M18 ×1.5	1.5	0.412	18.000	17.026	16.376
M18 ×1	1	0.541	18.000	17.350	16.917
M20 ×2	2	1.083	20.000	18.701	17.835
M20 ×1.5	1.5	0.812	20.000	19.026	18.376
M20 ×1	1	0.541	20.000	19.350	18.917
M22 ×2	2	1.083	22.000	20.701	19.835
M22 ×1.5	1.5	0.812	22.000	21.026	20.376
M22 ×1	1	0.541	22.000	21.350	20.917
M24 ×2	2	1.083	24.000	22.701	21.835
M24 ×1.5	1.5	0.812	24.000	23.026	22.376
M24 ×1	1	0.541	24.000	23.350	22.917
M25 ×2	2	1.083	25.000	23.701	22.835
M25 ×1.5	1.5	0.812	25.000	24.026	23.376
M25 ×1	1	0.541	25.000	24.350	23.917
M26 ×1.5	1.5	0.812	26.000	25.026	24.376
M27 ×2	2	1.083	27.000	25.701	24.835
M27 ×1.5	1.5	0.812	27.000	26.026	25.376
M27 ×1	1	0.541	27.000	26.350	25.917
M28 ×2	2	1.083	28.000	26.701	24.835
M28 ×1.5	1.5	0.812	28.000	27.026	26.376
M28 ×1	1	0.541	28.000	27.350	26.917
M30 ×3	(3)	1.624	30.000	28.051	26.752
M30 ×2	2	1.083	30.000	28.701	27.835
M30 ×1.5	1.5	0.812	30.000	29.026	28.376
M30 ×1	1	0.541	30.000	29.350	28.917
M32 ×2	2	1.083	32.000	30.701	29.835
M32 ×1.5	1.5	0.812	32.000	31.026	30.376
M33 ×3	(3)	1.624	33.000	31.051	29.752
M33 ×2	2	1.083	33.000	31.701	30.835
M33 ×1.5	1.5	0.812	33.000	32.026	31.376
M35 ×1.5	1.5	0.812	35.000	34.026	33.376
M36 ×3	3	1.624	36.000	34.051	32.752
M36 ×2	2	1.083	36.000	34.701	33.835
M36 ×1.5	1.5	0.812	36.000	35.026	34.376
M38 ×1.5	1.5	0.812	38.000	37.026	36.376

備考　1.　この表は，JISからの抜粋で，規格にはM300×4まで規定されている.
　　　　2.　M14×1.25は内燃機関用点火プラグに限って用いることができる.M35×1.5は転がり軸受を固定するねじに限って用いることができる.
　　　　3.　（　）を付けたピッチはできるだけ使用を避けるのがよい.

付表 10.3 管用平行ねじの図示サイズ (JIS B 0202-1999)

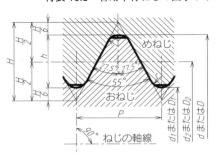

太い実線は，基準山形を示す．

$$P = \frac{25.4}{n}$$

$$H = 0.960\,491\,P$$

$$h = 0.640\,327\,P$$

$$r = 0.137\,329\,P$$

$$d_2 = d - h \qquad D_2 = d_2$$

$$d_1 = d - 2h \qquad D_1 = d_1$$

図示サイズ (mm)

ねじの呼び	ねじ山数 (25.4 mm につき) n	ピッチ P(参考)	ねじ山の 高さ h	山の頂 および 谷の丸み r	おねじ		
					外径 d	有効径 d_2	谷の径 d_1
					めねじ		
					谷の径 D	有効径 D_2	内径 D_1
G 1/16	28	0.907 1	0.581	0.12	7.723	7.142	6.561
G 1/8	28	0.907 1	0.581	0.12	9.728	9.147	8.566
G 1/4	19	1.336 8	0.856	0.18	13.157	12.301	11.445
G 3/8	19	1.336 8	0.856	0.18	16.662	15.806	14.950
G 1/2	14	1.814 3	1.162	0.25	20.955	19.793	18.631
G 5/8	14	1.814 3	1.162	0.25	22.911	21.749	20.587
G 3/4	14	1.814 3	1.162	0.25	26.441	25.279	24.117
G 7/8	14	1.814 3	1.162	0.25	30.201	29.039	27.877
G 1	11	2.309 1	1.479	0.32	33.249	31.770	30.291
G 1 1/8	11	2.309 1	1.479	0.32	37.897	36.418	34.939
G 1 1/4	11	2.309 1	1.479	0.32	41.910	40.431	38.952
G 1 1/2	11	2.309 1	1.479	0.32	47.803	46.324	44.845
G 1 3/4	11	2.309 1	1.479	0.32	53.746	52.267	50.788
G 2	11	2.309 1	1.479	0.32	59.614	58.135	56.656
G 2 1/4	11	2.309 1	1.479	0.32	65.710	64.231	62.752
G 2 1/2	11	2.309 1	1.479	0.32	75.184	73.705	72.226
G 2 3/4	11	2.309 1	1.479	0.32	81.534	80.055	78.576
G 3	11	2.309 1	1.479	0.32	87.884	86.405	84.926
G 3 1/2	11	2.309 1	1.479	0.32	100.330	98.851	97.372
G 4	11	2.309 1	1.479	0.32	113.030	111.551	110.072
G 4 1/2	11	2.309 1	1.479	0.32	125.730	124.251	122.772
G 5	11	2.309 1	1.479	0.32	138.430	136.951	135.472
G 5 1/2	11	2.309 1	1.479	0.32	151.130	149.651	148.172
G 6	11	2.309 1	1.479	0.32	163.830	162.351	160.872

付表 10.4　管用テーパねじの図示サイズ（JIS B 0203-1999）

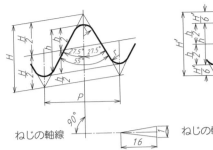

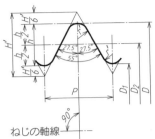

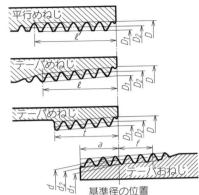

太い実線は，基準山形を示す．

$$P = \frac{25.4}{n}$$
$$H = 0.960\,237\,P$$
$$h = 0.640\,327\,P$$
$$r = 0.137\,278\,P$$

太い実線は，基準山形を示す．

$$P = \frac{25.4}{n}$$
$$H' = 0.960\,491\,P$$
$$h = 0.640\,327\,P$$
$$r' = 0.137\,329\,P$$

基準径の位置

図示サイズ　　　　　　　　　　　　　　　　（mm）

ねじの呼び [1]	ねじ山数(25.4 mmにつき)n	ピッチP(参考)	山の高さh	丸みr または r'	基準径 おねじ 外径d / めねじ 谷の径D	基準径 おねじ 有効径d₂ / めねじ 有効径D₂	基準径 おねじ 谷の径d₁ / めねじ 内径D₁	基準径の位置 おねじ 管端から 基準の長さa	基準径の位置 おねじ 管端から 軸線方向の許容差b	基準径の位置 めねじ 管端部 軸線方向の許容差c	平行めねじのD,D₂およびD₁の許容差	有効ねじ部の長さ(最小) おねじ 基準径の位置から大径側に向かってf	有効ねじ部の長さ(最小) めねじ 不完全ねじ部がある場合 テーパめねじ 基準径の位置から小径側に向かってℓ	有効ねじ部の長さ(最小) めねじ 不完全ねじ部がある場合 平行めねじ 管または管継手端からℓ'	有効ねじ部の長さ(最小) めねじ 不完全ねじ部がない場合 テーパめねじ,平行めねじ t [2]	配管用炭素鋼鋼管の寸法(参考) 外径	配管用炭素鋼鋼管の寸法(参考) 厚さ
R 1/16	28	0.907 1	0.581	0.12	7.723	7.142	6.561	3.97	±0.91	±1.13	±0.071	2.5	6.2	7.4	4.4	—	—
R 1/8	28	0.907 1	0.581	0.12	9.728	9.147	8.566	3.97	±0.91	±1.13	±0.071	2.5	6.2	7.4	4.4	10.5	2.0
R 1/4	19	1.336 8	0.856	0.18	13.157	12.301	11.445	6.01	±1.34	±1.67	±0.104	3.7	9.4	11.0	6.7	13.8	2.3
R 3/8	19	1.336 8	0.856	0.18	16.662	15.806	14.950	6.35	±1.34	±1.67	±0.104	3.7	9.7	11.4	7.0	17.3	2.3
R 1/2	14	1.814 3	1.162	0.25	20.955	19.793	18.631	8.16	±1.81	±2.27	±0.142	5.0	12.7	15.0	9.1	21.7	2.8
R 3/4	14	1.814 3	1.162	0.25	26.441	25.279	24.117	9.53	±1.81	±2.27	±0.142	5.0	14.1	16.3	10.2	27.2	2.8
R 1	11	2.309 1	1.479	0.32	33.249	31.770	30.291	10.39	±2.31	±2.89	±0.181	6.4	16.2	19.1	11.6	34	3.2
R 1 1/4	11	2.309 1	1.479	0.32	41.910	40.431	38.952	12.70	±2.31	±2.89	±0.181	6.4	18.5	21.4	13.4	42.7	3.5
R 1 1/2	11	2.309 1	1.479	0.32	47.803	46.324	44.845	12.70	±2.31	±2.89	±0.181	6.4	18.5	21.4	13.4	48.6	3.5
R 2	11	2.309 1	1.479	0.32	59.614	58.135	56.656	15.88	±2.31	±2.89	±0.181	7.5	22.8	25.7	16.9	60.5	3.8
R 2 1/2	11	2.309 1	1.479	0.32	75.184	73.705	72.226	17.46	±3.46	±3.46	±0.216	9.2	26.7	30.1	18.6	76.3	4.2
R 3	11	2.309 1	1.479	0.32	87.884	86.405	84.926	20.64	±3.46	±3.46	±0.216	9.2	29.8	33.3	21.1	89.1	4.2
R 4	11	2.309 1	1.479	0.32	113.030	111.551	110.072	25.40	±3.46	±3.46	±0.216	10.4	35.8	39.3	25.9	114.3	4.5
R 5	11	2.309 1	1.479	0.32	138.430	136.951	135.472	28.58	±3.46	±3.46	±0.216	11.5	40.1	43.5	29.3	139.8	4.5
R 6	11	2.309 1	1.479	0.32	163.830	162.351	160.872	28.58	±3.46	±3.46	±0.216	11.5	40.1	43.5	29.3	165.2	5.0

注　(1)　この呼びは，テーパおねじに対するもので，テーパめねじおよび平行めねじの場合は，R の記号を R_c または R_p とする．
　　(2)　テーパのねじは基準径の位置から小径側に向かっての長さ，平行めねじは管または管継手端からの長さ．

備考　1.　ねじ山は中心軸線に直角とし，ピッチは中心軸線に沿って測る．
　　　2.　有効ねじ部の長さとは，完全なねじ山の切られたねじ長さで，最後の数山だけは，その頂に管または管継手の面が残っていてもよい．また，管または管継手の末端に面取りがしてあっても，この部分を有効ねじ部の長さに含める．
　　　3.　a，f または t がこの表の数値によりにくい場合は，別に定める部品の規格による．

●管用テーパねじの応用例

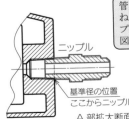

ニップル

基準径の位置
ここからニップルをねじ込む

A部拡大断面

管用テーパねじは，ねじ部の耐密性が主目的である．ねじ込む際には，おねじにシールテープ（フッ素テープ）を2回程度巻きつけてからねじ込む．図例は圧力測定器でのニップル使用例．

付表 10.5　メートル台形ねじの図示サイズ（JIS B 0216-3-2013）

メートル台形ねじの設計山形

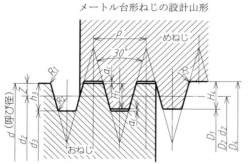

P ：ピッチ
d ：おねじの外径（おねじの呼び径）
D_1：めねじの内径
D_2：めねじの有効径
d_2：おねじの有効径
d_3：おねじの谷の径
D_4：めねじの谷の径
H_1：（基準の）ひっかかりの高さ
a_c：めねじまたはおねじの谷底のすきま
h_3：おねじのねじ山高さ
H_4：めねじのねじ山高さ
R_1：最大$=0.5a_c$
R_2：最大$=a_c$

規格の値は次の計算式による

$H_1=0.5P$
$H_4=H_1+a_c=0.5P+a_c$
$h_3=H_1+a_c=0.5P+a_c$
$d_2=D_2=d-2z=d-0.5P$
$d_3=d-2h_3$
$D_1=d-2H_1=d-P$
$D_4=d+2a_c$
$z=0.25P=\dfrac{H_1}{2}$

フランク：図 10.2（p.138）参照

フランクが密着している最大実体山形
（おねじまたはめねじの谷底のすきまを考慮した設計山形に寸法許容差を適用した山形）

図示サイズ　　　　　　　　　　　　　　（mm）

ねじの表し方 呼び径	ピッチ P	ひっかかり の高さ H_1	有効径 $d_2=D_2$	めねじの 谷の径 D_4	おねじの 谷の径 d_3	めねじの 内径 D_1
Tr 8×1.5	1.5	0.75	7.250	8.300	6.200	6.500
Tr 9×1.5	1.5	0.75	8.250	9.300	7.200	7.500
Tr 9×2	2	1	8.000	9.500	6.500	7.000
Tr 10×1.5	1.5	0.75	9.250	10.300	8.200	8.500
Tr 10×2	2	1	9.000	10.500	7.500	8.000
Tr 11×2	2	1	10.000	11.500	8.500	9.000
Tr 11×3	3	1.5	9.500	11.500	7.500	8.000
Tr 12×2	2	1	11.000	12.500	9.500	10.000
Tr 12×3	3	1.5	10.500	12.500	8.500	8.000
Tr 14×2	2	1	13.000	14.500	11.500	12.000
Tr 14×3	3	1.5	12.500	14.500	10.500	11.000
Tr 16×2	2	1	15.000	16.500	13.500	14.000
Tr 16×4	4	2	14.000	16.500	11.500	12.000
Tr 18×2	2	1	17.000	18.500	15.500	16.000
Tr 18×4	4	2	16.000	18.500	13.500	14.000
Tr 20×2	2	1	19.000	20.500	17.500	18.000
Tr 20×4	4	2	18.000	20.500	15.500	16.000
Tr 22×3	3	1.5	20.500	22.500	18.500	19.000
Tr 22×5	5	2.5	19.500	22.500	16.500	17.000
Tr 22×8	8	4	18.000	23.000	13.000	14.000
Tr 24×3	3	1.5	22.500	24.500	20.500	21.000
Tr 24×5	5	2.5	21.500	24.500	18.500	19.000
Tr 24×8	8	4	20.000	25.000	15.000	16.000
Tr 26×3	3	1.5	24.500	26.500	22.500	23.000
Tr 26×5	5	2.5	23.500	26.500	20.500	21.000
Tr 26×8	8	4	22.000	27.000	17.000	18.000
Tr 28×3	3	1.5	26.500	28.500	24.500	25.000
Tr 28×5	5	2.5	25.500	28.500	22.500	23.000
Tr 28×8	8	4	24.000	29.000	19.000	20.000
Tr 30×3	3	1.5	28.500	30.500	26.500	27.000
Tr 30×6	6	3	27.000	31.000	23.000	24.000
Tr 30×10	10	5	25.000	31.000	19.000	20.000
Tr 32×3	3	1.5	30.500	32.500	28.500	29.000

付表 10.6　六角ボルト寸法表（JIS B 1180-2014）

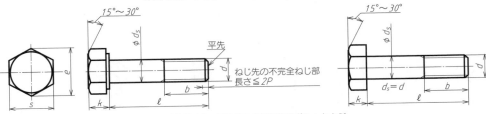

$e \fallingdotseq \sqrt{3}\,d$　（注）d_s 部分の径が d より細くなっているものは**有効径ボルト**とよぶ.

（a）呼び径六角ボルト－並目ねじ－部品
等級 A および B（第一選択）の寸法

（b）呼び径六角ボルト－並目ねじ－部品
等級 C（第一選択）の寸法

図示サイズ　　　　　　　　　　　　　　　　　　（mm）

部品等級	d_s A 最大	d_s A 最小	d_s B 最大	d_s B 最小	d_s C 最大	d_s C 最小	k A 最大	k A 最小	k B 最大	k B 最小	k C 最大	k C 最小	s 最大（基準寸法）	s A 最小	s B 最小	s C 最小
ねじの呼び d	最大	最小	最大	最小	最大	最小	最大	最小	最大	最小	最大	最小		最小	最小	最小
M3	3	2.86	3	2.75	—	—	2.125	1.875	2.2	1.8	—	—	5.5	5.32	5.20	—
M4	4	3.82	4	3.70	—	—	2.925	2.675	3.0	2.6	—	—	7	6.78	6.64	—
M5	5	4.82	5	4.70	5.48	4.52	3.65	3.35	3.74	3.26	3.875	3.125	8	7.78	7.64	7.64
M6	6	5.82	6	5.70	6.48	5.52	4.15	3.85	4.24	3.76	4.375	3.625	10	9.78	9.64	9.64
M8	8	7.78	8	7.64	8.58	7.42	5.45	5.15	5.54	5.06	5.675	4.925	13	12.73	12.57	12.57
M10	10	9.78	10	9.64	10.58	9.42	6.58	6.22	6.69	6.11	6.85	5.95	16	15.73	15.57	15.57
M12	12	11.73	12	11.57	12.7	11.3	7.68	7.32	7.79	7.21	7.95	7.05	18	17.73	17.57	17.57
M16	16	15.73	16	15.57	16.7	15.3	10.18	9.82	10.29	9.71	10.75	9.25	24	23.67	23.16	23.16
M20	20	19.67	20	19.48	20.84	19.16	12.715	12.285	12.85	12.15	13.4	11.6	30	29.67	29.16	29.16
M24	24	23.67	24	23.48	24.84	23.16	15.215	14.785	15.35	14.65	15.9	14.1	36	35.38	35.00	35

備考　1. 上表の場合は $d_s = d$, ねじの呼びは M64 までである.
　　　2. 部品等級の A, B, C は A：高級, B：普通, C：低級の区分ではなくて単なる分類を表す.

種類 名称	種類 ねじのピッチ	部品等級	ねじの呼び径 d の範囲	対応国際規格（参考）
呼び径六角ボルト	並目ねじ	A	$d = 1.6 \sim 24$ mm. ただし, 呼び長さ ℓ が $10d$ または 150 mm 以下のもの	ISO 4014
		B	$d = 1.6 \sim 24$ mm. ただし, 呼び長さ ℓ が $10d$ または 150 mm を超えるもの	
			$d = 27 \sim 64$ mm	
		C	$d = 5 \sim 64$ mm	ISO 4016

　　　3. 六角ボルトの ℓ と b は次の表から選ぶ（$b > \ell$ は全ねじを示し, 呼び長さの不完全ねじ部の長さは $3P$ とする）.

（mm）

ねじの呼び d	ねじ部長さ b		呼び長さ ℓ（首下ともいわれる）
M3	12	—	6 8 10 12 16 20 25 30
M4	14	—	8 10 12 16 20 25 30 35 40
M5	16	—	10 12 16 20 25 30 35 40 45 50
M6	18	—	12 16 20 25 30 35 40 45 50 55 60
M8	22	—	16 20 25 30 35 40 45 50 55 60 65 70 80
M10	26	—	20 25 30 35 40 45 50 55 60 65 70 80 90 100
M12	30	36	25 30 35 40 45 50 55 60 65 70 80 90 100 110 120
M16	38	44	30 35 40 45 50 55 60 65 70 80 90 100 110 120 130 140 150
M20	46	52	40 45 50 55 60 65 70 80 90 100 110 120 130 140 150 160 180 200
M24	54	60	50 55 60 65 70 80 90 100 110 120 130 140 150 160 180 200 240

ボルトの表面処理（表面処理の指示をしないと生地のまま納入される）

表面処理は JIS B 1044 に規定されている（μm は皮膜厚さを示す）. 皮膜コードの例として亜鉛めっきかカドミウムめっきの上にクロメート処理を追加することで耐食性が大幅に改善される. クロメート処理とは, クロム酸塩を用いてめっき後に素材の後処理を行うことで, 耐食性をいっそう改善させる処理である. JIS B 1044 に後処理コードがあり, 一般的には光沢で黄土色か黄にじ色のクロメート処理を施すことが多く, 通常の使用条件下では M8 A1K（3 μm）, M10～M24 A2K（5 μm）が用いられている. p.183 下欄の表面処理に関連する資料も参照してほしい（付表 10.6～10.14 共通）.

付表 10.7　六角ナットの寸法表（JIS B 1181–2014）（ナット形状については p.184 参考参照）

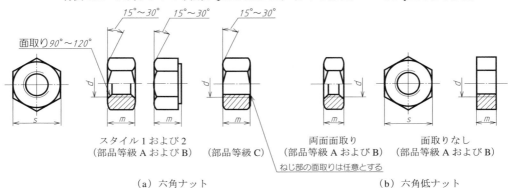

（a）六角ナット　　　　　　　　　　（b）六角低ナット

図示サイズ　　　　　　　　　　　　　　　　　　　　（mm）

ねじの呼び d	m									s			
	六角ナット						六角低ナット			六角ナット			六角低ナット
	スタイル1（部品等級A）（部品等級B）		スタイル2（部品等級A）（部品等級B）		（部品等級C）		基準寸法	両面取り（部品等級A）（部品等級B）	面取りなし（部品等級B）	基準寸法	スタイル1・2 六角低ナット両面取り（部品等級A）（部品等級B）	（部品等級C）第1選択	（部品等級B）第1選択
	最大	最小	最大	最小	最大	最小	最大	最小	最小	最大	最小	最小	最小
M1.6	1.30	1.05	—	—	—	—	1.0	0.75	0.75	3.2	3.02	—	2.9
M2	1.60	1.35	—	—	—	—	1.2	0.95	0.95	4	3.82	—	3.7
M2.5	2.00	1.75	—	—	—	—	1.6	1.35	1.35	5	4.82	—	4.7
M3	2.40	2.15	—	—	—	—	1.8	1.55	1.55	5.5	5.32	—	5.2
M4	3.20	2.90	—	—	—	—	2.2	1.95	1.95	7	6.78	—	6.64
M5	4.70	4.40	5.10	4.80	5.60	4.40	2.7	2.45	2.45	8	7.78	7.64	7.64
M6	5.20	4.90	5.70	5.40	6.40	4.90	3.2	2.90	2.90	10	9.78	9.64	9.64
M8	6.80	6.44	7.50	7.14	7.90	6.40	4.0	3.70	3.70	13	12.73	12.57	12.57
M10	8.40	8.04	9.30	8.94	9.50	8.00	5.0	4.70	4.70	16	15.73	15.57	15.57
M12	10.80	10.37	12.00	11.57	12.20	10.40	6.0	5.70	—	18	17.73	17.57	—
M16	14.80	14.10	16.40	15.70	15.90	14.10	8.0	7.42	—	24	23.67	23.16	—
M20	18.00	16.90	20.30	19.00	19.00	16.90	10.0	9.10	—	30	29.16	29.16	—
M24	21.50	20.20	23.90	22.60	22.30	20.20	12.0	10.90	—	36	35.00	35.00	—

備考　1.　六角ナットは，ナットの呼び高さ m が 0.8d 以上のもの.
　　　2.　六角低ナットは，ナットの呼び高さ m が 0.8d 未満のものに区分される.
　　　3.　部品等級 A, B, C は，JIS B 1021 により以下に分類されている.
　　　　　部品等級 A は，ねじの呼び d が M16 以下のもの.
　　　　　部品等級 B は，ねじの呼び d が M16 を超えるもの.
　　　　　部品等級 C には寸法による区分はない.
　　　4.　スタイル 1, 2 の区分はナットの高さの違いによる. スタイル 2 の高さは，スタイル 1 に比べて約 10％ 高い.

種　類			ねじの呼び径 d の範囲（mm）	対応国際規格（参考）
名　称	ねじのピッチ	部品等級		
六角ナット― スタイル 1	並目ねじ	A	1.6～16	ISO4032
		B	18～64	
六角ナット― スタイル 2	並目ねじ	A	5～16	ISO4033
		B	20～36	
六角ナット―C	並目ねじ	C	5～64	ISO4034
六角低ナット	両面取り	A	1.6～16	ISO4035
	並目ねじ	B	18～64	
	面取りなし並目ねじ	B	1.6～10	ISO4036

表面処理 1

表面処理は，亜鉛めっき・クロメート処理・処理しないなど用途に応じて使い分けられているが，普通はボルト側の処理内容に合わせて同じ表面処理を選んでいる. 指定しないと表面処理しないまま納品される.

付表 10.8　六角穴付きボルト寸法表（JIS B 1176-2015）

（並目ねじ）

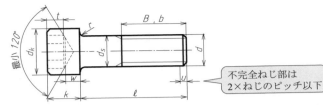

図示サイズ

(mm)

ねじの呼び d	参考 B	d_k 最大（基準寸法）	d_k 最大	d_k 最小	d_s 最大（基準寸法）	d_s 最小	e 最小	k 最大（基準寸法）	k 最小	s 呼び（基準寸法）	s 最大	s 最小	t 最小	w 最小	r
M3	18	5.5	5.68	5.32	3	2.86	2.873	3	2.86	2.5	2.58	2.52	1.3	1.15	0.1
M4	20	7	7.22	6.78	4	3.82	3.443	4	3.82	3	3.08	3.02	2	1.4	0.2
M5	22	8.5	8.72	8.28	5	4.82	4.583	5	4.82	4	4.095	4.020	2.5	1.9	0.2
M6	24	10	10.22	9.78	6	5.82	5.723	6	5.7	5	5.14	5.02	3	2.3	0.25
M8	28	13	13.27	12.73	8	7.78	6.863	8	7.64	6	6.14	6.02	4	3.3	0.4
M10	32	16	16.27	15.73	10	9.78	9.149	10	9.64	8	8.175	8.025	5	4	0.4
M12	36	18	18.27	17.73	12	11.73	11.429	12	11.57	10	10.175	10.025	6	4.8	0.6
M16	44	24	24.33	23.67	16	15.73	15.996	16	15.57	14	14.212	14.032	8	6.8	0.6
M20	52	30	30.33	29.67	20	19.67	19.437	20	19.48	17	17.23	17.05	10	8.6	0.8
M24	60	36	36.39	35.61	24	23.67	21.734	24	23.48	19	19.275	19.065	12	10.4	0.8
M30	72	45	45.39	44.61	30	29.67	25.154	30	29.48	22	22.275	22.065	15.5	13.1	1
M36	84	54	54.46	53.54	36	35.61	30.854	36	35.38	27	27.275	27.065	19	15.3	1

鋼ボルトの強度区分	8.8	10.9	12.9
ステンレスボルトの性状区分	A2-70	A2-50	

強度区分 12.9

備考　1. ねじ先は面取り先とする．ただし，M4以下はあら先（先は切断したまま）でもよい．
　　　2. ねじ先の不完全ねじ部（u）は$2P$以下のこと．
　　　3. d_k最大（基準寸法）欄はローレットがない頭部に適用する．
　　　4. d_k最大欄はローレットのある頭部に適用する．
　　　5. 頭部の側面には，平目またはアヤ目のローレット加工を施す．不要の場合は，JIS B 1176 M8 50-10.9（ローレットなし）のように指示すればよい．
　　　6. $b > \ell$は全ねじを示し，首下部の不完全ねじ部の長さは$3P$とする．

六角穴付きボルトのℓとbは次の表から選ぶ

(mm)

ねじの呼び d	ねじの長さ b	呼び長さ ℓ
M3	12	5 6 8 10 12 16 20 ¦ 25 30
M4	14	6 8 10 12 16 20 25 ¦ 30 35 40
M5	16	8 10 12 16 20 25 ¦ 30 35 40 45 50
M6	18	10 12 16 20 25 30 ¦ 35 40 45 50 55 60
M8	22	12 16 20 25 30 35 ¦ 40 45 50 55 60 65 70 80
M10	26	16 20 25 30 35 40 ¦ 45 50 55 60 65 70 80 90 100
M12	30	20 25 30 35 40 45 50 ¦ 55 60 65 70 80 90 100 110 120
M16	38	25 30 35 40 45 50 55 60 ¦ 65 70 80 90 100 110 120 130 140 150 160
M20	46	30 35 40 45 50 55 60 65 70 ¦ 80 90 100 110 120 130 140 150 160 180 200
M24	54	40 45 50 55 60 65 70 80 ¦ 90 100 110 120 130 140 150 160 180 200
M30	66	45 50 55 60 65 70 80 90 100 ¦ 110 120 130 140 150 160 180 200
M36	84	55 60 65 70 80 90 100 110 ¦ 120 130 140 150 160 180 200

太線より左のねじの呼び長さのものは，bの数値を用いる

太線より右のねじの呼び長さのものは，基準寸法の参考Bの数値を用いる

表面処理 2

一般には，ボルト表面に黒色の酸化皮膜（Fe_3O_4）を形成させて耐食性・耐酸性を向上させるために"黒染め"などと称する表面処理を施す．亜鉛めっきなどや表面処理を施さない場合には，これを指定する．また，表面処理を施さない場合は，他の防錆処理をする，脱脂する，加工のままなどを指示する．

付表 10.9　植込みボルト寸法表（JIS B 1173₋₂₀₁₅）

植込み側（平先）　　　　φd_s　　　　ナット側（丸先）

U　x　ℓ_a　x　B　U　　x, U は 2 ピッチ以下

b_m　　　ℓ

図示サイズ　　　　　　　　　　　　　　　　　　（mm）

ねじの呼び d			M4	M5	M6	M8	M10	M12	M16	M20
ピッチ P	並目ねじ		0.7	0.8	1	1.25	1.5	1.75	2	2.5
	細目ねじ		—	—	—	—	1.25	1.25	1.5	1.5
d_s	最大（基準寸法）		4	5	6	8	10	12	16	20
	最小		3.82	4.82	5.82	7.78	9.78	11.73	15.73	19.67
B	$\ell \leqq 125mm$ のもの	最小（基準寸法）	14	16	18	22	26	30	38	46
		最大 並目ねじ	15.4	17.6	20	24.5	29	33.5	42	51
		最大 細目ねじ	—	—	—	—	28.5	32.5	41	49
	$\ell > 125mm$ のもの	最小（基準寸法）	—	—	—	—	—	—	48	52
		最大 並目ねじ	—	—	—	—	—	—	53	57
		最大 細目ねじ	—	—	—	—	—	—	51	55
b_m	1種	最小	—	—	—	—	12	15	20	25
		最大	—	—	—	—	13.1	16.1	21.3	26.3
	2種	最小	6	7	8	11	15	18	24	30
		最大	6.75	7.9	8.9	12.1	16.1	19.1	25.3	31.3
	3種	最小	8	9	10	12	16	20	24	32
		最大	8.9	10.9	13.1	17.1	21.3	25.3	33.6	41.6
r（約）			5.6	7	8.4	11	14	17	22	28

備考　1. ナット側ねじ長さ（B）および不完全ねじ部を除く円筒部長さ（ℓ_a）の最小値

ねじの呼び径 d	4	5	6	8	10	12	16	20
ナット部 B 最小値	5.4	6.6	8	10.5	13	14	20	25
ℓ_a		1		2		2.5	3	4

2. ねじの呼びと呼び長さの種類

ねじの呼び d	呼び長さ ℓ
M4	12 14 16 18 20 22 30 32 35 38 40
M5	12 14 16 18 20 22 30 32 35 38 40 45
M6	12 14 16 18 20 22 30 32 35 38 40 45 50
M8	16 18 20 22 30 32 35 38 40 45 50 55
M10	20 22 30 32 35 38 40 45 50 55 60 65 70 80 90 100
M12	22 30 32 35 38 40 45 50 55 60 65 70 80 90 100
M16	32 35 38 40 45 50 55 60 65 70 80 90 100
M20	35 38 40 45 50 55 60 65 70 80 90 100 110 120 140 160

参考　現実に流通しているのは JIS B 1181₋₂₀₁₄ 附属書 JA（規定）の 1 種～4 種の形状

　この附属書規定には，2009 年 12 月 31 日限りで廃止することが明記されていたが，これを 2014 年 12 月 31 日付けで期限を取り去り，そのまま継続することに改められ，次の一文が付された．「この附属書は，将来廃止するので，新規設計の機器，部位などには使用しない方がよい．なお，この附属書で規定する等級，機械的性質，寸法，ねじ，仕上げ程度および材料以外の要求がある場合には，受渡し当事者間の協定による」．

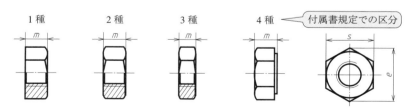

1 種　　　2 種　　　3 種　　　4 種　　　附属書規定での区分

m　　m　　m　　m　　　　s　　e

六角ボルト，六角ナットとも，二面幅（s）に異なるサイズ（M10，M12，M22）がある．

　附属書規定では 1 種が片面取り，現行規格ではすべて両面取り（六角低ナットを除く）注文者の指定で座付きのみ片面取りである．

　現行規格では，M5 以上でナットの側面，または座面や面取り部に製造業者識別記号と強度区分などが表示される．

付表 10.10　平座金（ひらざがね）寸法表（JIS B 1256-2008）

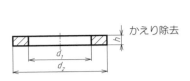

（a）小形，並形 − 部品等級 A の形状

（b）並形面取り − 部品等級 A の形状

図示サイズ　　　　　　　　　　　　　　　　（mm）

種類	内径 d_1		並形, 並形面取り − 部品等級 A の寸法[2]					小形 − 部品等級 A の寸法				
			外径 d_2		厚さ h			外径 d_2		厚さ h		
呼び径[1]	基準寸法（最小）	最大	基準寸法（最大）	最小	基準寸法	最大	最小	基準寸法（最大）	最小	基準寸法	最大	最小
1.6	1.7	1.84	4	3.7	0.3	0.35	0.25	3.5	3.2	0.3	0.35	0.25
2	2.2	2.34	5	4.7	0.3	0.35	0.25	4.5	4.2	0.3	0.35	0.25
2.5	2.7	2.84	6	5.7	0.5	0.55	0.45	5	4.7	0.5	0.55	0.45
3	3.2	3.38	7	6.64	0.5	0.55	0.45	6	5.7	0.5	0.55	0.45
4	4.3	4.48	9	8.64	0.8	0.9	0.7	8	7.64	0.5	0.55	0.45
5	5.3	5.48	10	9.64	1	1.1	0.9	9	8.64	1	1.1	0.9
6	6.4	6.62	12	11.57	1.6	1.8	1.4	11	10.57	1.6	1.8	1.4
8	8.4	8.62	16	15.57	1.6	1.8	1.4	15	14.57	1.6	1.8	1.4
10	10.5	10.77	20	19.48	2	2.2	1.8	18	17.57	1.6	1.8	1.4
12	13	13.27	24	23.48	2.5	2.7	2.3	20	19.48	2	2.2	1.8
16	17	17.27	30	29.48	3	3.3	2.7	28	27.48	2.5	2.7	2.3
20	21	21.33	37	36.38	3	3.3	2.7	34	33.38	3	3.3	2.7
24	25	25.33	44	43.38	4	4.3	3.7	39	38.38	4	4.3	3.7
30	31	31.39	56	55.26	4	4.3	3.7	50	49.38	4	4.3	3.7
36	37	37.62	66	64.8	5	5.6	4.4	60	58.8	5	5.6	4.4

注（1）呼び径は，組み合わせるねじの呼びと同じである.
　（2）並形面取りの寸法は，呼び径5より規定.

小型・並形・並形面取り − 部品等級 A の製品仕様

材料の区分[1]		鋼		ステンレス鋼
機械的性質	硬さ区分	200HV	300HV	200HV
	硬さ範囲	200〜300HV	300〜370HV	200〜300HV
公　差		JIS B 1022の部品等級Aによる.		
表面仕上げ		平座金は生地のまま供給する．潤滑処理またはその他の皮膜処理を施す場合には，受渡当事者間の協定による．電気めっきの要求がある場合には，JIS B 1044 による.		

注（1）非鉄金属およびその他の材料については，受渡当事者間の協定による.
備考　上表の形状・寸法および製品仕様は，ISO 7092-1983 に一致している.

製品の呼び方

平座金の呼び方は，規格番号，種類，呼び径×外径（d_2），硬さ区分および指定事項（表面処理など）による.
例　JIS B 1256　小形−部品等級A　　　5×9　　　−200HV　　　亜鉛めっき
　　JIS B 1256　並形−部品等級A　　　8×16　　　−200HV
　　JIS B 1256　並形面取り−部品等級A　8×16　　　−200HV
　　（規格番号）（種類）　　　　　　（呼び径×外径）（硬さ区分）（指定事項）
注　外径は，外径の基準寸法（最大）を示す.
　　受入検査　受入検査の手順は，JIS B 1091 による.

付表 10.11 ばね座金（ざがね）寸法表（JIS B 1251-2018）

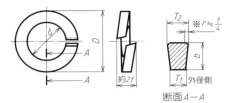

断面A—A

図示サイズ　　　　　　　　　　　　　　　　　　　　（mm）

呼び	内径d 基準寸法	断面寸法(最小) 2号 b×t	断面寸法(最小) 3号 b×t	外径D(最大) 2号 (一般用)	外径D(最大) 3号 (重荷重用)	圧縮試験後の自由高さ (最小) 2号	圧縮試験後の自由高さ (最小) 3号	試験荷重 kN
2	2.1	0.9×0.5	—	4.4	—	0.85	—	0.42
2.5	2.6	1.0×0.6	—	5.2	—	1	—	0.69
3	3.1	1.1×0.7	—	5.9	—	1.2	—	1.03
(3.5)	3.6	1.2×0.8	—	6.6	—	1.35	—	1.37
4	4.1	1.4×1.0	—	7.6	—	1.7	—	1.77
(4.5)	4.6	1.5×1.2	—	8.3	—	2	—	2.26
5	5.1	1.7×1.3	—	9.2	—	2.2	—	2.94
6	6.1	2.7×1.5	2.7×1.9	12.2	12.2	2.5	3.2	4.12
(7)	7.1	2.8×1.6	2.8×2.0	13.4	13.4	2.7	3.4	5.88
8	8.2	3.2×2.0	3.3×2.5	15.4	15.6	3.35	4.2	7.45
10	10.2	3.7×2.5	3.9×3.0	18.4	18.8	4.2	5	11.8
12	12.2	4.2×3.0	4.4×3.6	21.5	21.9	5	6	17.7
(14)	14.2	4.7×3.5	4.8×4.2	24.5	24.7	5.85	7	23.5
16	16.2	5.2×4.0	5.3×4.8	28.0	28.2	6.7	8	32.4
(18)	18.2	5.7×4.6	5.9×5.4	31.0	31.4	7.7	9	39.2
20	20.2	6.1×5.1	6.4×6.0	33.8	34.4	8.5	10	49.0
(22)	22.5	6.8×5.6	7.1×6.8	37.7	38.3	9.35	11.3	61.8
24	24.5	7.1×5.9	7.6×7.2	40.3	41.3	9.85	12	71.6
(27)	27.5	7.9×6.8	8.6×8.3	45.3	46.7	11.3	13.8	93.2
30	30.5	8.7×7.5	—	49.9	—	12.5	—	118
(33)	33.5	9.5×8.2	—	54.7	—	13.7	—	147
36	36.5	10.2×9.0	—	59.1	—	15	—	167
(39)	39.5	10.7×9.5	—	63.1	—	15.8	—	197

備考 1. $t = (T_1 + T_2)/2$　この場合，$T_2 - T_1$は0.064b以下でなければならない．ただし，bはこの表で規定する最小値とする．
　　　2. 呼びに（　）を付けたものはなるべく用いない．
　　　3. ばね座金の種類は次による．

種類	座金の材質	用途
2号	硬鋼, ステンレス鋼, リン青銅	一般用
3号	硬鋼	重負荷用

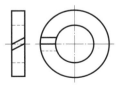

ばね座金の部品図を描く必要はない．組立図に描く場合は，締め付けられた状態で描く．

付表 10.12　すりわり付き小ねじ・十字穴付き小ねじ寸法表（JIS B 1101-2017，JIS B 1111-2017）

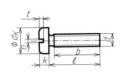
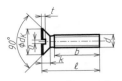
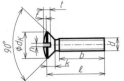

（a）すりわり付きなべ小ねじ　（b）すりわり付き皿小ねじ　（c）すりわり付き丸皿小ねじ

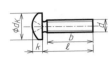
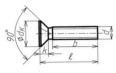
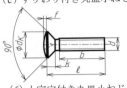

（d）十字穴付きなべ小ねじ　（e）十字穴付き皿小ねじ　（f）十字穴付き丸皿小ねじ

図示サイズ　(mm)

d	P	dk				k					f	n			すりわり付き					ℓの範囲
ねじの呼び	ピッチ	なべ		皿丸皿		すりわり付きなべ		十字穴付きなべ		皿丸皿	丸皿				t					
										最大	約	呼び	最大	最小	なべ		皿		丸皿	
		最大	最小	最大	最小	最大	最小	最大	最小							最大	最小	最大	最小	
M1.6	0.35	3.20	2.90	3.0	2.7	1.00	0.86	1.30	1.16	1	0.4	0.4	0.60	0.46	0.35	0.50	0.32	0.80	0.64	3〜16
M2	0.4	4.00	3.70	3.8	3.5	1.30	1.16	1.60	1.46	1.2	0.5	0.5	0.70	0.56	0.50	0.6	0.4	1.0	0.8	3〜20
M2.5	0.45	5.00	4.70	4.7	4.4	1.50	1.36	2.10	1.96	1.5	0.6	0.6	0.80	0.66	0.60	0.75	0.50	1.2	1.0	3〜25
M3	0.5	5.60	5.30	5.5	5.2	1.80	1.66	2.40	2.26	1.65	0.7	0.8	1.00	0.86	0.70	0.85	0.60	1.45	1.20	4〜30
(M3.5)	0.6	7.00	6.64	7.30	6.94	2.10	1.96	2.60	2.46	2.35	0.8	1	1.20	1.06	0.80	1.2	0.9	1.7	1.4	5〜30
M4	0.7	8.00	7.64	8.40	8.04	2.40	2.26	3.10	2.92	2.7	1	1.2	1.51	1.26	1.00	1.3	1.0	1.9	1.6	5〜35
M5	0.8	9.50	9.14	9.30	8.94	3.00	2.86	3.70	3.52	2.7	1.2	1.2	1.51	1.26	1.20	1.4	1.1	2.4	2.0	6〜50
M6	1	12.00	11.57	11.30	10.87	3.6	3.3	4.6	4.3	3.3	1.4	1.6	1.91	1.66	1.40	1.6	1.2	2.8	2.4	8〜60
M8	1.25	16.00	15.57	15.80	15.37	4.8	4.5	6.0	5.7	4.65	2	2	2.31	2.06	1.90	2.3	1.8	3.7	3.2	10〜60
M10	1.5	20.00	19.48	18.30	17.78	6.0	5.7	7.50	7.14	5	2.3	2.5	2.81	2.56	2.40	2.8	2.2	4.4	3.8	12〜60

備考 1．小ねじの種類・材料・等級

種類	材料による区分	等　級	
		部品等級	強度区分
十字付き　すりわり（なべ，皿，丸皿，ほか）	鋼	部品等級A	3.6〜12.9
	ステンレス		A2−50，A2−70
	黄銅		

2．呼びdに（　）を付けたものはできるだけ使用しない．
3．呼び長さℓは，ℓの範囲の中で次の数値から選ぶ．
　3, 4, 5, 6, 8, 10, 12, 16, 20, 25, 30, 35, 40, 45, 50, 55, 60

付表 10.13　六角穴付き止めねじ寸法表（JIS B 1177-2007）

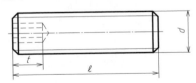

図示サイズ　(mm)

ねじの呼び d		M1.6	M2	M2.5	M3	M4	M5	M6	M8	M10	M12	M16	M20	M24
ピッチ P		0.35	0.4	0.45	0.5	0.7	0.8	1	1.25	1.5	1.75	2	2.5	3
df		ほぼおねじの谷の径												
e	最小	0.809	1.001	1.454	1.733	2.303	2.873	3.443	4.583	5.723	6.863	9.149	11.429	13.716
s	呼び（基準寸法）	0.7	0.9	1.3	1.5	2	2.5	3	4	5	6	8	10	12
	最大	0.724	0.913	1.300	1.58	2.08	2.58	3.08	4.095	5.14	6.14	8.17	10.17	12.212
	最小	0.710	0.887	1.275	1.52	2.02	2.52	3.02	4.02	5.02	6.02	8.025	10.025	12.032
t 最小	1欄	0.7	0.8	1.2	1.2	1.5	2	2	3	4	4.8	6.4	8	10
	2欄	1.5	1.7	2	2	2.5	3	3.5	5	6	8	10	12	15
ℓの範囲		2〜8	2〜10	2〜12	2〜16	2.5〜20	3〜25	4〜30	5〜40	6〜50	8〜60	10〜60	12〜60	12〜60

備考　呼び長さℓは，ℓの範囲の中で次の数値から選ぶ．
　2, 2.5, 3, 4, 6, 8, 10, 12, 16, 20, 25, 30, 40, 50, 60

付表 10.14　ねじ先の形状・寸法（JIS B 1003–2014）

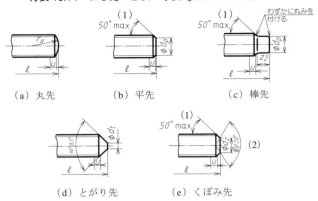

（a）丸先　　　　　　（b）平先　　　　　　（c）棒先

（d）とがり先　　　　（e）くぼみ先

図示サイズ　　　　　　　　　　　　　　　　　　　　（mm）

ねじの呼び d	d_p		d_t		d_z		z_2		r_e
	基準寸法	許容差 ($h\,14$)	基準寸法	許容差 ($h\,16$)	基準寸法	許容差 ($h\,14$)	基準寸法	許容差 $\left[\begin{smallmatrix}+1T14\\0\end{smallmatrix}\right]$	約
M1.6	0.8		0.16		0.8		0.8		2.2
M1.8	0.9		0.18		0.9		0.9		2.5
M2	1		0.2		1		1		2.8
M2.2	1.2	0 −0.25	0.22	(3)	1.1	0 −0.25	1.1	+0.25 0	3.1
M2.5	1.5		0.25		1.2		1.25		3.5
M3	2		0.3		1.4		1.5		4.2
M3.5	2.2		0.35		1.7		1.75		4.9
M4	2.5		0.4		2		2		5.6
M4.5	3		0.45		2.2		2.25		6.3
M5	3.5		0.5		2.5		2.5		7
M6	4	0 −0.30	1.5		3		3		8.4
M7	5		2		4		3.5		9.8
M8	5.5		2	0 −0.60	5	0 −0.30	4	+0.30 0	11
M10	7	0 −0.36	2.5		6		5		14
M12	8.5		3		8	0 −0.36	6		17
M14	10		4		8.5		7		20
M16	12		4		10		8	+0.36 0	22
M18	13	0 −0.43	5	0 −0.75	11		9		25
M20	15		5		14	0 −0.43	10		28
M22	17		6		15		11		31
M24	18		6		16		12		34
M27	21		8		—	—	13.5	+0.43	38
M30	23	0 −0.52	8	0 −0.90	—	—	15		42
M33	26		10		—	—	16.5		46
M36	28		10		—	—	18		50
M39	30		12		—	—	19.5		55
M42	32		12	0 −1.1	—	—	21	+0.52 0	59
M45	35	0 −0.62	14		—	—	22.5		63
M48	38		14		—	—	24		67
M52	42		16		—	—	26		73

注（1）50°の角度は，おねじの谷の径より下の傾斜部だけに適用する．
　　（2）呼び長さℓの短いものに対しては，120±2°とする（くぼみ先）．
　　（3）この範囲は先端にわずかの平面または丸みを付ける．
備考 1.　図注のℓは呼び長さ，uは不完全ねじ部長さであって，uは2ピッチ以下とする．
　　　2.　r_eは，1.4dとして求めた値を丸めたものである．
　　　3.　JIS B 0205（メートル並目ねじ）の附属書に規定するねじの呼び M1.7, M2.3および M2.6に対する
　　　　　ねじ先の形状・寸法は，ねじの呼び径1.6, 2.2, 2.5 mmのものに準じるのがよい．

付表 10.15　ボルト穴径およびざぐり径寸法（JIS B 1001-1985）

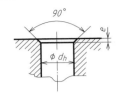

（a）面取りの場合

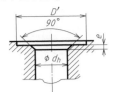

（b）ざぐりと面取りの場合

図示サイズ　　　　　　　　　　（mm）

ねじの呼び径	ボルト穴径 d_h				面取り e	ざぐり径 D'
	1級	2級	3級	4級[1]		
M1	1.1	1.2	1.3	—	0.2	3
M1.2	1.3	1.4	1.5	—	0.2	4
M1.4	1.5	1.6	1.8	—	0.2	4
M1.6	1.7	1.8	2	—	0.2	5
※M1.7	1.8	2	2.1	—	0.2	5
M1.8	2.0	2.1	2.2	—	0.2	5
M2	2.2	2.4	2.6	—	0.3	7
M2.2	2.4	2.6	2.8	—	0.3	8
※M2.3	2.5	2.7	2.9	—	0.3	8
M2.5	2.7	2.9	3.1	—	0.3	8
※M2.6	2.8	3	3.2	—	0.3	8
M3	3.2	3.4	3.6	—	0.3	9
M3.5	3.7	3.9	4.2	—	0.3	10
M4	4.3	4.5	4.8	5.5	0.4	11
M4.5	4.8	5	5.3	6	0.4	13
M5	5.3	5.5	5.8	6.5	0.4	13
M6	6.4	6.6	7	7.8	0.4	15
M7	7.4	7.6	8	—	0.4	18
M8	8.4	9	10	10	0.6	20
M10	10.5	11	12	13	0.6	24
M12	13	13.5	14.5	15	1.1	28
M14	15	15.5	16.5	17	1.1	32
M16	17	17.5	18.5	20	1.1	35
M18	19	20	21	22	1.1	39
M20	21	22	24	25	1.2	43
M22	23	24	26	27	1.2	46
M24	25	26	28	29	1.2	50
M27	28	30	32	33	1.7	55

図示サイズ　　　　　　　　　　（mm）

ねじの呼び径	ボルト穴径 d_h				面取り e	ざぐり径 D'
	1級	2級	3級	4級[1]		
M30	31	33	35	36	1.7	62
M33	34	36	38	40	1.7	66
M36	37	39	42	43	1.7	72
M39	40	42	45	46	1.7	76
M42	43	45	48	—	1.8	82
M45	46	48	52	—	1.8	87
M48	50	52	56	—	2.3	93
M52	54	56	62	—	2.3	100
M56	58	62	66	—	3.5	110
M60	62	66	70	—	3.5	115
M64	66	70	74	—	3.5	122
M68	70	74	78	—	3.5	127
M72	74	78	82	—	3.5	133
M76	78	82	86	—	3.5	143
M80	82	86	91	—	3.5	148
M85	87	91	96	—	—	—
M90	93	96	101	—	—	—
M95	98	101	107	—	—	—
M100	104	107	112	—	—	—
M105	109	112	117	—	—	—
M110	114	117	122	—	—	—
M115	119	122	127	—	—	—
M120	124	127	132	—	—	—
M125	129	132	137	—	—	—
M130	134	137	144	—	—	—
M140	144	147	155	—	—	—
M150	155	158	165	—	—	—
参考：d_h の許容差[2]	H12	H13	H14	—	—	—

注（1）4級は，主として鋳抜き穴に適用する.
　（2）参考として示したものであるが，寸法許容差の記号に対する数値は，JIS B 0401（寸法公差およびはめあい）による.

備考　1. この表で規定するねじの呼び径およびボルト穴径のうち，あみかけをした部分は，ISO 273 に規定されていないものである.
　　　2. ねじの呼び径に※印を付けたものは，ISO 261（ISO general purpose metric screw threads－General plan）に規定されていないものである.
　　　3. 穴の面取りは，必要に応じて行い，その角度は原則として90°とする.
　　　4. あるねじの呼び径に対して，この表のざぐり径より小さいものまたは大きいものを必要とする場合は，なるべくこの表のざぐり径系列から数値を選ぶのがよい.
　　　5. ざぐり面は，穴の中心線に対して直角となるようにし，ざぐりの深さは，一般に黒皮がとれる程度とする.

付表 10.16　溝付きスプリングピン V 形（JIS B 2808-2013）　　　　（mm）

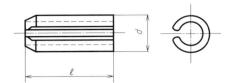

呼び径 d	2.5	3	4	5	6	8	10
長さ ℓ	5〜25	6〜32	8〜40	10〜50	12〜63	16〜80	18〜200
d の穴の許容差	+0.09 0		+0.12 0			+0.15 0	

付表 10.17　テーパピン（JIS B 1352-2006）　　　　（mm）

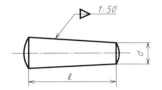

呼び径 d	4	5	6	8	10	12	16
許容差	—	0 −0.048		0 −0.058		0 −0.070	
長さ ℓ	14〜55	18〜60	22〜90	22〜120	26〜160	32〜180	40〜200

付表 10.18　E 形止め輪（JIS B 2804-2010）

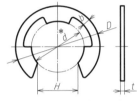

注　形状は，一例を示す．

（a）自由状態　　　　（b）使用状態　　　　（c）E 形用工具

呼び	止め輪									適用する軸（参考）						
	$d^{(1)}$		D		H		t		b	d_1 の区分		d_2		m		n
	基準寸法	許容差	基準寸法	許容差	基準寸法	許容差	基準寸法	許容差	約	を超え	以下	基準寸法	許容差	基準寸法	許容差	最小
0.8	0.8	0 −0.08	2	±0.1	0.7	0 −0.25	0.2	±0.02	0.3	1.0	1.4	0.8	+0.05 0	0.30	+0.05 0	0.4
1.2	1.2	0 −0.09	3		1.0		0.3	±0.025	0.4	1.4	2.0	1.2	+0.06 0	0.40		0.6
1.5	1.5		4	±0.2	1.3		0.4	±0.03	0.6	2.0	2.5	1.5		0.50		0.8
2	2.0		5		1.7		0.4		0.7	2.5	3.2	2.0				1.0
2.5	2.5		6		2.1		0.4		0.8	3.2	4.0	2.5				
3	3.0		7		2.6		0.6	±0.04	0.9	4.0	5.0	3.0		0.70	+0.10 0	
4	4.0	0 −0.12	9		3.5	0 −0.3	0.6		1.1	5.0	7.0	4.0	+0.075 0			1.2
5	5.0		11		4.3		0.6		1.2	6.0	8.0	5.0				
6	6.0		12		5.2		0.8		1.4	7.0	9.0	6.0		0.90		
7	7.0	0 −0.15	14		6.1	0 −0.35	0.8		1.6	8.0	11.0	7.0	+0.09 0			1.5
8	8.0		16		6.9		0.8		1.8	9.0	12.0	8.0				1.8
9	9.0		18		7.8		0.8		2.0	10.0	14.0	9.0				2.0
10	10		20	±0.3	8.7		1.0	±0.05	2.2	11.0	15.0	10.0		1.15	+0.14 0	
12	12	0 −0.18	23		10.4	0 −0.45	1.0		2.4	13.0	18.0	12.0	+0.13 0			2.5
15	15		29		13.0		$^{(2)}$1.6	±0.06	2.8	16.0	24.0	15.0		$^{(2)}$1.75		3.0

注（1）　d の測定には，円筒形のゲージを用いる．
　　（2）　t ＝1.6 mm は，1.5 mm とすることができる．この場合，m は 1.65 mm とする．
備考　適用する軸の寸法は，推奨する寸法を参考として示したものである．

付表 10.19　C 形穴用偏心止め輪 (JIS B 2804-2010)

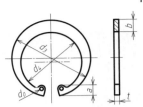
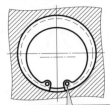
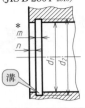

穴用プライヤ

直径 d_0 の穴の位置は，止め輪を適用する穴にはめたとき，溝にかくれないようにする

呼び (1欄)	止め輪										適用する穴 (参考)						
	d_3		t		b	a	d_0		d_1	d_2		$m^{(1)}$		n		
	基準寸法	許容差	基準寸法	許容差	約	約	最小			基準寸法	許容差	基準寸法	許容差	最小		
10	10.7	±0.18	1	±0.05	1.8	3.1	1.2		10	10.4	+0.11 0	1.15	+0.14 0	1.5		
12	13.0				1.8	3.3	1.5		12	12.5						
14	15.1				2.0	3.6	1.7		14	14.6						
16	17.3				2.0	3.7			16	16.8						
18	19.5	±0.20			2.5	4.0			18	19.0	+0.21 0					
20	21.5				2.5	4.0	2.0		20	21.0						
22	23.5				2.5	4.1			22	23.0						
25	26.9	±0.25	1.2	±0.06	3.0	4.4			25	26.2		1.35				
28	30.1				3.0	4.6			28	29.4						
30	32.1				3.0	4.7			30	31.4	+0.25 0					
32	34.4				3.5	5.2	2.5		32	33.7						
35	37.8		(2)1.6		3.5	5.2			35	37.0		(2)1.75		2		
40	43.5	±0.40	1.8	±0.07	4.0	5.7			40	42.5		1.95				
45	48.5				4.5	5.9			45	47.5						
50	54.5	±0.45	2.0		4.5	6.5			50	53.0	+0.30 0	2.2				

注 (1)　止め輪円環部 (溝幅) m は，板厚 t より小さくてはならない.
　(2)　$t = 1.6$ mm は，1.5 mm とすることができる．この場合，m は 1.65 mm とする.
備考　1.　JIS B 2804 の付表 2 で 1 欄のものを優先して記載しているので，必要に応じて JIS を参照されたい.
　2.　適用する穴の寸法は，推奨する寸法を参考として示したものである.
　3.　d_4(mm) は，$d_4 = d_3 - (1.4 \sim 1.5)b$ とすることが望ましい.

付表 10.20　C 形軸用偏心止め輪 (JIS B 2804-2010)

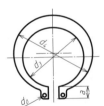

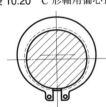

軸用プライヤ

直径 d_0 の穴の位置は，止め輪を適用する穴にはめたとき，溝にかくれないようにする.

呼び (1欄)	止め輪										適用する軸 (参考)						
	d_3		t		b	a	d_0		d_1	d_2		$m^{(1)}$		n		
	基準寸法	許容差	基準寸法	許容差	約	約	最小			基準寸法	許容差	基準寸法	許容差	最小		
10	9.3	±0.15	1	±0.05	1.6	3.0	1.2		10	9.6	0 −0.09	1.15	+0.14 0	1.5		
12	11.1	±0.18			1.8	3.2	1.5		12	11.5	0 −0.11					
14	12.9				2.0	3.4	1.7		14	13.4						
16	14.7				2.2	3.6			16	15.2						
18	16.5		1.2	±0.06	2.6	3.8			18	17.0		1.35				
20	18.5	±0.20			2.7	3.9	2		20	19.0	0 −0.21					
22	20.5				2.7	4.1			22	21.0						
25	23.2				3.1	4.3			25	23.9						
28	25.9		(2)1.6		3.1	4.6			28	26.6						
30	27.9				3.5	4.8			30	28.6		(2)1.75				
32	29.6				3.5	5.0	2.5		32	30.3	0 −0.25					
35	32.2	±0.25			4.0	5.4			35	33.0				2		
40	37.0	±0.40	1.8	±0.07	4.5	5.8			40	38.0		1.95				
45	41.5				4.8	6.3			45	42.5						
50	45.8		2.0		5.0	6.7			50	47.0		2.2				

注 (1)　止め輪円環部 (溝幅) m は，板厚 t より小さくてはならない.
　(2)　$t = 1.6$ mm は，1.5 mm とすることができる．この場合，m は 1.75 でなく 1.65 mm とする.
備考　1.　JIS B 2804 の付表 2 で 1 欄のものを優先して記載しているので，必要に応じて JIS を参照されたい.
　2.　適用する穴の寸法は，推奨する寸法を参考として示したものである.
　3.　d_4(mm) は，$d_4 = d_3 + (1.4 \sim 1.5)b$ とすることが望ましい.

第11章　管およびバルブ配管の表し方

管（pipe）は，「くだ」とよばれる（熟語は「かん」と読む）．管を配設することを配管（piping）といい，配管の図面としては，配管図（piping diagram，図 11.1）および系統図（system diagram，図 11.2）の2種類がある．これらの図示方法などについて説明する．

11.1　管材の種類

（1）鋳鉄管（cast iron pipe）

鋳鉄管は，耐食性が強いことから，主として上下水道管，工業用水道管，排水管，地下ケーブル管などに用いられている．

（2）鋼管（steel pipe）

鋼管には，製造法によって継目なし鋼管（鋼片から直接に造管）と溶接鋼管（電縫鋼管や鍛接鋼管）がある．水，空気，油，蒸気，ガスなどを送る一般配管材のほか，化学薬品，電気設備材用などの配管材として幅広く用いられている．

（3）非鉄金属管（nonferrous pipe）

非鉄金属管には，銅および銅合金，アルミニウムおよびアルミニウム合金があり，加工性，溶接性，耐食性がよく，熱交換器，給油管，圧力計，冷凍機配管に用いられている．その他，水道，ガス，酸性液体などの配管機材として使われている．

（4）非金属管（nonmetal pipe）

非金属管には，コンクリート管，プラスチック管，ゴム管などがある．

（5）機能性配管（特殊素材管）

機能性配管（特殊素材管）には，ジルカロイ，マグノックス（原子力など），チタン合金（宇宙・航空など），モリブデン（電子工業など），炭素繊維強化管，セラミックス管などがある．新技術のキーテクノロジとして重視されている．

11.2　配管図

11.2.1　管の表し方

配管図は，管と付属品の構成や位置関係を示す図面である（配管図記号は付表 11.1（p.197）参照）．配管の表し方には2通りの方法がある．

① 配管図：略図的に描く方法　　管・管継手・バルブ・計器などの形状を略図的に描く方法．略図の例を図 11.1 に示す．

② 系統図：実線と図示記号を用いて表す方法　　管を1本の実線で表し，管継手・バルブ・計器などは図示記号を用いて表す．表し方には図 11.2（a）～（c）の方法がある．

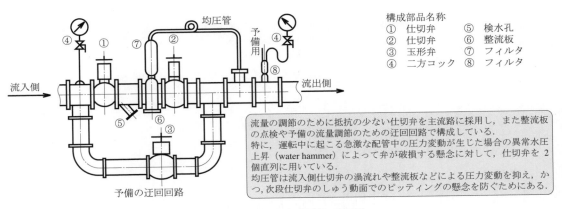

構成部品名称
① 仕切弁　⑤ 検水孔
② 仕切弁　⑥ 整流板
③ 玉形弁　⑦ フィルタ
④ 二方コック　⑧ フィルタ

流入側　流出側

予備の迂回回路

流量の調節のために抵抗の少ない仕切弁を主流路に採用し，また整流板などの点検や予備の流量調節のための迂回回路で構成している．
特に，運転中に起こる急激な配管中の圧力変動が生じた場合の異常水圧上昇（water hammer）によって弁が破損する懸念に対して，仕切弁を2個直列に用いている．
均圧管は流入側仕切弁の渦流れや整流板などによる圧力変動を抑え，かつ，次段仕切弁のしゅう動面でのピッティングの懸念を防ぐためにある．

図 11.1　工業用冷暖房配管の略図例

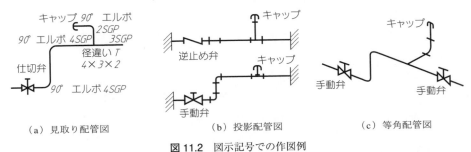

（a）見取り配管図　　（b）投影配管図　　（c）等角配管図

図 11.2　図示記号での作図例

● 11.2.2　管・流体の種類の表し方

管の種類，流体の種類，流体の種類の表示法を，それぞれ表11.1，11.2に示す（配管用炭素鋼管の仕様は付表11.2，11.3（p.197）を参照）．

表 11.1　管の種類と作図

配管の種類	線の種類	線の太さ
新規の配管	———	0.5〜0.8の実線
仮想の配管	—··—··—	0.2以下の二点鎖線
埋設の配管	－ － －	0.5〜0.8の破線
蒸気抱配管	—·—·— ———	0.2以下の一点鎖線 0.5〜0.8の実線
ジャケット配管	⬭	0.2以下の実線
既設の配管	—·—·—	0.2以下の一点鎖線

表 11.2　流体の識別表示（JIS Z 9102）

流体の種類	識別色
空　気	白
ガ　ス	うすい黄
油	茶色
蒸　気	暗い赤
水	青

流れの方向

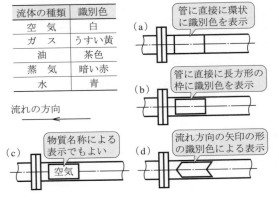

（a）管に直接に環状に識別色を表示
（b）管に直接に長方形の枠に識別色を表示
（c）物質名称による表示でもよい　空気
（d）流れ方向の矢印の形の識別色による表示

➕ **11.3　管継手**

管と管，管とほかの部品との接続のためには，管継手（pipe joint）を用いる．管継手には，溶接やろう接による継手，ねじ込みやはめ込みによる継手，管に付けたフランジをボルト・ナットで固定する管フランジ継手，管長さ方向の伸縮を調整する伸縮継手（expansion joint）などがある．

● 11.3.1　ねじ込み式管継手

ねじ込み式管継手のねじ込み部のねじは管用テーパねじであるが，めねじには並行ねじとテーパね

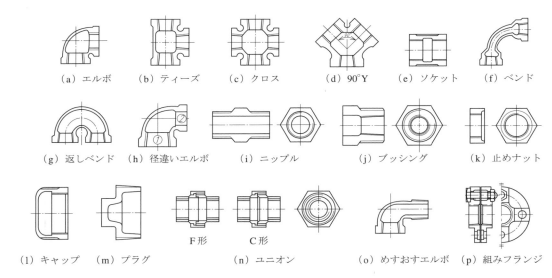

（a）エルボ　　（b）ティーズ　　（c）クロス　　（d）90°Y　　（e）ソケット　　（f）ベンド

（g）返しベンド　（h）径違いエルボ　（i）ニップル　　（j）ブッシング　　（k）止めナット

（l）キャップ　（m）プラグ　　F形　C形　（n）ユニオン　　（o）めすおすエルボ　（p）組みフランジ

図11.3　ねじ込み式可鍛鋳鉄製管継手

じがある．水・ガス・油・蒸気・空気などの一般配管用に用いられ，JIS B 2301「ねじ込み式可鍛鋳鉄製管継手」として規定されている．なお，小径のものには，銅，黄銅，青銅製がある．例を図11.3に示す．

11.3.2　溶接式管継手

溶接式管継手（welded type joint）は，使用圧力の低い水，ガス，油，蒸気，空気などの比較的大口径の配管に，突合せ溶接で取り付けられる．溶接式管継手は，JIS B 2311「一般配管用鋼製突合せ溶接式管継手」に規定され，亜鉛めっきの有無で白管継手と黒管継手に分かれる．材料による種類の記号は"FSGP"とする．例を図11.4に示す．

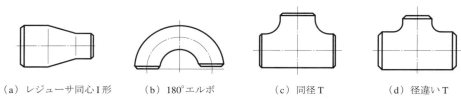

（a）レジューサ同心I形　（b）180°エルボ　（c）同径T　（d）径違いT

図11.4　FSGPの管継手形状の事例

11.3.3　管フランジ

管径が大きい場合やメンテナンス上の理由から管の取り外しを必要とする場合，フランジ継手が用いられる．これを管フランジという．管フランジには，鋼製管フランジ（JIS B 2220），鋳鉄製管フランジ（JIS B 2239），銅合金製管フランジ（JIS B 2240），アルミ合金製管フランジ（JIS B 2241）があり，主な種類を図11.5に示す．

11.3.4　伸縮継手

管は温度変化や圧力変化により伸縮を繰り返す．この伸縮の変化を調整するために伸縮継手が用いられる．主な伸縮継手の種類を図11.6に示す．

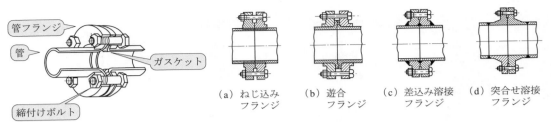

（a）ねじ込み　　（b）遊合　　　（c）差込み溶接　　（d）突合せ溶接
　　フランジ　　　　フランジ　　　　フランジ　　　　　フランジ

図 11.5　フランジの主な種類

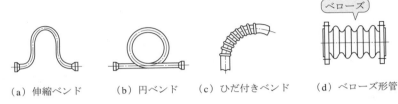

（a）伸縮ベンド　　（b）円ベンド　　（c）ひだ付きベンド　　（d）ベローズ形管

図 11.6　伸縮形管継手

✚ 11.4　フレアレス継手とインスタント管継手

　フレアレス継手とインスタント管継手は，柔軟性のあるポリアミドチューブやポリウレタンチューブを差し込むだけで機密性が得られる構造で，それらの構成を図 11.7，11.8 に，また，配管仕様を付表 11.4（p.197）に示す（詳しくは JIS B 8381「空気圧用たわみ管の管継手」を参照）．

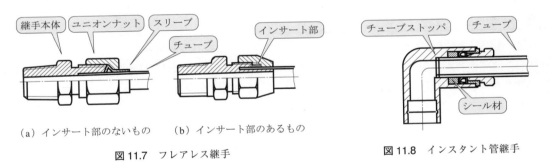

（a）インサート部のないもの　　（b）インサート部のあるもの

図 11.7　フレアレス継手

図 11.8　インスタント管継手

✚ 11.5　バルブ

　管路（流体の通路）や容器に取り付けて，流体の流量や圧力の制御，流体の遮断をするには止め弁（stop valve）を用いる．これには玉形弁（glove valve）やアングル弁（angle valve）が多く使用されている．バルブの種類を図 11.9 に示す．なお，バルブは "呼び圧力×呼び径" で呼称されている．

　そのほかに，流体の流れ損失が少ない仕切弁（gate valve）や，バタフライ弁（butterfly valve）がある．なお，関連規格としては，JIS B 0100，JIS B 2011，JIS B 2031 がある．

　また，流体の流れを一方向に制限し，逆流を防止するための逆止弁（check valve），装置や容器内の圧力が設定された圧力以上になると，外部に流体や気体を放出して，装置の安全を保つための安全弁（safety valve）や，自動的に一定圧力に減圧する減圧弁（pressure reducing valve）がある．参考例を図 11.10 ～ 11.12 に示す．

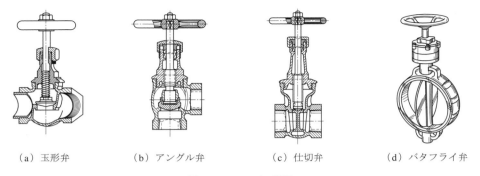

（a）玉形弁　　　（b）アングル弁　　　（c）仕切弁　　　（d）バタフライ弁

図 11.9　バルブの種類

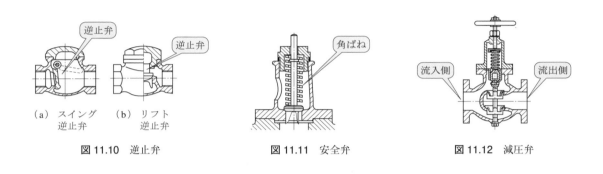

（a）スイング
逆止弁　　（b）リフト
逆止弁

図 11.10　逆止弁　　　　　図 11.11　安全弁　　　　　図 11.12　減圧弁

11.6　コック

　管路（流体の通路）や容器に取り付けて，流体の流れの開閉を行う装置をコックという．これには，流れの遮断や流量の調節だけを行う二方コック（cock），流れの遮断と切替えを同時に行える三方コック（three way cock）がある．構造が簡単で全開時の流れの抵抗が少なく，しかも安価なことから，小口径用に使用されている．一般的なコックの形状を図 11.13，11.14 に示す．

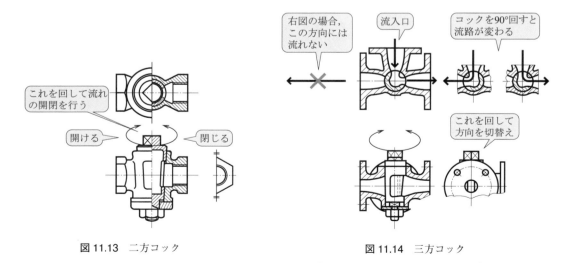

図 11.13　二方コック　　　　　　　　図 11.14　三方コック

付　表

付表 11.1　配管図記号例

種類	図記号	種類	図記号	種類	図記号	種類	図記号
パイプライン一般	流れ方向 →	陰にかくれる管	d 最小 5d	錘式逆止弁（おもり式）		自動減圧（制御）弁 左から右へ向かう流れを想定	
パイプライン T形継手 永久接続	どちらかを使用	フレキシブルパイプライン	または	作動後開放状態保持，錘式安全弁		弁の手動操作	
パイプライン継手				ばね式ボール逆止弁		自動開閉機能付 abcの信号入力で弁開 abcの信号ゼロで弁閉	abc では逆の動作
永久接続	現場溶接	端末キャップ		作動後自動復帰ばね式安全弁		断熱層をもつパイプラインまたはダクト	
クランプ締付フランジ継手		バルブ一般	一般　フランジ端	電動モータ形アクチュエータ付き制御弁	M	支持装置 ・吊り金具 （支持の場合は逆の形）	一般 固定 スライド式
ねじ込み継手		アングル弁		容積式流量計		流量指示	F1 PA 圧力警報
フランジ端末閉止フランジ端末開放		三方弁		タービン式流量計		フランジ ・正面からの図は同心の二つの円 ・背面からの図は一つの円 ・側面からの図は短い一本線	側面から 正面から 背面から
フランジ継手		ボール弁		電磁式流量計			

参考文献 JIS B 0011-1 〜 0011-3（1998），JIS Z 8617-1 〜 8617-15（2008），JIS Z 8204（1983）．

付表 11.2　配管用炭素鋼鋼管（SGP）：黒管の標準寸法と質量（JIS G 3452）

呼び径 A	呼び径 B	外径 (mm)	厚さ (mm)	ソケットを含まない単位質量 (kg/m)	呼び径 A	呼び径 B	外径 (mm)	厚さ (mm)	ソケットを含まない単位質量 (kg/m)
6	1/8	10.5	2.0	0.419	100	4	114.3	4.5	12.2
8	1/4	13.8	2.3	0.652	125	5	139.8	4.5	15.0
10	3/8	17.3	2.3	0.851	150	6	165.2	5.0	19.8
15	1/2	21.7	2.8	1.31	175	7	190.7	5.3	24.2
20	3/4	27.2	2.8	1.68	200	8	216.3	5.8	30.1
25	1	34.0	3.2	2.43	225	9	241.8	6.2	36.0
32	1 1/4	42.7	3.5	3.38	250	10	267.4	6.6	42.4
40	1 1/2	48.6	3.5	3.89	300	12	318.5	6.9	53.0
50	2	60.5	3.8	5.31	350	14	355.6	7.9	67.7
65	2 1/2	76.3	4.2	7.47	400	16	406.4	7.9	77.6
80	3	89.1	4.2	8.79	450	18	457.2	7.9	87.5
90	3 1/2	101.6	4.2	10.1	500	20	508.0	7.9	97.4

備考　1. 呼び径は，AおよびBのいずれかを用いる．Aによる場合はA，Bによる場合はBの符号を，それぞれの数字のうしろに付ける．
　　　2. 質量の数値は，1 cm³の鋼を 7.85 g として計算したもの．
　　　3. その他，主に用いられている管材の仕様は，付表 11.3，11.4 を参照のこと．
　　　4. 管用平行ねじは，JIS B 0202，管用テーパねじは，JIS B 0203 に記載されている．

付表 11.3　圧力配管用炭素鋼鋼管（STPG）（JIS G 3454）

呼び径 A	呼び径 B	Sch40 厚さ (mm)	Sch60 厚さ (mm)	Sch80 厚さ (mm)
6	1/8	1.7	2.2	2.4
8	1/4	2.2	2.4	3.0
10	3/8	2.3	2.8	3.2
15	1/2	2.8	3.2	3.7
20	3/4	2.9	3.4	3.9
25	1	3.4	3.9	4.5
32	1 1/4	3.6	4.5	4.9
40	1 1/2	3.7	4.5	5.1
50	2	3.9	4.9	5.5

備考　呼称は，呼び径と厚さ（スケジュール番号：Sch）による．

呼び方　呼び径×呼び厚さ　例　20A×Sch40　STPG370ZN-S-H
種　類　STPG370，STPG410 の 2 種類　さらに亜鉛めっきの有無がある
　　　　例　STPG370-ZN　亜鉛めっきは -ZN を付けて黒管と区別する
製造方法を表す　　　　　　　　　　仕上方法を表す
　継目無し：S　　　　　　　　　　　熱間仕上げ：H
　電気抵抗溶接：E　　　　　　　　　冷間仕上げ：C
　　　　　　　　　　　　　　　　　 電気抵抗溶接のまま：G
　例　熱間継目無鋼管　STPG370-S-H

付表 11.4　空気圧用ポリアミド管およびウレタン管（JIS B 8381 附属書）

(mm)

管の呼び	ポリアミド管 外径×内径	ポリアミド管 肉厚	第1種 記号 AH 最小曲げ半径 0.9 MPa	第2種 記号 AL 最小曲げ半径 0.5 MPa	ポリウレタン管 記号 U 外径×内径	ポリウレタン管 肉厚	最小曲げ半径 0.4 MPa
4	4×2.5	0.75	20	13	4×2.5	0.75	10
6	6×4	1.0	30	20	6×4	1.0	15
8	8×6	1.0	48	32	8×5	1.5	24
10	10×7.5	1.25	60	40	10×6.5	1.75	30
12	12×9	1.5	72	48	12×8	2.0	36

備考　0.9 MPa，0.5 MPa，0.4 MPa は最高使用圧力を示す．

第12章　溶接

溶接とは，二つ以上の部材を溶融し，一体化させるもので，あらゆる産業分野の構造物の組立に使われている．そのため，機械図面において溶接の表示を見かけることが多い．また，溶接部に要求される品質はさまざまであり，図面上の溶接指示も簡単なものから細かな作業指示や検査方法を指定したものまで多岐にわたる．

本章では，溶接のあらましと溶接記号（JIS Z 3021-2016）について説明する．必要に応じて専門書を参照のこと．

12.1　溶接の方法

数ある溶接方法の中で最も一般的に用いられているものは，ガス溶接（gas welding：主にアセチレンガスと酸素）と電気溶接（electric welding）である．現在，主なものは電気溶接で，これにはアーク溶接と抵抗溶接がある．

12.1.1　アーク溶接

アーク溶接（arc welding）は，母材と溶接棒の間にアークを飛ばし，その熱で母材と溶接棒を溶融させながら溶接する方法である．大気中で被覆溶接棒を用いる方法（図12.1）と，不活性ガス（たとえばアルゴン，炭酸ガス）で溶接部を空気から遮へいしながら溶接するガスシールドアーク溶接法（図12.2）がある．ガスシールドアーク溶接は細密な溶接に適する．

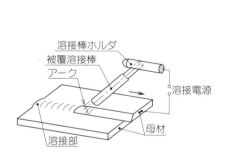

図 12.1　被覆溶接棒を用いるアーク溶接

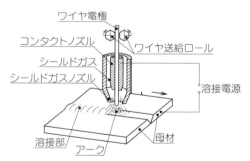

図 12.2　ガスシールドアーク溶接

12.1.2　抵抗溶接

抵抗溶接（resistance welding）は，接合する部材に電極を通じて電流を印加し，その抵抗熱によって加熱し，圧力を加えて接合する方法である．スポット溶接の方法を，図12.3に示す．スポット溶接の棒状電極の代わりに，ローラ状の電極を用いて連続的に接合する方法をシーム溶接という（図12.4）．

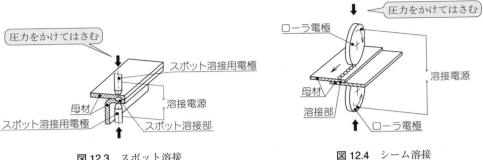

図 12.3　スポット溶接　　　　　　　図 12.4　シーム溶接

12.2　溶接継手

溶接により接合された継手を溶接継手（weld joint）という．代表的な溶接継手を図 12.5 に示す．

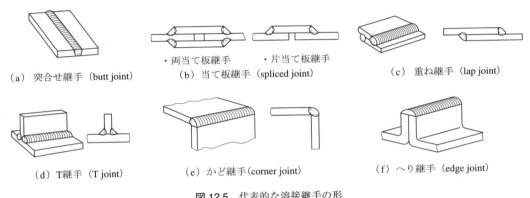

（a）突合せ継手（butt joint）　　　・両当て板継手　・片当て板継手　　　（c）重ね継手（lap joint）
　　　　　　　　　　　　　　　（b）当て板継手（spliced joint）

（d）T継手（T joint）　　　　（e）かど継手（corner joint）　　　（f）へり継手（edge joint）

図 12.5　代表的な溶接継手の形

12.3　用語および定義

12.3.1　開　先

溶接する母材の端部を，溶接に都合のよい形に加工することを開先（groove）加工，その形状を開先形状という．開先の形状として，I 形，V 形，X 形，レ形，K 形，J 形，U 形，H 形などがある．溶接継手は，この開先形状と寸法を示す必要があり（図 12.6），JIS Z 3021 の溶接記号の規定に従い図面に溶接の指示を行う．

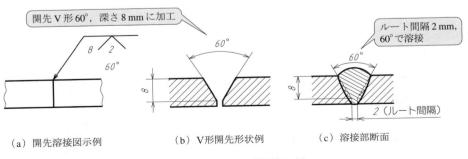

（a）開先溶接図示例　　　　　（b）V形開先形状例　　　（c）溶接部断面

図 12.6　V 形開先（溶接）の例

● 12.3.2　溶接深さ

開先溶接における溶接表面から溶接底面までの深さ (S) を示す（図 12.7）．開先溶接における，継手強度に寄与するのは溶接の深さ S である（注：ビーム溶接などでは溶込み深さ p と一致しないことがある）．

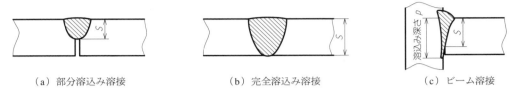

（a）部分溶込み溶接　　　　　　　（b）完全溶込み溶接　　　　　　　（c）ビーム溶接

図 12.7　溶接深さ

✚ 12.4　溶接の表し方

溶接の指示は，溶接記号と溶接部記号（基本記号・組合せ記号・補助記号）から成り立っている．

● 12.4.1　溶接記号の構成

①　溶接記号は，矢，基線および特定の情報を伝える付加要素からなる（図 12.8（a））．

②　溶接記号には，必要に応じて寸法を添え，尾を付けて必要な説明をする（図 12.8（a），（b））．

③　溶接の基本記号は記入せず，溶接位置のみを指示する．タック溶接（旧称仮付溶接）と称され，本溶接の前に，正しい位置に部材を保持するため断続的に行う指示法（図 12.8（b））．

④　基本記号，補助記号は，これまで太線で描いたが，JIS 規格の変更により細線で描く．

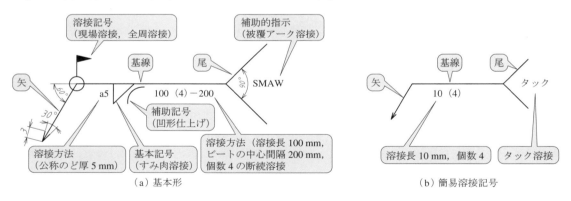

（a）基本形　　　　　　　　　　　　　　（b）簡易溶接記号

図 12.8　溶接記号の構成（図面には全部細線で描くこと）

● 12.4.2　矢の表示

①　矢は，基線に対して 60° の直線とする（図 12.8（a））．

　　基線のどちらか一方の端に付けてもよく，必要ならば同一の端から 2 本以上付けることができる．ただし，基線の両側に付けることはできない（図 12.9（a））．

②　レ形，J 形，レ形フレアなど非対称な溶接部において，開先をとる部材の面またはフレアのある部材の面を指示する必要がある場合は，矢を折れ線とし，開先をとる面またはフレア面に矢の先端を向ける（図 12.9（b），（e），（f））．開先をとる面が明らかか，いずれの面にとってもよいときは，折れ線としなくてもよい（図 12.9（c），（d））．

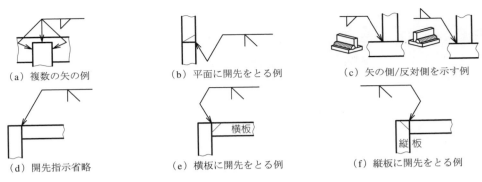

（a）複数の矢の例　　（b）平面に開先をとる例　　（c）矢の側/反対側を示す例

（d）開先指示省略　　（e）横板に開先をとる例　　（f）縦板に開先をとる例

図 12.9　複数の矢，矢の側/反対側を表す溶接記号例

● 12.4.3　溶接部記号

溶接部記号は，JIS Z 3021 において，基本記号（組合せ記号を含む）および補助記号（溶接した部分の表面形状・仕上げ方法・施工場所など）を規定している（表 12.1 ～ 12.3）．

表 12.1　基本記号（記号欄の破線は，基線を示す）

名　称	記　号 矢の側または手前側	矢の反対側または向う側	番　号	名　称	記　号 矢の側または手前側	矢の反対側または向う側	番　号
I 形開先溶接			p.5 表1 No.1	プラグ溶接 スロット溶接			p.6 表1 No.11
V 形開先溶接			p.5 表1 No.2	肉盛溶接			p.7 表1 No.21
レ形開先溶接			p.5 表1 No.3	ステイク溶接			p.7 表1 No.22
J 形開先溶接			p.6 表1 No.7	抵抗スポット溶接		※旧記号使用可	p.6 表1 No.12
U 形開先溶接			p.6 表1 No.6	溶融スポット溶接		※旧記号使用可	p.6 表1 No.13
V 形フレア溶接			p.6 表1 No.8	抵抗シーム溶接		※※旧記号使用可	p.7 表1 No.14
レ形フレア溶接			p.6 表1 No.9	溶融シーム溶接			p.7 表1 No.15
へり溶接			p.7 表1 No.19	スタッド溶接			p.7 表1 No.16
すみ肉溶接 連続両面では旧記号使用可			p.6 表1 No.10	ビード溶接			JIS にはないが，実際には使用する
すみ肉溶接 千鳥断続では旧記号使用可	L(n)-P L(n)-P	L(n)-P L(n)-P	p.22 表5 No.2.6	摩擦圧接 フラッシュ（突合せ）溶接も同じ記号			

備考　番号欄は JIS Z 3021-2016 の記載箇所を示す．

表 12.2　基本記号の組合せ

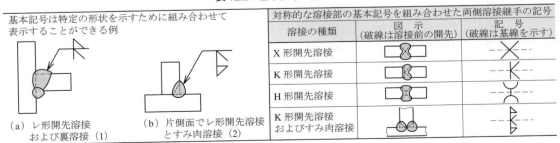

基本記号は特定の形状を示すために組み合わせて表示することができる例		対称的な溶接部の基本記号を組み合わせた両側溶接継手の記号		
		溶接の種類	図　示（破線は溶接前の開先）	記　号（破線は基線を示す）
		X 形開先溶接		
		K 形開先溶接		
		H 形開先溶接		
（a）レ形開先溶接および裏溶接（1）　（b）片側面でレ形開先溶接とすみ肉溶接（2）		K 形開先溶接およびすみ肉溶接		

表 12.3 補助記号（表面形状および仕上げ方法．破線は基線を示す）

名 称	図 示	記 号	適用例	名 称	図 示	記 号	適用例
裏波溶接 フランジ・へり溶接含む				平ら			
裏当て			補助記号は基線に対して反対側に付けられる	凸形			
				凹形			
裏当て取り外さない	M		MR	滑らかな止端仕上げ	止端仕上		
裏当て取り外す	MR						
全周溶接				仕上げ方法（機械での仕上げ）			
				チッピング		C	溶接面を凹形に仕上げる
				グラインダ		G	砥石で止端を仕上げる
現場溶接 仕上げの詳細は，作業指示書・溶接施工要領書に記載する．				切削		M	切削にて平面に仕上げる
				研磨		P	研磨で凸形面に仕上げる

12.4.4 溶接部記号の位置

基線に対する溶接部記号の位置は，その溶接記号が描かれる製図の投影法に従う（図 12.10）．

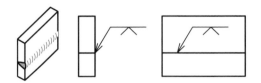 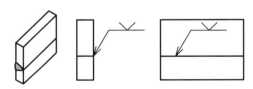

（a）溶接する側が矢の側または手前側のときは，基線の下側に記載する．

（b）溶接する側が矢の反対側または向こう側のときは，基線の上側に記載する．

図 12.10 基線に対する溶接部記号の位置

12.4.5 寸法の表示

図 12.11 は，溶接部記号における断面寸法の記入例を示したものである．同図（a）の開先溶接の断面主寸法は，"開先深さ"および（または）"溶接深さ"とする．"溶接深さ"は，（ ）を付けて"開先深さ"に続ける．次に，記号の中に"ルート間隔"2 mm を，その上に"開先角度"60° を記入する．さらに，ルート半径などの指示事項があれば，尾を付けて記入する．

同図（b）において，V 形開先記号の中に記入された数字 0 は，ルート間隔が 0 mm を示しており，その下の数字は，開先角度 70° を示している．（5）は溶接深さを示している．また，その断面図のように，部分溶込み溶接で所要の溶込み深さが開先深さと同じときは，開先深さを省略する．

表 12.4 に溶接部記号の使用例を示す．

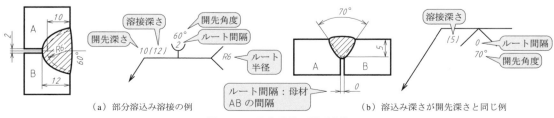

（a）部分溶込み溶接の例 （b）溶込み深さが開先深さと同じ例

図 12.11 開先溶接の断面寸法

表 12.4 溶接部記号の使用例（寸法単位 mm）

溶接部	実形	記号表示	番号	溶接部	実形	記号表示	番号
V 形フレア溶接			p.6 表1 No.8	すみ肉溶接		6×9 / 6×9 /	p.6 表1 No.10
レ形フレア溶接			p.6 表1 No.9	すみ肉溶接両側脚長6mmの場合			p.8 表2 No.4
I 形開先ルート間隔2			p.5 表1 No.1	すみ肉溶接両側脚長の異なる場合			p.8 表2 No.4
I 形開先レーザ溶接ルート間隔0.1～0.2		0.1～0.2 LBW / 0.1～0.2 LBW / LBW (laser beam welding)	p.5 表1 No.1	すみ肉溶接並列溶接		L(n)-p / L(n)-p	p.22 表5 No.2.5 n：手前側の溶接箇所
I 形開先フラッシュ溶接（突合せ溶接）		フラッシュ溶接 / フラッシュ溶接	p.5 表1 No.1	すみ肉溶接千鳥溶接 旧記号使用可		b2 J(m)-pl / b1 L(n)-p / b2 J(m)-pl / b1 L(n)-p	p.22 表5 No.2.6
I 形開先摩擦圧接	接合例 アルミ材 / 銅材	摩擦圧接	p.5 表1 No.1	プラグ溶接 穴径φ 22 溶接深さ 6 開先角度 60° 溶接数 3 ピッチ 100	A-A	(22×6) 60° (3)-100 / (22×6) 60° (3)-100 / 100 100	p.22 表5 No.2.6
V 形開先部分溶込み開先角度60°開先深さ5ルート間隔0		(5) 0 60° / (5) 0 60°	p.19 表5 No.1.2	スロット溶接 幅 22 溶接深さ 6 開先角度 0° 長さ 50 溶接数 1	C-C	(22×6) 0° 50 (1) / (22×6) 0° 50 (1)	p.23 表5 No.4.2
V 形開先完全溶込み溶接開先角度60°ルート間隔2		60°	p.19 表5 No.1.1	肉盛溶接 肉盛りの厚さ 6 幅 50 長さ 100 の場合		6 50×100 / 6 50×100	p.7 表1 No.21
U 形開先完全溶込み溶接開先角度25°ルート間隔2ルート半径6		r=6 25° / r=6 25°	p.6 表1 No.6	スポット溶接 矢の側または手前側の面が平らなことを指示する場合 ピッチ75 点数 2	溶融スポット溶接 手前が平面 E-E	(2)-75 図は溶融スポット溶接を示す / (2)-75 溶融スポット溶接 旧記号使用可	p.24 表5 No.5.2
レ形開先部分溶込み溶接開先深さ8開先角度35°ルート間隔0		35° (8) 0 / 35° (8) 0	p.5 表1 No.4	プロジェクション溶接 矢の側または手前側の面が平らなことを指示する場合	突起を設けて接合 プロジェクション溶接	プロジェクション溶接 旧記号使用可	p.34 表A-2 No.9
レ形開先部分溶込み溶接開先角度45°開先深さ10溶接深さ10ルート間隔0		(10) 45°	p.5 表1 No.4	シーム溶接 図は抵抗シーム溶接を示す シーム所要幅4	抵抗シーム溶接 F-F	抵抗シーム溶接	p.25 表5 No.6.1
X 形開先深さ 矢の側6 反対側9 角度 矢の側60° 反対側90° ルート間隔3		90° 9 16 60° 3 90°	p.8 表2 No.1	ステイク溶接 重ね継手溶接幅1.0 すき間0.00～0.2		1.0 LBW / 0.0～0.2 / 1.0 LBW (laser beam welding)	p.7 表1 No.22
へり溶接溶着量2研磨仕上げ		2 P / 2 P	p.7 表1 No.19	スタッド溶接 φ5のスタッドを各列80ピッチで4本接合する	80の間隔が3ある 20 3(80=240) 20	SW 5 80 (4)	p.7 表1 No.16

備考 番号欄は JIS Z 3021-2016 の記載箇所を示す.

第13章　組立図

これまでは，部品図の製図を説明してきた．本章では，組立図についてその役割を中心に述べる．

13.1　目　的

部品図は，各部品の完成寸法・表面状態など製作のための情報を示すのが目的なのに対し，組立図の役目はいくつかの部品のかたまり（組付品）の情報を示すのが目的といえる．①～④を図面にする．

① 部品相互の位置関係，組付方法を示す（部品図を描かない市販品（購入部品）：ボルトナット，ねじ小物，ベアリング，パッキン，モータ，センサ，スイッチなどを含む）．

② 組付品の大きさや性能に関する情報などを示す（図内および部品欄を利用する）．

③ 可動部分があれば想像線で動く範囲を示す．

④ 隣りの組付品（別の組立図に描かれているもの）との相互（位置）関係を示す．

組立図にも特定の範囲を詳細に描く場合や，全体からの位置を示すのみの場合など，いろいろな場合によって役目（説明する内容）は異なることがよくあることに注意する．通常，組立図と部品リストによって各部署（たとえば，組立ライン，購買部，カタログ説明書をつくるドキュメント部など）が活動する．また，社内外の交渉も組立図を通じて行うことが多い．

13.2　組立図に記入する項目

① 購入品を含むすべての部品より照合番号（部品番号，通称「風船」）をあげ，部品欄を図枠内につくって記入する．照合番号は，通常，数字あるいはラテン文字を用いる．

② 製品の外形寸法，可動寸法（角度）などの，代表的寸法（ほかに軸間距離，開口寸法，回転数など）を記入する．その組立図部分の理解を助けるのに役立つ代表的情報のみでよい．

13.3　記入時の注意

① すべての部品はかくれ線ではなく，破断面を用いて実線で示すほうが理解しやすい．さらに拡大図や補助断面図なども用いて示す．すなわち，組立図を見ながら頭の中で順番に分解・組立ができる図になっていることが望ましい．

② 照合番号は，部品図の部品番号と必ず一致するように注意する．

③ 照合番号（通称「風船」）は，X軸，Y軸と平行に揃える．風船の引出線（風船をとばすという）はX軸，Y軸より必ず傾ける（平行にするとほかの作図線とまぎらわしくなる）．また，引出線どうしの交差はできる限り避ける．風船の大きさは$\phi 10 \sim \phi 12$とし，引出線は風船の中心と相手を結ぶ線上に引く（図13.1，13.2）．

図13.1 照合番号の引出線の位置

矢印は相手部品と円の中心を通る線上に描く

④ 部品欄は，図枠を利用しても，図枠から離してつくってもよい．

部品番号は，図面の右下につくるときは下から上へ順に，図面の右上につくるときは上から下へ順に部品番号（部番ともいう）を書く．いずれもあとから書き加えるときにそのまま継続できるようにするためである．

組立図と部品図が関連する例を，図13.2，13.3，参考図5（p.224）および9（p.228）に示す．

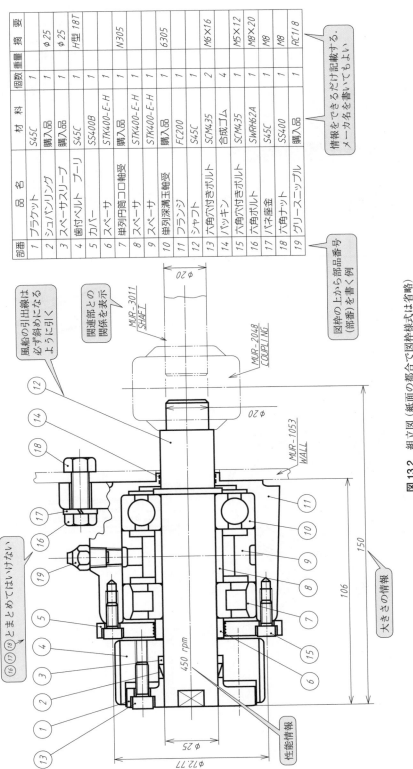

部番	品　名	材　料	個数	重量	摘　要
1	ブラケット	S45C	1		
2	シュパンリング	購入品	1		φ25
3	スペーサスリーブ	購入品	1		φ25
4	歯付ベルト　プーリ	S45C	1		H型18T
5	カバー	SS400B	1		
6	スペーサ	STK400-E-H	1		N305
7	単列円筒コロ軸受	購入品	1		
8	スペーサ	STK400-E-H	1		
9	スペーサ	STK400-E-H	1		
10	単列深溝玉軸受	購入品	1		6305
11	フランジ	FC200	1		
12	シャフト	S45C	1		
13	六角穴付きボルト	SCM435	2		M6×16
14	パッキン	合成ゴム	4		
15	六角穴付きボルト	SCM435	1		M5×12
16	六角ボルト	SWRH62A	1		M8×20
17	バネ座金	S45C	1		M8
18	六角ナット	SS400	1		M8
19	グリースニップル	購入品	1		RC1/8

情報をできるだけ記載する．メーカ名を書いてもよい

図枠の上から部品番号（部番）を書く例

MUR-3011 SHAFT

関連部との関係を表示

風船の引出線は必ず斜めになるように引く

MUR-2048 COUPLING

φ20

φ20

MUR-1053 WALL

150

106

大きさの情報

とまとめてはいけない

450 rpm

性能情報

φ25

φ72.77

図13.2 組立図（紙面の都合で図枠様式は省略）

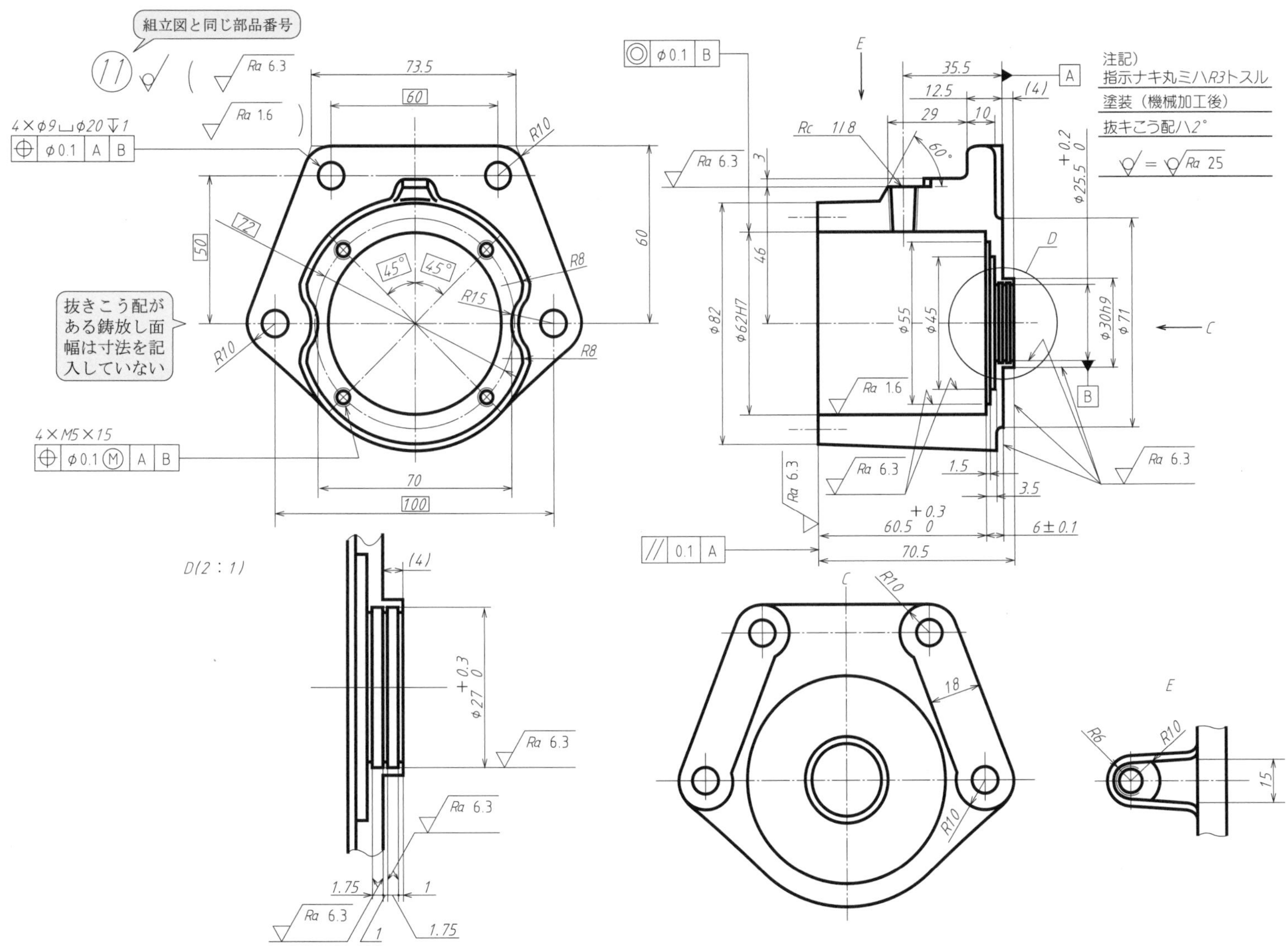

図 13.3 部品図（紙面の都合で図枠様式とハッチングは省略．ただし，JIS B 0024，JIS B 0419−mK を適用）

第14章 フリーハンドスケッチ

フリーハンドスケッチ（freehand sketch）は，製図用具を用いずにフリーハンドで描いた図面である．本章では，その実務面について説明する．

⊕ 14.1 フリーハンドスケッチについて

フリーハンドスケッチは，製図用具を用いずにフリーハンドで描く図面で，素早く・手軽に・場所を問わずに描けて，設計者や開発者の意図を正確に表すことができる．また，参考品など記憶した事柄をもとに素早く図面上に再現できる．これらの図面は指令書にとどまらず，技術者の想像力・読解力や作図力を増すためにもきわめて重要である．

⊕ 14.2 スケッチの用途

スケッチの主な用途は，次の三つである．

（1）製図用スケッチ

製図用スケッチは，簡単な組立図，部品図などとして，一時的あるいはすぐに必要な場合に用いられる．この図面は製図器具を用いた製図同様の信頼性の高い作図精度が要求される．

（2）品物のスケッチ

品物のスケッチは，機械の修理や現存の機械・部品の再製，参考品の再現などの場合に用いられる．これは，現物をスケッチしてすぐに使用する場合と，製図器具を用いて図面化する場合がある．

（3）説明用スケッチ

説明用スケッチは，設計者や開発者の意図を図面化し，機械や構造や仕組み，特殊形状の説明などに用いられる．プレゼンテーションなどで，内容がよく理解できるように立体図を用いることが多い．

⊕ 14.3 スケッチの準備

（1）作図用具

作図用具には，鉛筆（HB，B など芯の比較的柔らかいもの），白紙，方眼紙，画板，消しゴムなどがある．方眼紙はスケッチするものの大きさと寸法の割合が正しく描け，各投影図の配置が容易な利点がある．

（2）測定器具

測定器具には，直尺（通称スケール：scale），直角定規（square），分度器（protractor），内パス（内径を測る内キャリパ），外パス（外径を測る外キャリパ），ノギス（vernier calipers），マイクロメータ（micrometer），ゲージ類（ピッチゲージ，すきまゲージ，半径ゲージ），比較用表面粗さ標準片などがある（図14.1）．

（3）工具類

機械の分解・再組立に使用する工具類には，スパナ・ねじ回し・ペンチ・プライヤ・トルクドライバ・ハンマ（片方がゴム）・ポンチ・たがね，その他，光明丹（朱色，粉末の酸化鉛．油で適当な固さに練って使用する），清浄な布切れ，荷札などを使う．

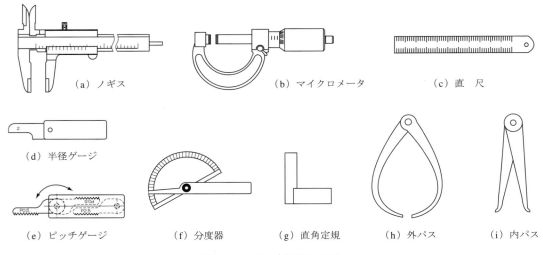

(a) ノギス　　　(b) マイクロメータ　　　(c) 直 尺

(d) 半径ゲージ

(e) ピッチゲージ　　　(f) 分度器　　　(g) 直角定規　　　(h) 外パス　　　(i) 内パス

図 14.1　スケッチ用測定器具

14.4　形状のスケッチ

　形状をスケッチする場合は，できるだけ現尺に近いように描く．また，構造などが理解しやすいように断面図や立体図を描き加えておくのがよい．

　なお，スケッチする製品または部品の商品名，機体の銘板，部品の取付方向，梱包状態，スケッチした日時，場所，さらに鋳物や鍛造品，成形品では，抜きこう配や型合せ面を記録しておくとよい．スケッチには次のような方法があり，組み合わせて能率よく作業を進める．

14.4.1　フリーハンドによる方法

　できる限り対象物と相似寸法になるよう形状をフリーハンドで描いていく．この場合，用紙に方眼紙を使用すれば描きやすい．図例を図 14.2 に示す．

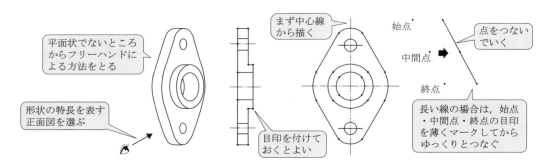

平面状でないところからフリーハンドによる方法をとる

形状の特長を表す正面図を選ぶ

まず中心線から描く

目印を付けておくとよい

始点

中間点

終点

点をつないでいく

長い線の場合は，始点・中間点・終点の目印を薄くマークしてからゆっくりとつなぐ

図 14.2　フリーハンドによるスケッチ例

14.4.2　プリントによる方法

① スケッチする面に，光明丹や油などを薄くまんべんなく塗り，これに紙を押し当て指先で部品表面をこすって形を転写する方法である．この方法は，実物と同じ大きさに写しとれる利点がある．図例を図 14.3 に示す．

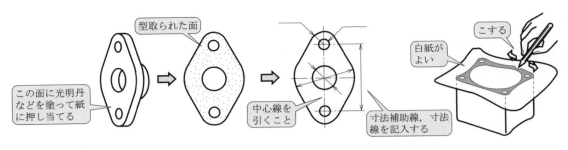

図 14.3 フリーハンドによるスケッチ例

② 型取りによる方法　スケッチする面を紙の上に置き，実物の外周を鉛筆でなぞって型を取る
方法である．実物の外形が不規則になっている場合など，フリーハンドで描きにくい場合などに
用いる．複雑な形状の部分は，銅線や鉛線などを輪郭に沿わせて曲げていき，その形を紙面に写
し取る方法もある．図例を図 14.4 に示す．

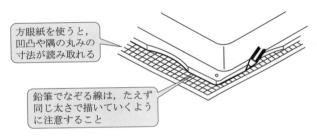

図 14.4 型取りによるスケッチ例

14.4.3 カメラを用いる方法
　スケッチだけでは理解しにくい複雑な品物とか，大きい機械など全体を多次元の角度から撮影し，
三次元データとして直接取り込む方法である．

14.4.4 形状スケッチに際する注意事項
① スケッチする品物の構造，機能，締結状態をよく観察して，分解の手順を考える．
② 重要と思われる部分，形が多少違っても差し支えがないような部分に見分け，極力ムダな労力
を省くように努め，用紙の大きさに対してバランスよく作図する配置を決めておく．
③ 最初に第三角法に従い組立図をフリーハンドで描いていく．この場合，構成するすべての部品
がすぐわかるように，断面，部分断面，部分投影などと組み合わせて描く．
④ 部品の取付方向や重要と思われる箇所の寸法，注意すべき点を記入しておく．
⑤ 組立図が完成すれば，分解した順序に部品を並べ，整理番号
を付けてそれぞれの部品図をフリーハンドで描く．組合せに
なっているものは，組み合わせる相手との合せマークを行うこ
と．図例を図 14.5 に示す．
⑥ 組立図にも整理番号を記入する．
⑦ まず形状を描き，次に寸法補助線と寸法線を必要と思われる
箇所すべてに記入していく．そこに寸法を測定しながら測定数

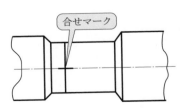

図 14.5 部品への合せマーク例

値を順次記入していく.

⑧　表面の仕上げ程度は,鋳物肌のままや切削仕上げした面の筋目と表面粗さ標準片とを比較して判定するが,用途からの推定も加える.表8.7,8.8を参照されたい.

⑨　材料の判定の細かい判定は難しいので,鉄鋼,非鉄金属,樹脂の程度の判定をしたのち,さらに詳しく調べる.参考として表14.1に金属の特色を示す.

⑩　はめあいについては,本書の表6.13〜6.16を参照のこと.

⑪　でき上がった図面をよく見直して,寸法の見落としやその他不備なところがないかを確かめる.特にはめあい部分などは,再度測定して確かめることが重要である.

⑫　スケッチ後の品物は,さび付かないように必要に応じて防せい油を塗布し,欠品がないように確実に再組立する.

表14.1　材料の特色

材　料	肌と光沢の状態
鋳　鉄	仕上げられていない面は,ざらざらしており,灰色で光沢がない. 仕上げられた面は,銀灰色で光沢があるが,表面に細かい針状の穴が見られる.
鋼	仕上げられていないもの (黒皮もの) は,青黒いつやがある. 仕上げられたものは,銀色のつやがあるが,軟鋼か硬鋼かは区別ができないので,硬度試験か回転する研削砥石に当てる火花試験により判定する.
黄　銅	金色がかった色をしている.
銅	小豆色をしている.特に真空焼鈍したものは変形能があり光沢がよい.
アルミニウム	白色で,比重が小さく軽い.

14.5　寸法の測り方の詳細

　形状寸法の測定は,スケッチ作業のうちでも重要な作業であり,精度,寸法位置の測定を誤らないように注意が必要である.また,寸法を測定する際には,基準面を部品の仕上げ面や穴の中心位置などとして,主要な寸法から順に測定して,重要と思われるところは繰り返して正確に測るようにする.また,円形のものは1箇所の対辺だけでなく,少なくとも2箇所以上の測定位置を円周に沿ってずらして繰り返し測定をすることも重要である.なお,測定対象物と測定器具は同一温度に管理されていることも注意する.具体的な測定方法について,図14.6で説明する.

（1）長さの測り方（ノギス・直尺による）

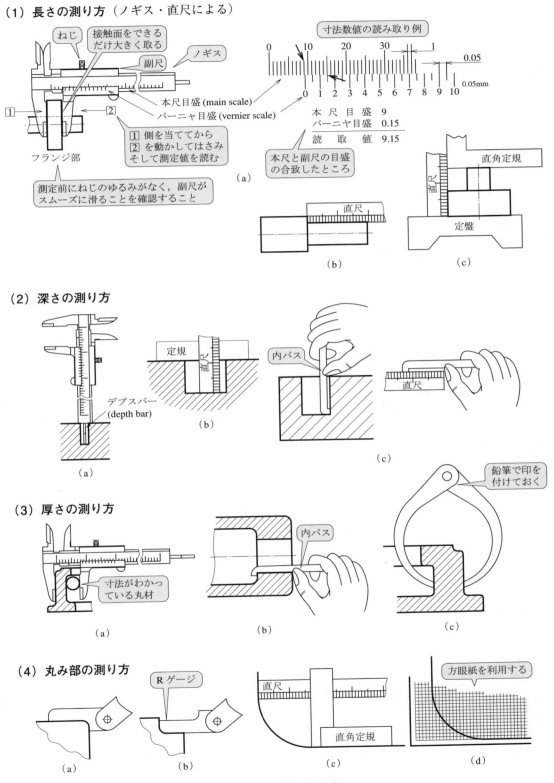

図 14.6　寸法の測り方

（5）直径の測り方

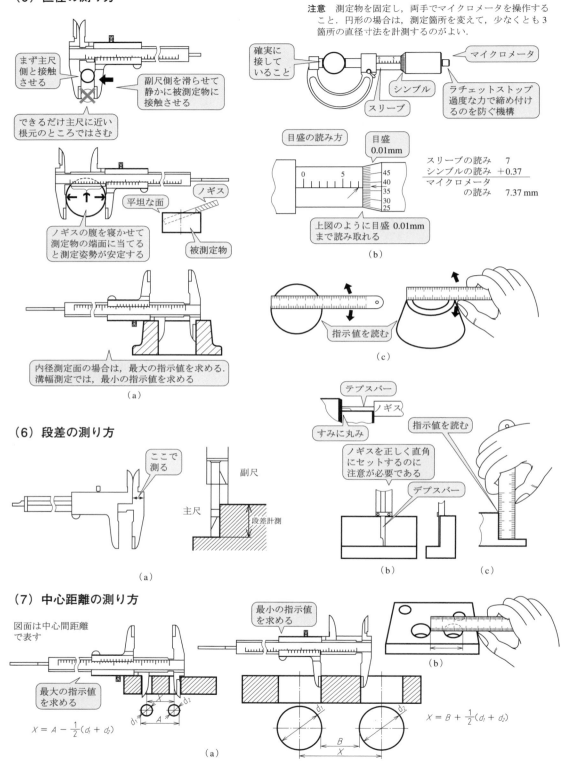

まず主尺側と接触させる

副尺側を滑らせて静かに被測定物に接触させる

できるだけ主尺に近い根元のところではさむ

ノギスの腹を寝かせて測定物の端面に当てると測定姿勢が安定する

平坦な面

ノギス

被測定物

内径測定面の場合は，最大の指示値を求める．溝幅測定では，最小の指示値を求める

（a）

注意 測定物を固定し，両手でマイクロメータを操作すること．円形の場合は，測定箇所を変えて，少なくとも3箇所の直径寸法を計測するのがよい．

確実に接していること

マイクロメータ

シンブル

スリーブ

ラチェットストップ 過度な力で締め付けるのを防ぐ機構

目盛の読み方

目盛 0.01mm

スリーブの読み 7
シンブルの読み ＋0.37
マイクロメータの読み 7.37 mm

上図のように目盛 0.01mm まで読み取れる

（b）

指示値を読む

（c）

（6）段差の測り方

ここで測る

副尺

主尺

段差計測

（a）

テプスバー

ノギス

すみに丸み

ノギスを正しく直角にセットするのに注意が必要である

指示値を読む

デプスバー

（b）　　　（c）

（7）中心距離の測り方

図面は中心間距離で表す

最小の指示値を求める

最大の指示値を求める

$X = A - \dfrac{1}{2}(d_1 + d_2)$

（a）

$X = B + \dfrac{1}{2}(d_1 + d_2)$

（b）

図 14.6　寸法の測り方（つづき）

14.6　スケッチの実際

14.6.1　機械のスケッチ

　スケッチする前に，機械の機能，構造，部品相互の関係などを理解したうえでスケッチを行う．この際に注意すべき事項は次のとおりである．

① 部品全体の取付位置をすべてもれなく表す．

② かくれ線は誤って読み取られることを避けるために，図 14.7 に示すように断面で表す．

③ 部品の可動範囲を表す必要がある場合は，その可動範囲を想像線で表す．

④ 最大寸法，主要部品寸法，取付寸法，可動範囲などを測定して記入する．

⑤ まず，必要と思われる箇所すべてに寸法補助線と寸法線を記入する．次に，順次寸法を測定しながら記入していく．

⑥ 寸法は，測定に基準を決め，仕上げ面か中心線からを基準とした数値を記入する．

⑦ 測定できないところは，計算で求めておき，そのことを注記しておく．

⑧ 複雑な形の場合に誤解や疑問を生じさせないために，補助図面，部分図，立体図を描き加えておく．

作図例を図 14.7 に示す．

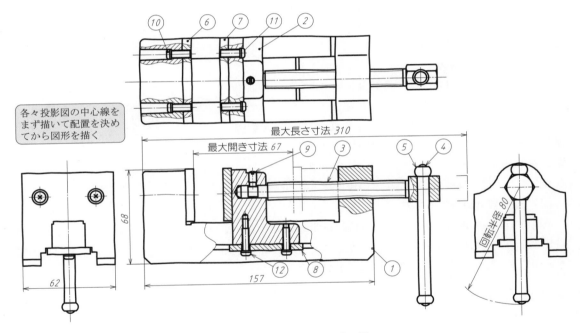

図 14.7　バイスのスケッチの例

● 14.6.2　部分のスケッチ

①　簡単明瞭に少ない枚数にとどめる.

②　図は寸法や注記が明確に判読できるように少し大きめに描く.

③　図形はかくれ線は避け，外形線で表すようにする.

作図例を図14.8に示す.

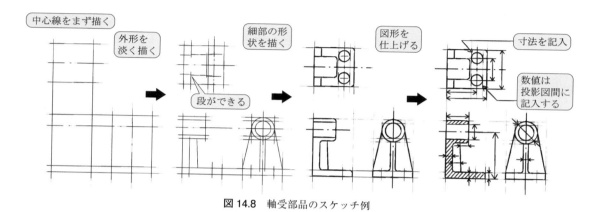

図14.8　軸受部品のスケッチ例

● 14.6.3　スケッチ線の描き方について

（1）　水平線の描き方

水平線（horizontal line）は，図14.9に示すように，紙面上に描く線の始点と終点あたりに，目印の点をうすくマークし，終点を見つめながら左（始点）から右（終点）に向かって製図器具を使用せず線を描いていく. 長い線の場合は描く線の概略長さの中間あたりにうすくマークし，まず細線で一つの線としたあと，濃いはっきりした1本の線に仕上げる.

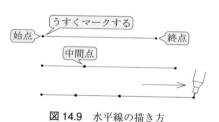

図14.9　水平線の描き方

（2）　垂直線・斜線の描き方

垂直線（perpendicular line）および斜線（oblique line）は，図14.10，14.11に示すように，水平線の場合と同様に，始点・中間点・終点にうすいマークをして，垂直線は上から下方向に，斜線は線の傾き方向に従って，右上がり，あるいは右下がりの方向に描く.

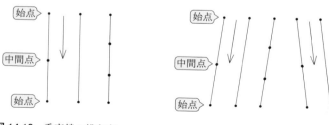

図14.10　垂直線の描き方　　　　**図14.11　斜線の描き方**

（3）　円弧の描き方

円弧（circular arc）の作図要領を，図 14.12 に示す．

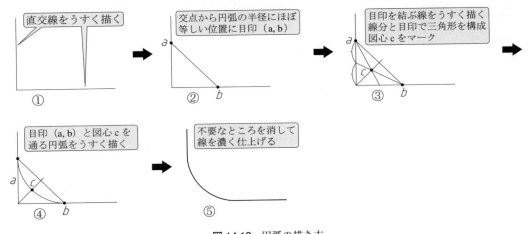

図 14.12　円弧の描き方

（4）　円形の描き方：円形の中心線を決めて描く方法（中心線法）

円形（circular）の作図要領を，図 14.13 に示す．

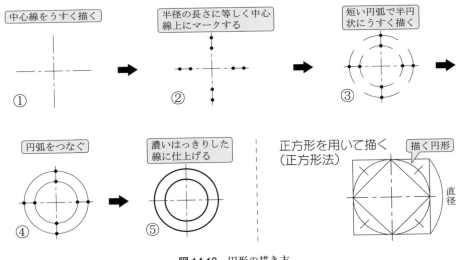

図 14.13　円形の描き方

付録 1　機能性エッジについて

　エッジ部に機能を必要とする部品の例を適用部品欄に記した．必要とする機能を盛り込むために，エッジ部の寸法精度，幾何偏差，表面性状などには格別の配慮が必要である．必要に応じ，JIS B 0051 を参照すること．

表　エッジ部に機能を必要とする部品例（JIS B 0051-2004）

エッジの基本形	鋭角形 $0<\alpha<\frac{\pi}{2}$			直角形 $\alpha=\frac{\pi}{2}$			鈍角形 $\frac{\pi}{2}<\alpha<2\pi$		
基本性能		相手に食い込み性能がよい			位置決め領域決め性能がよい				相手との共働性能がよい
静的性能	光，電磁波の反射が少ない			シャープな制御性能				ゆるやかな制御性能	相手との組み立て性がよい
動的性能		流体抵抗が少ない			正確な作動圧力バランス性能がよい				低摩擦である 相対変化がゆるやか
耐久性能			折れず，曲がらずの対策が必要である			相手作動時，異物が噛み込みにくい		エッジが欠けにくい	相手作動時，異物を噛み込みやすい
適用部品	刃形板の積層構造によるビームダンプ 噴射ノズル 油空圧機器薄刃オリフィス	高真空用CFフランジ タービンのブレード	切削工具（超硬チップ） カミソリの刃 採血針 注射針	磁気ヘッド 油空圧機器圧力補償弁 油空圧機器チェック弁の弁座	油空圧機器直角エッジスプール弁 高圧ピストンポンプのシリングブロックポート部 ロータリコンプレッサ	剪断機のブレード 工作機械の主軸支持用スリーブ	高誘導電体部品のエッジ 食品機械部品のエッジ	油空圧機器シリンダチューブのピストン挿入口 油空圧機器チェック弁の弁体 油空圧機器テーパランド スプール弁の弁体 ギヤポンプの歯車	油空圧機器重なりのあるポペット弁（圧力逃し弁）

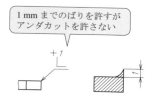

（a）かどのエッジの図面指示の例

1 mm までのばりを許すがアンダカットを許さない

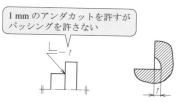

（b）すみのエッジのアンダカットの例

1 mm のアンダカットを許すがパッシングを許さない

備考　パッシング（passing）：すみのエッジの幾何学的な形状に対する外側への偏差

図　エッジの表示例

付録 2 寸法記入の方法（補足）

表　JIS B 0001-2019 に追加された描き方の追加と本書での統一表記

図番	内容	JISの理由[1]	本書での統一表記
図 5.2	寸法線を中断して数値を書く	CADでは指定可　←20→	寸法線の中央上　←20→
図 5.3	30度黒塗り矢印追加	ISO, CAD ⟶	30度矢印 ⟶
表 5.1	記号はすべて細線に変わった	CADは細線でよい	すべて細線で描く
図 5.16 (b)	正面の円直径のφを入れてもよい	CADではφが入る 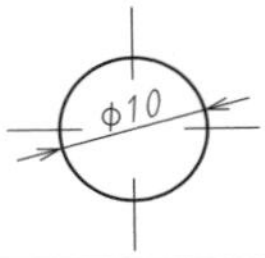　φ10	φは入れない 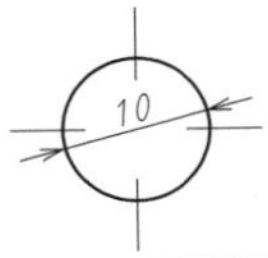　10
図 5.17 (d)	(SR) でも (SR4) でも可	CADは寸法が入る	(SR4)
図 5.18 (b)	一辺に □6 も可 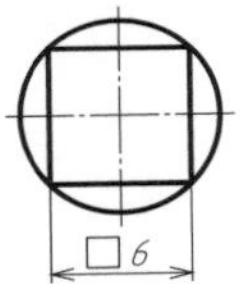	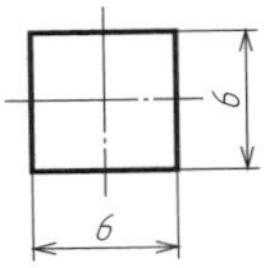 ISO 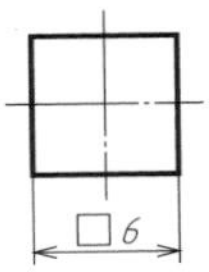　□6	6
図 5.22	円すい記号 へ（新設）	ISO	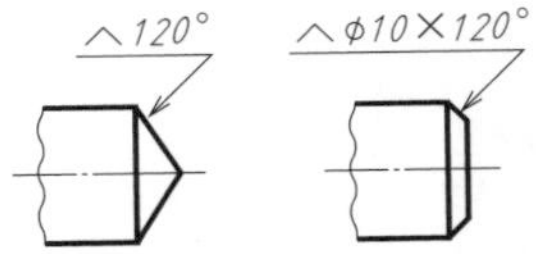 ∧120°　∧φ10×120°
図 5.26 (b)	長穴の端の丸みは (R) でも (R5) でも可	CADは寸法が入る	(R5)　ただし，キー溝はつねに (R)[2]
図 5.32	円弧記号は数値の前でも上でも可	ISO　⌒40	前で統一　⌒40
図 5.40	9キリを深ざぐり記号の前でも上でもよい	ISO　9キリ⊔φ14⩒7	前で統一　9キリ⊔φ14⩒7
	引出線の矢印の先は内円からでも外円からでもよい	ISO	内円に当てる表記で統一
図 5.41	7キリを皿ざぐり記号の前でも上でもよい	ISO　7キリ⩗φ8×90°	前で統一　7キリ⩗φ8×90°
	引出線の矢印の先は内円からでも外円からでもよい	ISO　図 5.40 と同じ	内円に当てる表記で統一

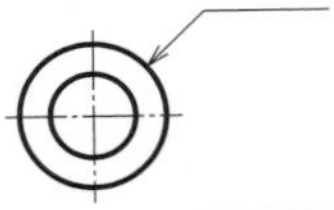

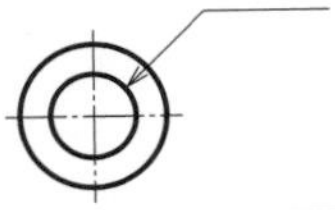

注 (1) JISの理由欄の意味（JIS B 0001-2019 の解説 2 表より）
　　ISO：ISO規格に掲載されているから．
　　CAD：CADはソフトで描けてしまう．これを修正するには手間がかかるから．
　(2) キー溝は CAD でも (R) と描く．

表 JIS B 0001-2019 に追加された描き方の追加と本書での統一表記（つづき）

図番	内 容	JIS の理由[1]	本書での統一表記
図 5.42	長穴を SLOT と表記可	ISO SLOT 10×30	R5 10 30
図 5.44	テーパ，こう配記号を参照線から浮かせて描いてもよい	CAD では操作で指定可 1:5　　1:5	参照線に付ける表記で統一 1:5　　1:5
図 5.46	2 本×を 2×に 重心線を消す	ISO 2×	国際化 2×

付録 3 角度サイズの標準指定演算子

本付録は，6.5 節の補足である．

🔷 サイズ形体の角度サイズに関する標準指定演算子（JIS B 0420-3-2020 の新設記号）

表1　角度にかかわるサイズの指定条件

条件記号	説明
Ⓛ Ⓖ	最小二乗法の当てはめ基準で決まる2直線間角度サイズ
Ⓛ Ⓒ	ミニマックス法の当てはめ基準で決まる2直線間角度サイズ
Ⓖ Ⓖ	最小二乗法の当てはめ基準で決まる全体角度サイズ（最小二乗角度サイズ）
Ⓖ Ⓒ	ミニマックス法の当てはめ基準で決まる全体角度サイズ（ミニマックス角度サイズ）
Ⓢ Ⓧ	最大角度サイズ [1]
Ⓢ Ⓝ	最小角度サイズ [1]
Ⓢ Ⓐ	平均角度サイズ [1]
Ⓢ Ⓜ	中央角度サイズ [1]
Ⓢ Ⓓ	中間角度サイズ [1]
Ⓢ Ⓡ	範囲角度サイズ [1]
Ⓢ Ⓠ	標準偏差角度サイズ [1] [2]

注　(1)　角度にかかわる順位サイズ（順位角度サイズ）は，部分角度サイズ，全体角度サイズまたは
局部角度サイズの補足として使用してもよい．
　　(2)　SQ は平均二乗根（root mean square）に由来する．

JIS B 0420-3 には，「指定条件のない角度サイズは，ミニマックス法の当てはめ基準で決まる2直線間角度サイズとする」と規定しているので，寸法値のうしろに Ⓛ Ⓒ と記入する必要は，実際にはない．

表2　角度にかかわるサイズの標準指定条件

説明	記号	例 くさび形体の角度にかかわるサイズ	例 回転体の角度にかかわるサイズ
角度サイズ形体の任意の限定部分	/長さ距離	$35°±1°/15°$ [1]	
	/角度距離	適用せず	$35°±1°/15°$ [1]
特定の横断図	SCS	$45°±2°SCS$	適用せず
複数の形体指定	形体の数×	$2×45°±2°$	
連続した角度サイズ形体の公差	CT	$2×45°±2°$　CT	
自由状態	Ⓕ [2]	$35°±1°$　Ⓕ	
区間指示	↔	$35°±1°$　A↔B	

注　(1)　"/長さ距離"は，くさび形状に関するサイズ形体および回転体に関するサイズ形体に適用する．
　　　　"/角度距離"は，回転体のサイズ形体に適用する．
　　(2)　JIS B 0026 を参照．

表3　角度にかかわるサイズの基本的な GPS 指定（表6.17 再掲）

角度にかかわるサイズの基本的な GPS 指定	例
角度にかかわる図示サイズ±許容差 [1]	$35°　±1°$
	$35°　{}^{+1°}_{-2°}$
角度にかかわる上および下の許容サイズの値	$36°$ $34°$
角度にかかわる許容限界サイズの値	$45°$ max　　　$32°$ min
"（ ）"を用いた参考寸法でも，"□"の枠を用いた，理論的に正確な寸法（TED）でもない，図示サイズによって決まる普通公差 [2]	$45°$ の指示および表題欄の中または近くに "JIS B 0405-f" という指示

注　(1)　角度にかかわる図示サイズおよび許容差は，次の例のように数値と単位とで示す．
　　　　例　$35.125°$，$35° 7′ 30″$，$+0.75°$，$+0° 45′$
　　(2)　普通公差の規定は，JIS B 0405-1991 を参照．

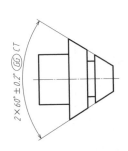

具体例 （図 6.25 再掲）

参 考 図

全参考図は紙面の都合で図面全体を縮小している．写図するときは第3章に従って文字や線を描くこと

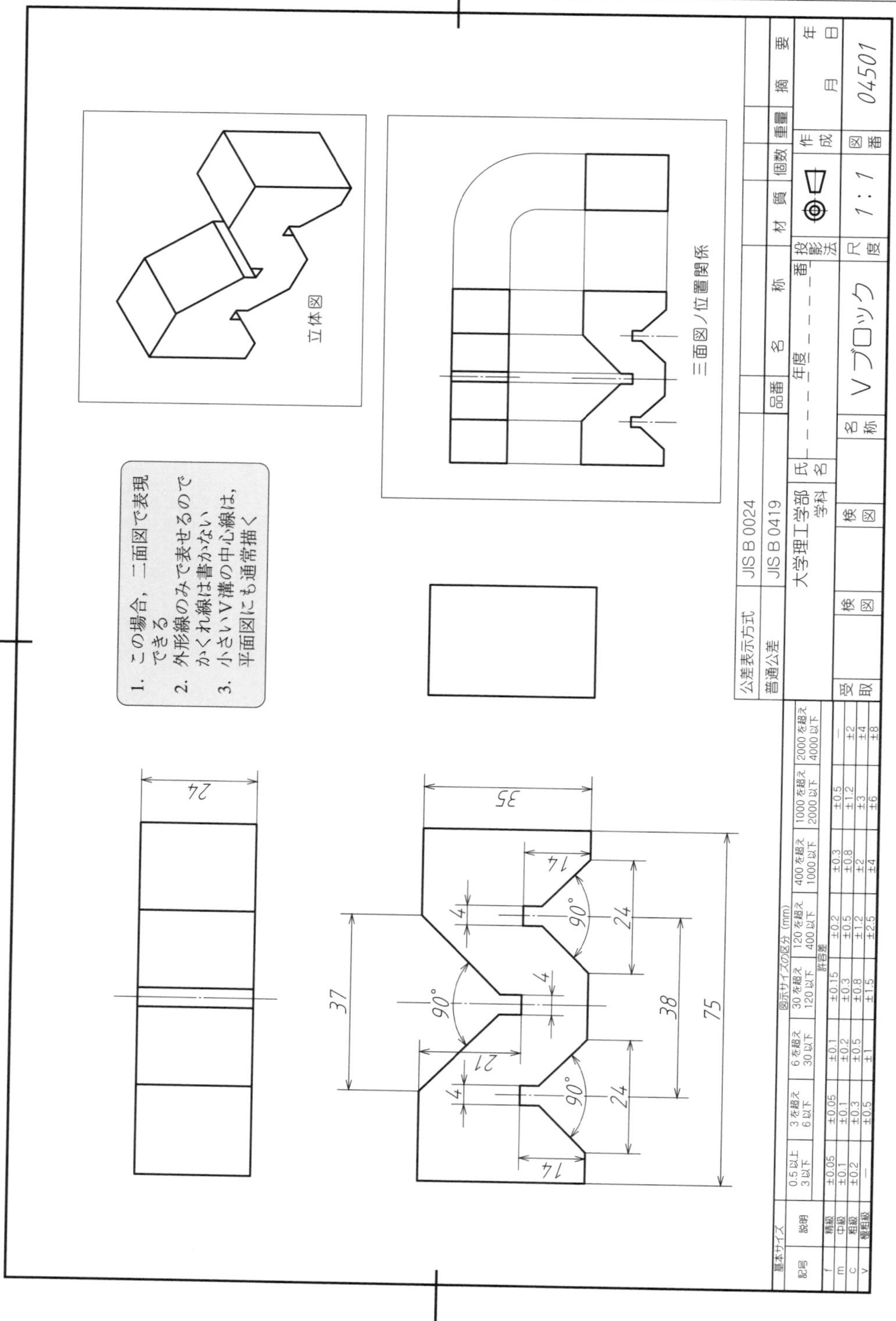

立体図

三面図ノ位置関係

1. この場合、二面図で表現できる
2. 外形線のみで表せるのでかくれ線は書かない
3. 小さいV溝の中心線は、平面図にも通常描く

公差表示方式　JIS B 0024
普通公差　JIS B 0419

大学理工学部
氏名／学科

品番　名称　V ブロック
年度

投影法　尺度 1:1
材質　個数　重量　摘要
作成　図番　04501
検図　受取

参考図1

基本サイズ		図示サイズの区分 (mm)							
記号	説明	0.5以上 3以下	3を超え 6以下	6を超え 30以下	30を超え 120以下	120を超え 400以下	400を超え 1000以下	1000を超え 2000以下	2000を超え 4000以下
						許容差			
f	精級	±0.05	±0.05	±0.1	±0.15	±0.2	±0.3	±0.5	—
m	中級	±0.1	±0.1	±0.2	±0.3	±0.5	±0.8	±1.2	±2
c	粗級	±0.2	±0.3	±0.5	±0.8	±1.2	±2	±3	±4
v	極粗級	—	±0.5	±1	±1.5	±2.5	±4	±6	±8

24

35　14　90°　4　24　38　75

37　90°　4　4　90°　21　24　14

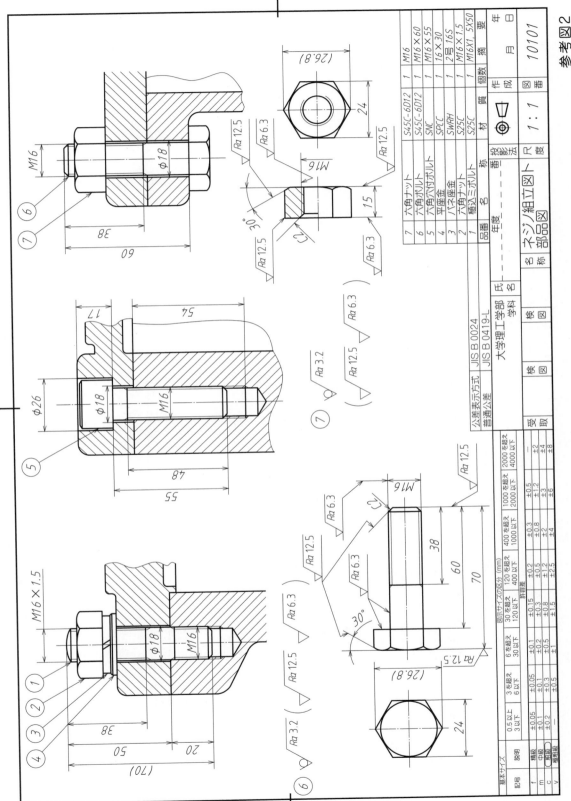

参考図 2

品番	名称	個数	材質	摘要
7	六角ナット	1	S45C-6D12	M16
6	六角ボルト	1	S45C-6D12	M16×60
5	六角穴付ボルト	1	SMC	M16×55
4	平座金	1	SPCC	16×30
3	ばね座金	1	SWRH	2号 16S
2	六角ナット	1	S25C	M16×1.5
1	植込ボルト	1	S25C	M16X1.5X50

年度	番号	投影法	尺度
		第三角法	1:1

名称 ネジノ組立図ト 部品図

図番 10101

氏名 ⌜_____⌟

学科 大学理工学部

公差表示方式	JIS B 0024
普通公差	JIS B 0419-L

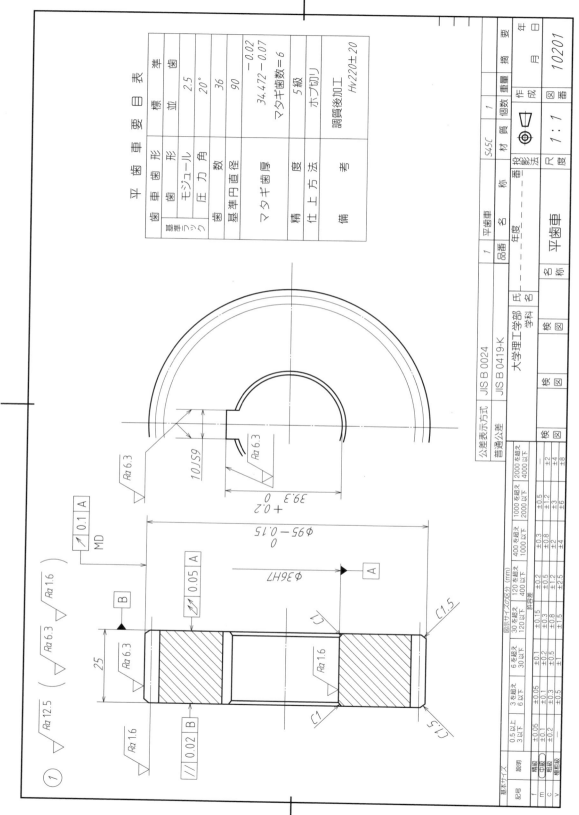

参考図3

平歯車要目表

歯車歯形		標準
基準ラック	歯形	並歯
	モジュール	2.5
	圧力角	20°
歯数		36
基準円直径		90
マタギ歯厚		34.472 −0.02/−0.07
		マタギ歯数＝6
精度		5級
仕上方法		ホブ切リ
備考		調質後加工
		Hv220±20

品番	1	名称	平歯車

公差表示方式	JIS B 0024
普通公差	JIS B 0419-K

大学理工学部 学科

氏名	

検図

名称 平歯車

材質 S45C

個数 1

投影法

尺度 1:1

図番 10201

① √Ra 12.5 (√Ra 6.3 √Ra 1.6)

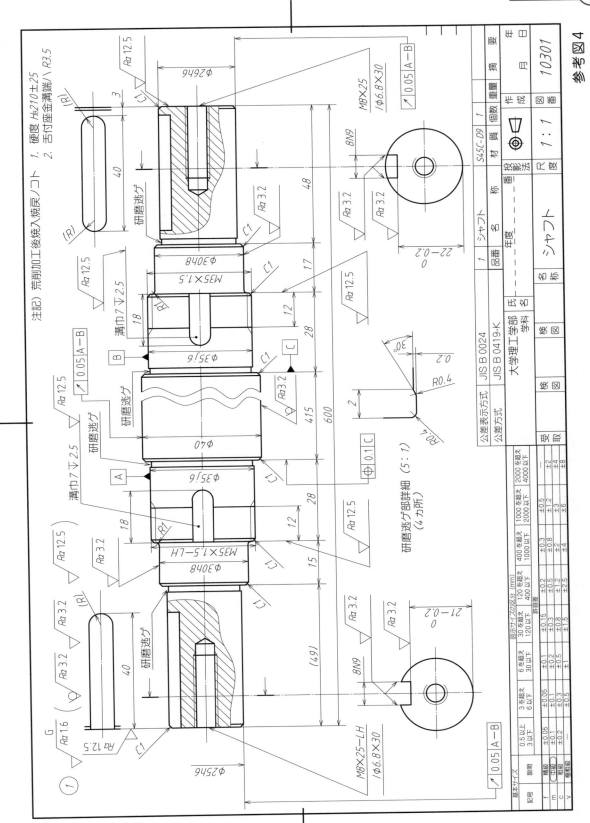

参考図4

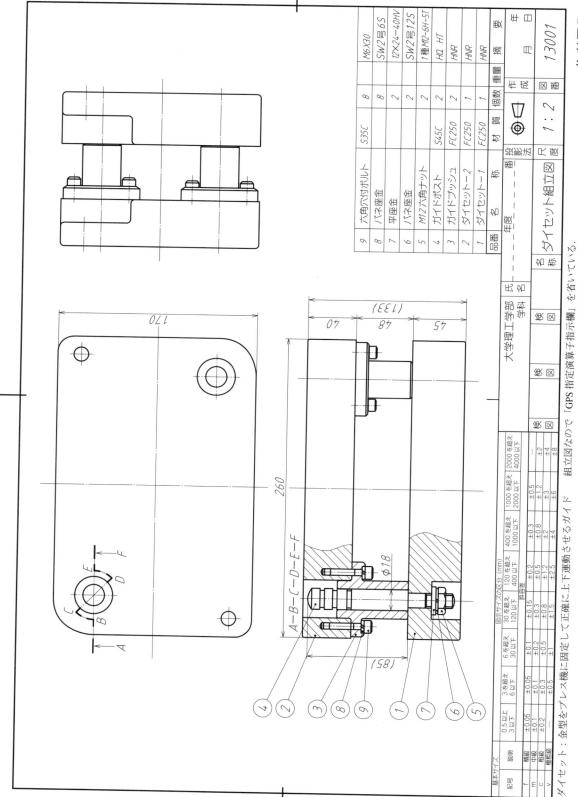

品番	名 称	材 質	個数	重量	摘 要
9	六角穴付ボルト	S35C	8		M6X30
8	バネ座金		8		SW2号6S
7	平座金		2		12X24-40HV
6	バネ座金		2		SW2号12S
5	M12六角ナット		2		1種M12-6H-5T
4	ガイドポスト	S45C	2		HQ HT
3	ガイドブッシュ	FC250	2		HNR
2	ダイセット-2	FC250	1		HNR
1	ダイセット-1	FC250	1		HNR

大学理工学部
学科
氏名

名称 ダイセット組立図

投影法 ⬩
尺度 1:2
図番 13001

参考図5

ダイセット：金型をプレス機に固定して正確に上下運動させるガイド　組立図なので「GPS指定演算子指示欄」を省いている。

基本サイズ		図示サイズの区分 (mm)							
記号	説明	0.5以上 3以下	3を超え 6以下	6を超え 30以下	30を超え 120以下	120を超え 400以下	400を超え 1000以下	1000を超え 2000以下	2000を超え 4000以下
		許容差							
f	精級	±0.05	±0.05	±0.1	±0.15	±0.2	±0.3	±0.5	—
m	中級	±0.1	±0.1	±0.2	±0.3	±0.5	±0.8	±1.2	±2
c	粗級	±0.2	±0.3	±0.5	±0.8	±1.2	±2	±3	±4
v	極粗級		±0.5	±1	±1.5	±2.5	±4	±6	±8

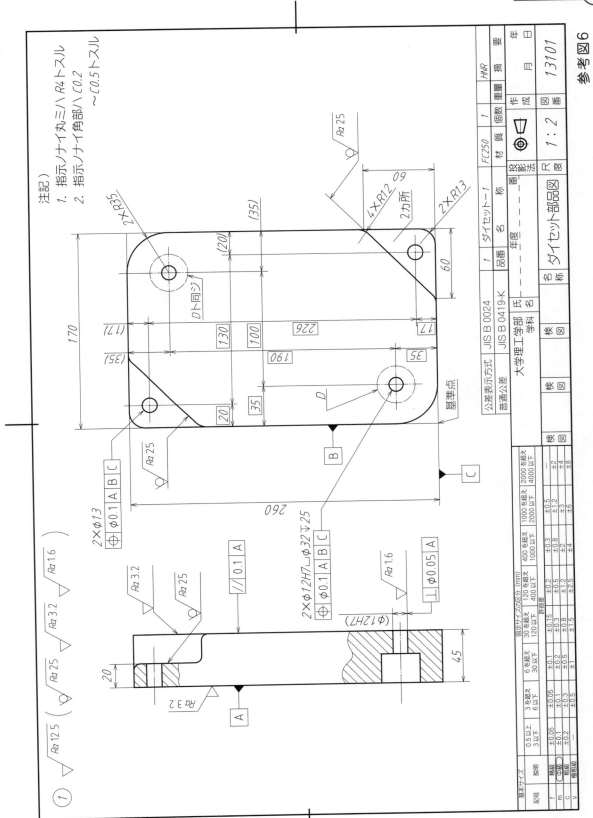

参考図6

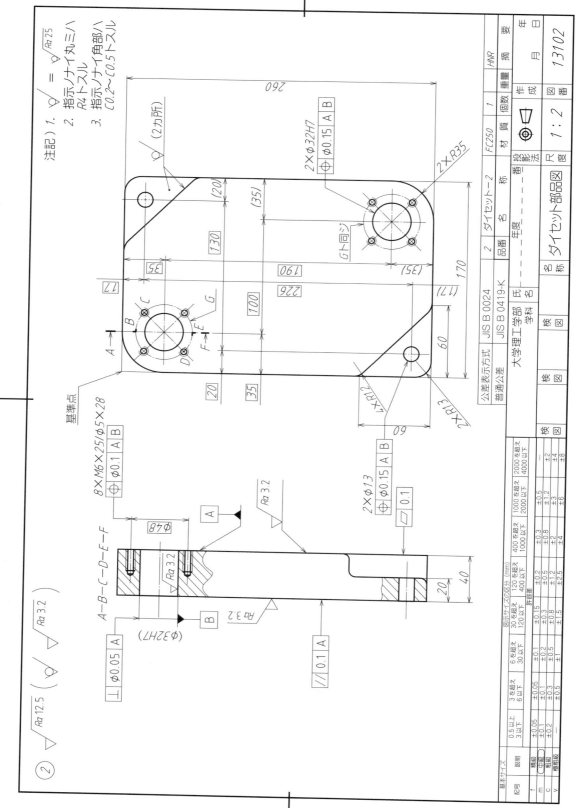

参考図 7

13102

注記） 1. ▽ = ◇ Ra25
2. 指示ナイ丸ミハ R4トスル
3. 指示ナイ角部ハ C0.2～C0.5トスル

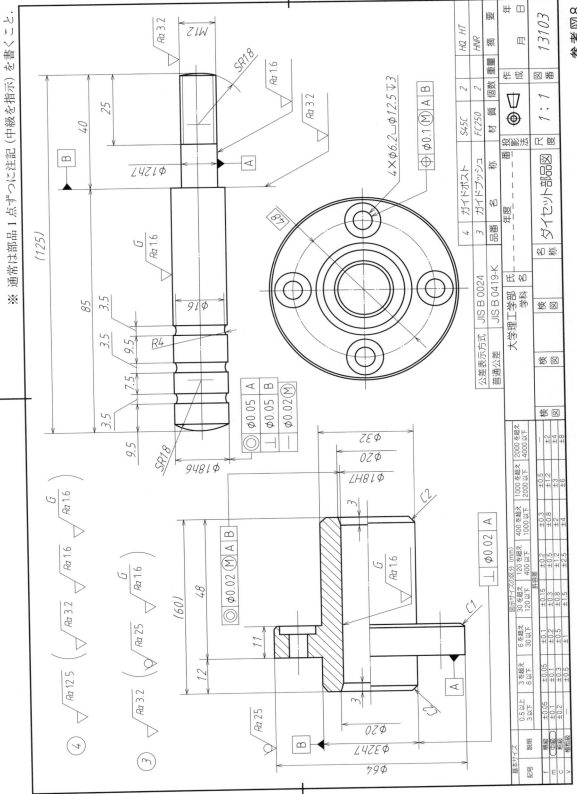

※ 通常は部品1点ずつに注記 (中級を指示) を書くこと。

4	ガイドポスト		S45C	2	HQ, HT
3	ガイドブッシュ		FC250	2	HNR
品番	名　称	材　質	個数	摘　要

名称 ダイセット部品図

年度　　　氏名
大学理工学部　　学科名

公差表示方式　JIS B 0024
普通公差　　　JIS B 0419-K

図番 13103
尺度 1:1
作成

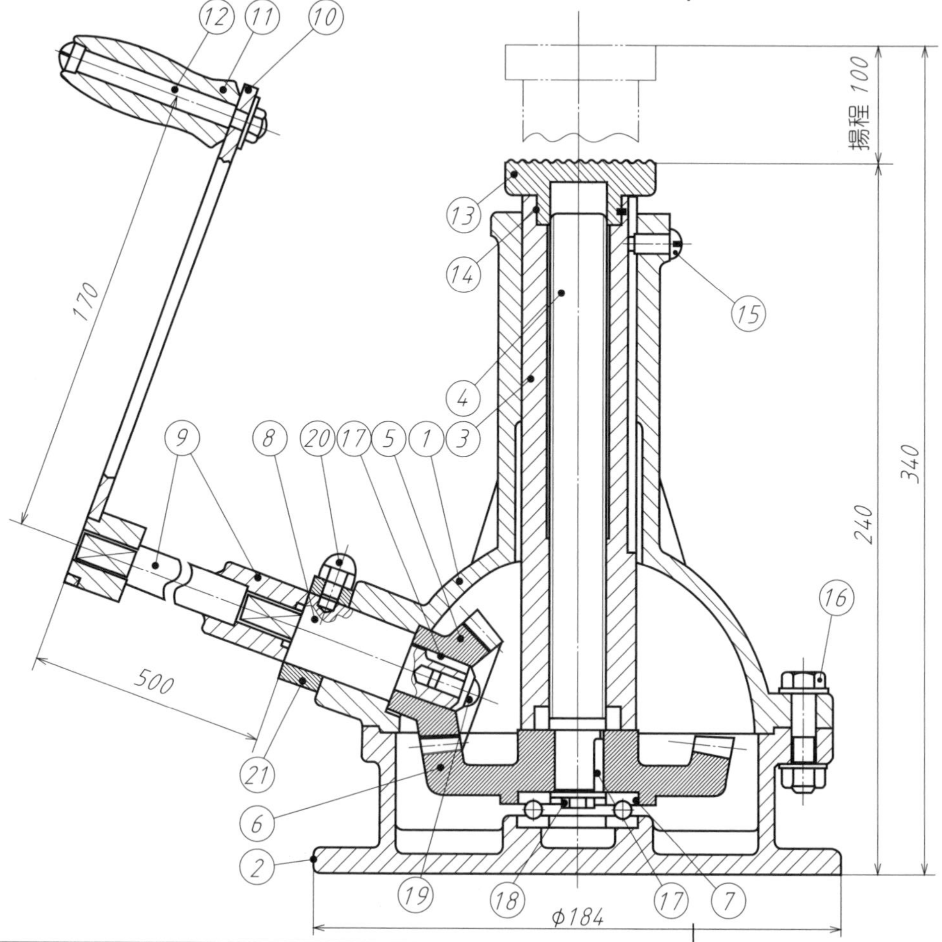

品番	名称	材質	個数	重量	摘要
21	カラー	S35C	1		
20	軸固定ネジ	S20C	1		M6×12 ナット含ム
19	歯車固定ネジ	S20C	1		M6×12 セットボルト
18	送り軸固定ネジ	S20C	1		M6×12 セットボルト
17	キー	S55C	2		5×5×15 平行キー
16	固定用ボルト	S20C	3		M8×35 ナット.ワッシャ含ム
15	ラム案内ネジ	S35C	1		M6 先端加工
14	リング	SWP-A	1		φ1.6 HQ, HT
13	受ケ台	FC200	1		
12	ハンドル軸	S25C	1		
11	ハンドル	S25C	1		
10	アーム(t4.5)	SPCC	1		
9	連結軸	SWRM15	1		
8	歯車軸	S35C	1		
7	スラスト玉軸受		1		51105
6	スグバカサ歯車(大)	S35C	1		
5	スグバカサ歯車(小)	S35C	1		
4	送り軸	S45C	1		
3	ラム	S35C	1		
2	ハウジング下	FC200	1		
1	ハウジング上	FC200	1		

	年度		氏名				作成		年 月 日
			大学理工学部 学科		投影法	⊕	図番		14001
名称	ネジ式ジャッキ			検図 検図 検図 検図	尺度	1:2			

参考図9

基本サイズ				図示サイズの区分 (mm)								
記号	説明		0.5以上 3以下	3を超え 6以下	6を超え 30以下	30を超え 120以下	120を超え 400以下	400を超え 1000以下	1000を超え 2000以下	2000を超え 4000以下		許容差
f	精級		±0.05	±0.05	±0.1	±0.15	±0.2	±0.3	±0.5	—		
m	中級		±0.1	±0.1	±0.2	±0.3	±0.5	±0.8	±1.2	±2		
c	粗級		±0.2	±0.3	±0.5	±0.8	±1.2	±2	±3	±4		
v	極粗級			±0.5	±1	±1.5	±2.5	±4	±6	±8		

組立図なので「GPS 指定演算子指示欄」を省いている.

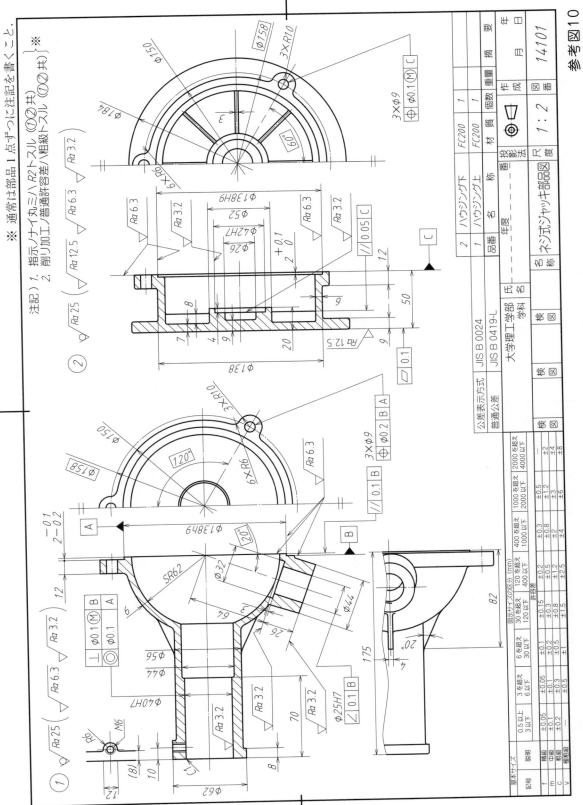

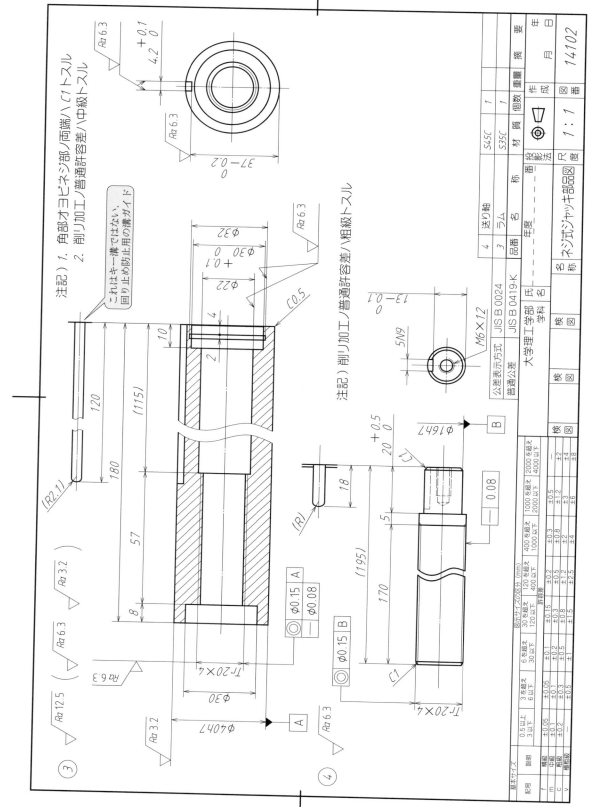

参考図11

索　引

参考文献

[1] 山田学：図面って、どない描くねん！LEVEL2（第2版），日刊工業新聞社（2017）
[2] 大林利一：幾何公差ハンドブック〔増補版〕　図例で学ぶ―ものづくりの国際共通ルール，日経BP社
　　（2012）
[3] 図面のポイントがわかる 実践！機械製図（第3版），森北出版（2022）
[4] JISハンドブック59 製図2020年度，日本規格協会（2020）

　本書は機械製図に必要な最低限度の手引書である．実際の設計・製図に用いる詳しい資料は，参考書（「図面のポイントがわかる 実践！機械製図（第3版）」（森北出版）など）やいろいろな業界のWebサイトなどを参考にされるとよい．

監 修 者 略 歴

藤本　元（ふじもと・はじめ）
1973 年　慶應義塾大学大学院理工学研究科博士課程単位取得
　　　　　工学博士
現　在　同志社大学名誉教授
著　書　『Advanced Combustion Science』（共著），Springer-Verlag
　　　　　『最新内燃機関』（共著），朝倉書店
　　　　　『Unsteady Combustion』（共著），Kluwer Academic Publishing
　　　　　『熱流体の新しい計測法』（共著），養賢堂

御牧　拓郎（みまき・たくろう）
1964 年　同志社大学大学院工学研究科博士課程単位取得
　　　　　工学博士（京都大学）
現　在　同志社大学名誉教授

著 者 略 歴

植松　育三（うえまつ・いくぞう）
1968 年　同志社大学大学院工学研究科修士課程修了
同　年　村田機械（株）入社
　　　　　元同志社大学理工学部および生命医科学部嘱託講師

髙谷　芳明（たかたに・よしあき）
1958 年　大阪工業大学工学部卒業
1994 年　シャープ（株）電化システム研究所
　　　　　元同志社大学工学部嘱託講師

松村　恵理子（まつむら・えりこ）
1999 年　同志社大学大学院工学研究科博士課程前期修了
同　年　トヨタ自動車（株）東富士研究所
2007 年　博士（工学）（同志社大学）
現　在　同志社大学理工学部教授

編集担当　加藤義之・太田陽喬（森北出版）
編集責任　富井　晃（森北出版）
組　　版　双文社印刷
印　　刷　同
製　　本　協栄製本

初心者のための機械製図（第 5 版）　　　　　　© 藤本・御牧・植松・
　　　　　　　　　　　　　　　　　　　　　　　髙谷・松村　2020

2001 年 11 月 15 日　第 1 版第 1 刷発行　　【本書の無断転載を禁ず】
2005 年 4 月 7 日　　第 1 版第 7 刷発行
2005 年 10 月 20 日　第 2 版第 1 刷発行
2010 年 9 月 10 日　　第 2 版第 9 刷発行
2010 年 11 月 19 日　第 3 版第 1 刷発行
2015 年 1 月 20 日　　第 3 版第 7 刷発行
2015 年 11 月 2 日　　第 4 版第 1 刷発行
2020 年 2 月 10 日　　第 4 版第 6 刷発行
2020 年 10 月 29 日　第 5 版第 1 刷発行
2023 年 9 月 10 日　　第 5 版第 5 刷発行

監 修 者　藤本　元・御牧拓郎
著　　者　植松育三・髙谷芳明・松村恵理子
発 行 者　森北博巳
発 行 所　森北出版株式会社
　　　　　東京都千代田区富士見 1-4-11（〒 102-0071）
　　　　　電話 03-3265-8341 ／ FAX 03-3264-8709
　　　　　https://www.morikita.co.jp/
　　　　　日本書籍出版協会・自然科学書協会　会員
　　　　　JCOPY ＜（一社）出版者著作権管理機構　委託出版物＞

Printed in Japan ／ ISBN978-4-627-66435-7